Algebra und Zahlentheorie

Stefan Kühnlein

Algebra und Zahlentheorie

Ausgewählte Fragestellungen und wichtige Konzepte

Stefan Kühnlein
Institut für Algebra und Geometrie
Karlsruher Institut für Technologie (KIT)
Karlsruhe, Deutschland

ISBN 978-3-662-71522-2   ISBN 978-3-662-71523-9   (eBook)
https://doi.org/10.1007/978-3-662-71523-9

Die Deutsche Nationalbibliothek verzeichnet diese Publikation in der Deutschen Nationalbibliografie; detaillierte bibliografische Daten sind im Internet über https://portal.dnb.de abrufbar.

© Der/die Herausgeber bzw. der/die Autor(en), exklusiv lizenziert an Springer-Verlag GmbH, DE, ein Teil von Springer Nature 2025

Das Werk einschließlich aller seiner Teile ist urheberrechtlich geschützt. Jede Verwertung, die nicht ausdrücklich vom Urheberrechtsgesetz zugelassen ist, bedarf der vorherigen Zustimmung des Verlags. Das gilt insbesondere für Vervielfältigungen, Bearbeitungen, Übersetzungen, Mikroverfilmungen und die Einspeicherung und Verarbeitung in elektronischen Systemen.
Die Wiedergabe von allgemein beschreibenden Bezeichnungen, Marken, Unternehmensnamen etc. in diesem Werk bedeutet nicht, dass diese frei durch jede Person benutzt werden dürfen. Die Berechtigung zur Benutzung unterliegt, auch ohne gesonderten Hinweis hierzu, den Regeln des Markenrechts. Die Rechte des/der jeweiligen Zeicheninhaber*in sind zu beachten.
Der Verlag, die Autor*innen und die Herausgeber*innen gehen davon aus, dass die Angaben und Informationen in diesem Werk zum Zeitpunkt der Veröffentlichung vollständig und korrekt sind. Weder der Verlag noch die Autor*innen oder die Herausgeber*innen übernehmen, ausdrücklich oder implizit, Gewähr für den Inhalt des Werkes, etwaige Fehler oder Äußerungen. Der Verlag bleibt im Hinblick auf geografische Zuordnungen und Gebietsbezeichnungen in veröffentlichten Karten und Institutionsadressen neutral.

Springer Spektrum ist ein Imprint der eingetragenen Gesellschaft Springer-Verlag GmbH, DE und ist ein Teil von Springer Nature.
Die Anschrift der Gesellschaft ist: Heidelberger Platz 3, 14197 Berlin, Germany

Wenn Sie dieses Produkt entsorgen, geben Sie das Papier bitte zum Recycling.

Vorwort

Es ist das Hauptziel dieses Buches, zentrale Objekte und Sichtweisen der Algebra und Elementaren Zahlentheorie einzuführen und ihre gegenseitige Wechselwirkung zu beleuchten. Dabei liegt mein Fokus auf algebraischen Aspekten der Zahlentheorie. Mein Leitgedanke ist, dass die strukturelle Sichtweise der Algebra und die oft an konkreten Beispielen interessierte Zahlentheorie sich gegenseitig ergänzen.

Dieser Gedanke ist nicht neu, und es gibt schon viele gute Lehrbücher, die eine ähnliche Zielrichtung verfolgen. Jedes davon hat seine eigenen Schwerpunkte und seinen eigenen Ansatz, mit dem dieses Ziel verfolgt wird. Ich empfehle also auch gerne die Lektüre von zum Beispiel [Bö16], [SP15], [SW23], [Wol11], bei denen sogar die Titel sehr ähnlich zu dem des hier vorgelegten Werkes sind.

Am Anfang stehen im vorliegenden Buch die grundlegenden Aussagen über Teilbarkeit, Primzahlen und die Arithmetik der natürlichen Zahlen beziehungsweise der ganzen Zahlen. Das Hauptwerkzeug für viele Fragestellungen ist der euklidische Algorithmus beziehungsweise die damit einhergehende Möglichkeit, den größten gemeinsamen Teiler zweier ganzer Zahlen als Summe geeigneter Vielfacher dieser Zahlen zu schreiben.

Wir wenden uns dann den strukturelleren Aussagen der Algebra zu und lernen zunächst Grundtatsachen der Gruppentheorie kennen. Neben der internen Sicht und der Behandlung strukturerhaltender Abbildungen werden die Beschreibung von Gruppen durch Erzeuger und Relationen beleuchtet und Gruppenoperationen auf Mengen vorgestellt. Immer wieder tauchen hierbei sogenannte universelle Abbildungseigenschaften auf. Wir formalisieren das zwar nicht, geben aber über das Buch verstreut viele Beispiele für dieses kategorientheoretische Vorgehen und wie damit argumentiert und gearbeitet werden kann: Homomorphiesatz, freie Gruppen, Polynomringe, freie Moduln und noch mehr.

Im dritten Kapitel werden Ringe und Körper eingeführt, wobei ich zugegebenermaßen davon ausgehe, dass die meisten Leser bereits Vertrautheit mit Körpern und Vektorräumen erworben haben. Insbesondere den Dimensionsbegriff für Vektorräume brauchen wir im weiteren Verlauf, vor allem im letzten Kapitel. Wir führen Algebren und ihre Homomorphismen ein und bereiten damit insbesondere Körpererweiterungen vor, die Gegenstand der Galoistheorie sind.

Drei Exkurse, von denen nur der erste im weiteren Verlauf des Buches essentiell ist, ergänzen im vierten Kapitel das bisher Gesagte.

Im fünften Kapitel werden viele Aussagen über die Arithmetik der ganzen Zahlen aus dem ersten Kapitel auf Hauptidealringe übertragen und in dieser Sprache auch neue Einsichten in die Welt der ganzen Zahlen erworben. Der Begriff des euklidischen Ringes ist zwar wichtig, tritt für mich aber in der Theorie ein bisschen in den Hintergrund. In der Praxis jedoch wird für die Umsetzung der Konzepte sicher so etwas wie Teilbarkeit mit einem „kleineren" Rest hilfreich sein.

Kapitel sechs kehrt zu Fragen der Gruppentheorie zurück, die schon für sich genommen interessant und wichtig sind, aber auch im abschließenden Kapitel über Galoistheorie gebraucht werden. Dort schließlich finden sich die wichtigsten Aussagen der Galoistheorie, also Aussagen über die Bedeutung von Automorphismen eines Körpers für seine Arithmetik, sowie deren Anwendungen auf Fragestellungen der Konstruierbarkeit mit Zirkel und Lineal, Lösungsformeln für Polynomgleichungen und ein Beweis des Fundamentalsatzes der Algebra, der aus der Analysis nur den Zwischenwertsatz verwendet.

Das Buch entstand aus einem Skript zur Vorlesung Einführung in Algebra und Zahlentheorie, die ich in ähnlicher Form – abgesehen von den letzten beiden Kapiteln – seit Sommer 2011 mehrfach mit großer Freude gelesen habe. Bei der Konzeption haben wir uns damals am Bildungsplan des Kultusministeriums Baden-Württemberg für die Studierenden des Lehramts orientiert und wollten sicherstellen, dass die dort erwarteten Konzepte in Algebra und Zahlentheorie abgedeckt werden, soweit das nicht schon in der Linearen Algebra passiert. Die letzten beiden Kapitel stellen daran anschließend den Beginn einer weiterführenden Algebravorlesung dar.

Das Buch geht daher an einigen Stellen über diese erstgenannte Vorlesung hinaus und sprengt damit nach meinem Empfinden den Umfang eines Semesters. Wer innerhalb eines Semesters bei den Anfängen der Galoistheorie ankommen will, kann jedoch auf einige Themen zwischendurch verzichten. Hierzu bieten sich aus meiner Sicht Teile der Abschn. 2.5, 2.8, 3.3, 4.2, 4.3, 5.5 und 6.1 an, wenngleich diese sicher das Bild abrunden. Die Stoffauswahl, die ich insgesamt treffen musste, ist natürlich stark von meinen persönlichen Präferenzen beeinflusst worden.

Ich habe den etwas informellen Stil des Vorlesungsskriptes beibehalten. Manche Beispiele oder Bemerkungen bei mir wären andernorts bestimmt Propositionen oder wenigstens Hilfssätze, und generell habe ich solche Etiketten nicht systematisch vergeben. Ich hoffe jedoch, dass das eher zum Lesen einlädt, als davon abzuschrecken. Das gilt auch für die Überschriften der einzelnen Punkte sowie die zahlreichen Querverweise.

Auf Aufgaben habe ich aus Platzgründen bewusst verzichtet. Dafür wurden einige Beispiele eingestreut, die gut hätten Aufgaben werden können und mir für den weiteren Verlauf hilfreich erscheinen.

Die biographischen Daten, die ich zur Einordnung als Fußnoten vermerkt habe, stammen zum Großteil aus [Got+90] und [Alt+03], die jüngsten eher aus Wikipedia. Neben dieser chronologischen Einordnung habe ich versucht, immer wieder kleine Fenster zu anderen Gebieten der Mathematik zu öffnen, wenn sich das gut einbauen ließ. Bei den zugehörigen Literaturempfehlungen habe ich bewusst eine sehr kleine Auswahl getroffen, um nicht gleich wieder über das Ziel hinauszuschießen. Die Auswahl soll nicht bedeuten, dass nicht genannte Bücher weniger empfehlenswert seien.

Den vielen Studierenden, die die Vorlesung besucht sowie die Darstellung des Stoffes interessiert und mit konstruktiver Kritik hinterfragt haben, sowie einigen Kollegen und Kolleginnen, die mich in der ein oder anderen Form unterstützt haben, danke ich herzlich. Allen voran und namentlich sei hier Prof. Dr. Frank Herrlich genannt, ein wertvoller und lieb gewonnener Wegbegleiter seit Jahrzehnten.

Ohne Herrn Dr. Rüdinger und Frau Dr. Sippel vom Springer-Verlag wäre dieses Buch jetzt keines geworden. Ich danke beiden für die Freiheiten, die mir verlagsseitig bei der Gestaltung eingeräumt wurden, für die präzisen Korrekturvorschläge, die fortwährende Unterstützung und die hilfreichen Anregungen.

Karlsruhe Stefan Kühnlein
im März 2025

Interessenkonflikte Der/die Autor*in hat keine für den Inhalt dieses Manuskripts relevanten Interessenkonflikte.

Inhaltsverzeichnis

1 Euklidischer Algorithmus und Teilbarkeit 1
   1.1 Teilbarkeit 1
   1.2 Primzahlen 8
   1.3 Zur Verteilung der Primzahlen 13

2 Gruppen 21
   2.1 Magmen 21
   2.2 Der Gruppenbegriff 30
   2.3 Homomorphismen zwischen Gruppen 36
   2.4 Faktorgruppen 40
   2.5 Produkte, Coprodukte und freie Gruppen 44
   2.6 Gruppenoperationen 50
   2.7 Sylowsätze 56
   2.8 Aufbau des Zahlensystems I 61

3 Ringe und Moduln 67
   3.1 Ringe 67
   3.2 Moduln 77
   3.3 Polynomringe und Algebren 79

4 Drei Exkurse 91
   4.1 Aufbau des Zahlensystems II 91
   4.2 Arithmetische Funktionen 93
   4.3 Quadratische Reste 97

5 Teilbarkeitslehre und Primelemente 103
   5.1 Teilbarkeit 103
   5.2 Arithmetik in Hauptidealringen 110
   5.3 Gleichungssysteme 118
   5.4 Irreduzible Polynome 128
   5.5 Formale Ableitung 134

6 Mehr über Gruppen und Ringe 139
   6.1 Einfache Gruppen 139
   6.2 Auflösbarkeit 145
   6.3 Einfache Moduln – maximale Ideale 147

7 Körpererweiterungen 151
   7.1 Algebraizität 151
   7.2 Zwei klassische Probleme 159
   7.3 Der Hauptsatz der Galoistheorie 163
   7.4 Beispiele und Anwendungen 176

Literatur 189

Stichwortverzeichnis 191

Symbolverzeichnis

Symbol	Abschnitt	Bedeutung
#M		Kardinalität der Menge M
$\langle S \rangle$	2.1.4, 2.2.7	Gruppenerzeugnis von S
(M)	5.1.7	Idealerzeugnis von M
$\leq$	2.2.3	Untergruppe
δ_m	3.3.17	Kronecker-Delta, Basiselement im Monoidring
φ	3.1.19	Eulersche φ-Funktion
Φ_N	5.4.2, 7.2.2	Kreisteilungspolynom
$(G:H)$	2.2.13	Gruppenindex
G/U	2.4.1	Faktormenge
$G \cong H$	2.3.6	G und H sind isomorph
$L:K$	7.1.7	Grad einer Körpererweiterung
$M^\times$	2.2.1	Einheitengruppe eines Monoids
π_U	2.4.1	kanonische Projektion von G nach G/U
$R^\times$	3.1.5	Einheitengruppe des Ringes R
$R[a]$, $R[A]$	3.3.10	Algebrenerzeugnis
$R[X]$	3.3.1	Polynomring
S_d	2.1.5	symmetrische Gruppe
Abb(D,D)	2.1.2	Abbildungen von D nach D
Abb$(M,R)_0$	3.2.2	Abbildungen mit endlichem Träger
Aut$(\cdot)$	2.1.6, 2.3.6	Automorphismengruppe
Aut$(A\|R)$	3.3.8	Gruppe der R-Algebren-Automorphismen
char(R)	3.1.14	Charakteristik von R
deg(f)	3.3.1	Grad des Polynoms f
End$(\cdot)$	2.1.6, 2.3.6	Endomorphismen
Gal$(L\|K)$	7.3.9	Galoisgruppe
Hom$(\cdot,\cdot)$	2.1.6, 2.3.1	Homomorphismen
sign	2.6.9	Signum

Symbol	Abschnitt	Bedeutung
$\mathrm{Stab}_G(m)$	2.6.5	Stabilisator von m unter G
$\mathrm{Sym}(D)$	2.1.5	symmetrische Gruppe von D
$\tau_{y,z}$	2.1.5	Transposition
$\mathbb{Z}/n\mathbb{Z}$	2.2.2, 3.1.2	Restklassengruppe oder -ring
$(\mathbb{Z}/n\mathbb{Z})^\times$	2.2.2	Einheitengruppe in $\mathbb{Z}/n\mathbb{Z}$

1

Euklidischer Algorithmus und Teilbarkeit

Wir fangen mit der Zahlentheorie an und lernen einige Dinge schon kennen, die nachher verallgemeinert werden. Die Mengen $\mathbb{N}, \mathbb{Z}, \mathbb{Q}, \mathbb{R}$ der natürlichen, ganzen, rationalen beziehungsweise reellen Zahlen sowie Addition und Multiplikation derselben setzen wir als bekannt voraus. Wenn wir später zeigen, wie sich $\mathbb{Z}$ aus $\mathbb{N}$ konstruieren lässt, so passiert das unabhängig von diesem Kapitel, und auch die Konstruktion von $\mathbb{Q}$ gelingt uns ohne Rückgriff auf Eigenschaften von $\mathbb{Q}$, die wir schon vorher benutzen.

Die mengentheoretische Konstruktion der natürlichen Zahlen lässt sich schön in Kap. 1 von [Ebb+83] nachlesen, nur dass dort die 0 als natürliche Zahl zugelassen ist, bei uns aber – wie in der Zahlentheorie üblich – nicht, also: $\mathbb{N} = \{1, 2, 3, 4, \ldots\}$.

Wir setzen auch die Kenntnis des Distributivgesetzes beim Rechnen mit Zahlen voraus, was insbesondere stellvertretend für den Umgang mit Klammern in arithmetischen Ausdrücken steht. Ebenfalls als bekannt vorausgesetzt ist die Beweismethode der vollständigen Induktion.

Vieles in diesem Kapitel ist schon in Euklids[1] Elementen [Euk80] enthalten, insbesondere in deren Kap. 7 bis 9. Aus heutiger Sicht ist das sehr schwerfällig zu lesen und sei daher nicht als hilfreiche Lektüre empfohlen.

1.1 Teilbarkeit

Definition 1.1.1 Teiler, ggT, kgV, Teilerfremdheit

Es sei n eine natürliche Zahl. Dann heißt $d \in \mathbb{N}$ ein *Teiler* von n, falls ein $t \in \mathbb{N}$ existiert mit $d \cdot t = n$. Wir schreiben dann $d \mid n$.

In diesem Fall heißt n ein *Vielfaches* von d.

Die Menge aller Teiler von n ist endlich, denn alle Teiler von n sind in der endlichen Menge $\{d \in \mathbb{N} \mid d \leq n\}$ enthalten. Jede Zahl ist Vielfaches von 1.

---

[1] Euklid, ca. 300 v. Chr.

© Der/die Autor(en), exklusiv lizenziert an Springer-Verlag GmbH, DE, ein Teil von Springer Nature 2025
S. Kühnlein, *Algebra und Zahlentheorie*,
https://doi.org/10.1007/978-3-662-71523-9_1

Für zwei Zahlen m, n ist daher auch die Menge aller gemeinsamen Teiler endlich und nicht leer. Das größte Element dieser Menge heißt der *größte gemeinsame Teiler* von m und n. Er wird als $\mathrm{ggT}(m, n)$ notiert, oder manchmal auch einfach als (m, n) – die Herkunft dieser Schreibweise wird erst in Definition 5.1.7 erläutert. Analog wird der größte gemeinsame Teiler einer nichtleeren Menge von natürlichen Zahlen definiert.

In der Menge aller gemeinsamen Vielfachen von m und n liegt $m \cdot n$. Also gibt es auch ein kleinstes Element dieser Teilmenge von $\mathbb{N}$. Es heißt das *kleinste gemeinsame Vielfache* von m und n und wird mit $\mathrm{kgV}(m, n)$ notiert. Analog lässt sich das kleinste gemeinsame Vielfache einer endlichen Menge von natürlichen Zahlen definieren.

Zwei natürliche Zahlen heißen *teilerfremd*, wenn ihr einziger gemeinsamer Teiler in den natürlichen Zahlen 1 ist.

Der Begriff des Teilers wird in Definition 5.1.1 praktisch ungeändert auf kommutative Ringe übertragen, die wir in Kap. 3 kennen lernen werden.

Um den Begriff des größten gemeinsamen Teilers zu übertragen, müssen wir ihn dort mangels einer sinnvollen Ordnungsrelation auf einem beliebigen Ring erst von einer anderen Warte aus verstehen, was bereits in Folgerung 1.1.3 passiert und später für andere Ringe in Definition 5.1.4 ausgenutzt wird.

Wir legen aber jetzt schon fest, dass $\mathrm{ggT}(0, m) = m$ ($m \in \mathbb{N}_0$) gilt (tatsächlich auch $\mathrm{ggT}(0, 0) = 0$!), und setzen für ganze Zahlen

$$\mathrm{ggT}(m, n) = \mathrm{ggT}(|m|, |n|), \quad m, n \in \mathbb{Z}.$$

Außerdem verwenden wir die Begriffe „Teiler" und „Vielfaches" auch im naheliegenden Sinn für ganze Zahlen. Jede Zahl teilt übrigens 0, und 0 teilt nur 0, während 1 alles teilt und nur von ± 1 geteilt wird.

Der folgende Hilfssatz wird oft das Lemma von Bézout[2] genannt.

Hilfssatz 1.1.2 Der ggT als Linearkombination
Es seien $m, n \in \mathbb{Z}$ gegeben. Dann gibt es $c, d \in \mathbb{Z}$ mit

$$mc + nd = \mathrm{ggT}(m, n).$$

Beweis
Gilt $m = 0$, so sind wir fertig, denn $\mathrm{ggT}(0, n) = |n| = m \cdot 0 + n \cdot (\pm 1)$. Analoges gilt für $n = 0$. Wir kümmern uns also noch um den Fall $m \neq 0 \neq n$ und dürfen definitionsgemäß zum Betrag übergehen. Ohne Einschränkung setzen wir $0 < m \leq n \in \mathbb{N}$ voraus. Da m und n wegen des Distributivgesetzes dieselben gemeinsamen Teiler haben wie m und $n - m$, stimmen auch $\mathrm{ggT}(m, n)$ und $\mathrm{ggT}(m, n - m)$ überein.

Nun machen wir vollständige Induktion nach $\max(m, n)$. Der Induktionsanfang ist $m = n = 1$, und hier ist die Behauptung klar. Für den Induktionsschritt sei

---

[2] Étienne Bézout (1730–1783).

$\max(m, n) = n \geq 2$ und die Behauptung für alle Paare mit kleinerem Maximum richtig.

Im Fall $m = n$ ist $c = 1, d = 0$ eine gute Wahl.

Im Fall $1 \leq m < n$ ist das Maximum von $\{m, n - m\}$ kleiner als das von $\{m, n\}$, und es existieren nach Induktionsvoraussetzung $\tilde{c}, \tilde{d} \in \mathbb{Z}$, sodass

$$\tilde{c}m + \tilde{d}(n - m) = \mathrm{ggT}(m, n - m) = \mathrm{ggT}(m, n).$$

Also tun $c := \tilde{c} - \tilde{d}$ und $d := \tilde{d}$, was wir von ihnen wollen. ○

Folgerung 1.1.3 Teiler des ggT
Für ganze Zahlen m, n sind die Teiler von $\mathrm{ggT}(m, n)$ genau die gemeinsamen Teiler von m und n.

Denn: Teiler des ggT teilen natürlich auch m und n. Umgekehrt teilt ein gemeinsamer Teiler von m und n wegen des Distributivgesetzes auch alle Zahlen der Form $cm + dn$, $c, d \in \mathbb{Z}$, und dazu gehört der größte gemeinsame Teiler.

Insbesondere ist der ggT von m und n, wenn nicht beide 0 sind, derjenige positive gemeinsame Teiler, der ein Vielfaches aller gemeinsamen Teiler ist, also das kleinste gemeinsame Vielfache aller Teiler.

Für eine effektive Berechnung des größten gemeinsamen Teilers ist es hilfreich, Division mit Rest zu diskutieren. Dies lässt sich auch zu einem Konzept für sogenannte Euklidische Ringe – siehe Definition 5.1.10 – erweitern, auf die sich dann die wesentlichen Aussagen zur Teilbarkeit sehr bequem übertragen lassen.

Hilfssatz 1.1.4 Division mit Rest
Für jede ganze Zahl k und jede natürliche Zahl n gibt es eindeutig bestimmte Zahlen $f \in \mathbb{Z}$ und $r \in \{0, 1, \ldots, n - 1\}$ mit

$$k = fn + r.$$

Hierbei heißt r der Rest von k bei Division durch n.

Beweis Da es sowohl Vielfache von n gibt, die größer sind als k, als auch Vielfache, die kleiner sind, gibt es ein $f \in \mathbb{Z}$ mit

$$fn \leq k < (f + 1)n.$$

Subtraktion von fn liefert hier

$$0 \leq k - fn =: r < n.$$

Das sind die richtigen Werte von f und r, die Eindeutigkeit derselben ist klar:

$$fn + r = f'n + r' \Rightarrow (f - f')n = r' - r,$$

also teilt n die Differenz $r' - r$, was aus Größengründen $r' - r = 0$ impliziert und damit $f' - f = 0$, da n ja nicht 0 ist. ○

Bemerkung 1.1.5 Stellenwertsysteme und Teilbarkeitsregeln

a) Division mit Rest ist Ausgangspunkt unserer bevorzugten Darstellungsart für natürliche Zahlen. Dazu fixieren wir eine natürliche Grundzahl $g > 1$ und sehen dann, dass jede natürliche Zahl k sich schreiben lässt als eine endliche Summe, wobei wir $l := \max\{i \in \mathbb{N}_0 \mid g^i < k\}$ setzen:

$$k = \sum_{i=0}^{l} a_i g^i, \quad 0 \leq a_i < g.$$

Wir nennen dies die g-adische Darstellung von k.
Die Möglichkeit dieser Darstellung überlegen wir uns nun mittels vollständiger Induktion nach k.
Für $0 \leq k \leq g - 1$ ist $l = 0$ und $k = a_0$ die gewünschte Darstellung.
Ist $k \geq g$ und ist die g-adische Darstellung aller kleineren natürlichen Zahlen nachgewiesen, so setzen wir a_0 als den Rest der Division von k durch g, schreiben also $k = f \cdot g + a_0$, $0 \leq a_0 \leq g - 1$. Da $g > 1$ gilt und $k > a_0$ sehen wir $0 < f < k$ und können nach Induktionsvoraussetzung die Zahl f g-adisch darstellen:

$$f = \sum_{i=0}^{l-1} a_{i+1} g^i.$$

Hierbei läuft die Summe nur bis $l - 1$, da $k < g^{l+1}$, also $f = (k - a_0)/g < g^l$. Außerdem haben wir die Indizes so umnummeriert, dass wir nun bequem mit g multiplizieren können und sehen

$$k = a_0 + gf = a_0 + \sum_{i=1}^{l} a_i g^i.$$

Wir sehen nun auch deutlich: a_0 ist der Rest von k bei Division durch g, $a_0 + a_1 g$ ist der Rest von k bei Division durch g^2, $a_0 + a_1 g + a_2 g^2$ ist der Rest bei Division durch g^3 und so weiter.
Diese Art der Zahldarstellung nennen wir ein Stellenwertsystem, insbesondere, wenn wir nur die „Ziffern" $a_l, a_{l-1}, \ldots, a_1, a_0$ als Tupel festhalten. Die Grundzahl g wird dann oft stillschweigend fixiert.
Wir werden in aller Regel die Grundzahl $g = 10$ verwenden und Zahlen in der Dezimaldarstellung angeben. Für $g = 2$ erhalten wir die ebenfalls geläufige Binärdarstellung.

b) Wenn wir eine Grundzahl g fixiert haben und eine natürliche Zahl k wie in a) als $k = \sum_{i=0}^{l} a_i g^i$ schreiben, und wenn d ein Teiler von $g - 1$ ist, dann gilt:

$$d \mid k \iff d \mid \sum_{i=0}^{l} a_i.$$

Dazu reicht es wegen des Distributivgesetzes, einzusehen, dass d ein Teiler von $k - \sum_{i=0}^{l} a_i$ ist.
Dies gilt tatsächlich, denn wegen $g^i - 1 = (g - 1) \cdot (1 + g + g^2 + \ldots + g^{i-1})$, also wegen der Partialsummen der geometrischen Reihe, ist

$$k - \sum_{i=0}^{l} a_i = \sum_{i=1}^{l} a_i(g^i - 1) = (g - 1) \cdot \sum_{i=1}^{l} a_i \cdot \left(\sum_{j=0}^{i-1} g^j \right)$$

ein Vielfaches von $g - 1$ und damit von d.
Das beinhaltet die bekannten Teilbarkeitsregeln durch 3 und 9 (getestet durch die Quersumme im Dezimalsystem) oder durch 11 (getestet durch die Quersumme im Hundertersystem). In Beispiel 2.1.3 sehen wir noch ein anderes, eventuell bekannteres, Kriterium für die Teilbarkeit durch 11.
Genauso erhalten wir nun eine Teilbarkeitsregel durch 37, wenn wir Zahlen im Tausendersystem darstellen, denn 37 teilt $1000 - 1 = 27 \cdot 37$.
Konkret: Die Zahl 7253968 (geschrieben im Dezimalsystem) hat im Tausendersystem die Darstellung $7 \cdot 1000^2 + 253 \cdot 1000 + 968$, ist also genau dann durch 37 teilbar, wenn $7 + 253 + 968 = 1228$ durch 37 teilbar ist, also genau dann, wenn $1 + 228 = 229$ durch 37 teilbar ist. Das ist aber nicht der Fall, denn $229 = 6 \cdot 37 + 7$. Die Vertrautheit mit „kleinen" Vielfachen von 37, zum Beispiel $111 = 3 \cdot 37$, macht das Leben am Ende einfacher.

Definition 1.1.6 Kongruenz modulo n
Es sei $n \in \mathbb{Z}$ gegeben. Zwei Zahlen $k, l \in \mathbb{Z}$ heißen *kongruent modulo n*, wenn n ein Teiler von $k - l$ ist. Wir schreiben dann

$$k \equiv l \pmod{n}.$$

Für $n = 0$ heißt das gerade, dass $k = l$ gilt. Ansonsten sind k und l genau dann kongruent modulo n, wenn beide bei Division durch $|n|$ denselben Rest in $\{0, \ldots, |n| - 1\}$ lassen.
Die Menge aller l, die zu k modulo n kongruent sind, nennen wir die *Restklasse* von k modulo n.
Die Menge aller dieser Restklassen nennen wir $\mathbb{Z}/n\mathbb{Z}$, in Worten „Z modulo nZ", die Restklasse von k wird oft mit $[k]$ oder (sicherheitshalber) $[k]_n$ notiert.
Es ist eine der fundamentalsten Einsichten, dass mit Restklassen gerechnet werden kann wie mit Zahlen – wir werden dies später sehen und häufig verwenden.

Konstruktion 1.1.7 Euklidischer Algorithmus – Berechnung des ggT
Es seien wieder m, n natürliche Zahlen, $m < n$. Ein algorithmisches Verfahren zur Konstruktion von c, d in Hilfssatz 1.1.2 geht so:
Setze $a_0 := n, a_1 := m$. Division mit Rest gemäß 1.1.4 sagt, dass es ein $f_1 \in \mathbb{N}$ gibt, sodass

$$0 \leq a_2 := a_0 - f_1 a_1 < a_1.$$

Dadurch wird a_2 festgelegt.
Fall 1: $a_2 = 0$: Hier ist a_1 ein Teiler von a_0, also ist $m = a_1$ der ggT von m und n und wir sind fertig.
Fall 2: $a_2 \neq 0$: Wähle eine natürliche Zahl f_2, sodass

$$0 \leq a_3 := a_1 - f_2 a_2 < a_2.$$

Mache sukzessive so weiter. Wenn a_i nicht 0 ist, so wähle $f_i \in \mathbb{N}$ derart, dass

$$0 \leq a_{i+1} := a_{i-1} - f_i a_i < a_i.$$

Wie im Beweis von Hilfssatz 1.1.2 haben hier a_{i-1} und a_i die selben gemeinsamen Teiler wie a_i und a_{i+1}, sodass

$$\mathrm{ggT}(a_i, a_{i-1}) = \mathrm{ggT}(a_{i+1}, a_i).$$

Stets ist $a_{i+1} < a_i$, sodass irgendwann a_{i+1} erstmalig Null sein wird. Dann brechen wir den Vorgang ab und sehen: a_i ist ein Teiler von a_{i-1} und damit gilt

$$a_i = \mathrm{ggT}(a_i, a_{i-1}) = \mathrm{ggT}(m, n).$$

Durch „Zurückrechnen" lässt sich a_i als ganzzahlige Linearkombination von m und n schreiben.
Anstatt das allgemein zurückzuverfolgen, machen wir das in einem Beispiel.

Beispiel 1.1.8 Zwei Zahlen wohnen, ach, auf meinem Blatt
Wir wollen den ggT der natürlichen Zahlen 117 und 265 finden und als ganzzahlige Linearkombination der beiden schreiben.

$$
\begin{aligned}
a_0 &= 265, & a_1 & & &= 117 \\
f_1 &= 2, & a_2 &= 265 - 2 \cdot 117 = 265 - 234 & &= 31 \\
f_2 &= 3, & a_3 &= 117 - 3 \cdot 31 = 117 - 93 & &= 24 \\
f_3 &= 1, & a_4 &= 31 - 24 & &= 7 \\
f_4 &= 3, & a_5 &= 24 - 3 \cdot 7 & &= 3 \\
f_5 &= 2, & a_6 &= 7 - 2 \cdot 3 & &= 1 \\
f_6 &= 3, & a_7 &= 3 - 3 \cdot 1 & &= 0 \quad - \quad \text{fertig.}
\end{aligned}
$$

Der ggT ist also $a_6 = 1$, und die Zahlen waren demnach teilerfremd. Weiter gilt

$$\begin{aligned} 1 &= 7 - 2 \cdot 3 = 7 - 2 \cdot (24 - 3 \cdot 7) \\ &= 7 \cdot 7 - 2 \cdot 24 = 7 \cdot (31 - 24) - 2 \cdot 24 \\ &= 7 \cdot 31 - 9 \cdot (117 - 3 \cdot 31) = 34 \cdot (265 - 2 \cdot 117) - 9 \cdot 117 \\ &= 34 \cdot 265 - 77 \cdot 117, \end{aligned}$$

und wir haben konkrete Zahlen c, d im Hilfssatz 1.1.2 gefunden.

Im sogenannten erweiterten euklidischen Algorithmus wird das Zurückrechnen parallel zum Rest mitgeführt, aber auch dies wollen wir nicht vertiefen. Wir brauchen vor allem die Existenzaussage aus 1.1.2.

Hilfssatz 1.1.9 Ein paar Folgerungen
Es seien $m, n \in \mathbb{N}$ gegeben.

a) Für $g := \mathrm{ggT}(m, n)$ sind die natürlichen Zahlen $\frac{m}{g}$ und $\frac{n}{g}$ teilerfremd.
b) Wenn m, n teilerfremd sind und $u \in \mathbb{N}$ eine Zahl ist, sodass m ein Teiler von nu ist, dann teilt m schon u.
c) Es gilt $\mathrm{kgV}(m, n) \cdot \mathrm{ggT}(m, n) = m \cdot n$.

Beweis

a) Wir können g nach Hilfssatz 1.1.2 schreiben als

$$g = mc + nd, \quad c, d \in \mathbb{Z}.$$

Daher ist

$$1 = \frac{m}{g} \cdot c + \frac{n}{g} \cdot d,$$

und jeder gemeinsame natürliche Teiler von $\frac{m}{g}$ und $\frac{n}{g}$ teilt auch 1, muss also selbst 1 sein.

b) Es sei $nu = mv$, $v \in \mathbb{N}$.

Da m und n teilerfremd sind gibt es $c, d \in \mathbb{Z}$ mit

$$1 = mc + nd.$$

Multiplikation mit u liefert

$$u = muc + nud = m(uc + vd), \quad \text{also} \quad m \mid u.$$

c) Seien $g = \mathrm{ggT}(m, n)$ und $k = \mathrm{kgV}(m, n)$. Dann ist mn ein Vielfaches von k, denn $\mathrm{ggT}(k, mn)$ ist von der Form $kc + mnd$, wird also von m und n geteilt, ist damit ein gemeinsames Vielfaches von m und n und folglich nicht kleiner als k. Es folgt $k = \mathrm{ggT}(k, mn)$. Daher gibt es eine natürliche Zahl l mit $mn = kl$. Da aber m ein

Teiler von k ist, ist $n = \frac{k}{m}l$ Vielfaches von l, und l teilt n. Analog teilt l auch m, also ist l ein gemeinsamer Teiler von m, n. Daher teilt l auch g und wir sehen

$$k = \frac{mn}{l} \geq \frac{mn}{g}.$$

Da jedoch $\frac{mn}{g} = \frac{m}{g} \cdot n = \frac{n}{g} \cdot m$ ein gemeinsames Vielfaches von m und n ist, folgt auch $k \leq \frac{mn}{g}$ und damit $k = \frac{mn}{g}$, mithin $mn = gk$. ○

Folgerung 1.1.10 Gekürzte Brüche
Jede rationale Zahl q lässt sich auf genau eine Art als

$$q = \frac{z}{n}, \quad z \in \mathbb{Z}, n \in \mathbb{N},$$

schreiben, wobei z und n teilerfremd sind.

Beweis Wenn $q = 0$ ist, so ist $q = \frac{0}{1}$. Das ist der eine Fall.
 Sei also $q \neq 0$. Dann ist $q = \frac{w}{m}$ für geeignete $w \in \mathbb{Z}, m \in \mathbb{N}$. Wenn g der größte gemeinsame Teiler von $|w|$ und m ist, dann gilt für $z := w/g$, $n := m/g$, dass

$$q = \frac{z}{n},$$

und $|z|$ und n sind nach Hilfssatz 1.1.9 teilerfremd.
 Ist $q = \frac{s}{k}$ eine weitere Darstellung von q mit teilerfremden Zahlen $s \in \mathbb{Z}$ und $k \in \mathbb{N}$, so gilt

$$\frac{s}{k} = \frac{z}{n}, \text{ also } |z| \cdot k = |s| \cdot n.$$

Da $|z|, n$ und $|s|, k$ jeweils teilerfremd sind, folgt ebenfalls aus dem letzten Hilfssatz, dass $|z|$ ein Teiler von $|s|$ ist und umgekehrt. Daher sind sie gleich. Genauso auch k und n. Die Vorzeichen von z und s sind durch das Vorzeichen von q festgelegt, also sind auch z und s gleich. ○

1.2 Primzahlen
Definition 1.2.1 Primzahl
Eine *Primzahl* ist eine natürliche Zahl $p > 1$, die sich nicht als Produkt zweier kleinerer natürlicher Zahlen schreiben lässt, die also keinen natürlichen Teiler außer 1 und p hat.
 Die Menge der Primzahlen notieren wir mit $\mathbb{P}$.

$$\mathbb{P} = \{n \in \mathbb{N} \mid n > 1 \text{ und } \forall d, t \in \mathbb{N}, d, t < n : d \cdot t \neq n\}$$

$$= \{2, 3, 5, 7, 11, 13, 17, 19, 23, 29, 31, \dots\}.$$

Es ist eine der vornehmsten Aufgaben der Zahlentheorie, mehr zu den Pünktchen hier zu sagen.

Hilfssatz 1.2.2 Alternative Charakterisierung
Es sei $n > 1$ eine natürliche Zahl. Dann sind äquivalent:

i) n ist eine Primzahl.
ii) Für natürliche Zahlen a, b gilt stets:

$$n \text{ teilt } ab \Rightarrow n \text{ teilt } a \text{ oder } n \text{ teilt } b.$$

Beweis
$i) \Rightarrow ii)$ Es sei zunächst n eine Primzahl, die ab teilt.

Ist n kein Teiler von a, so sind a und n teilerfremd, denn der ggT ist ja ein gemeinsamer Teiler, aber nicht $\pm n$.

Hilfssatz 1.1.9b) sagt uns daher, dass in diesem Fall n ein Teiler von b ist, und genau das wollten wir wissen.

$ii) \Rightarrow i)$ Umgekehrt erfülle nun n die Bedingung aus $ii)$. Wir müssen zeigen, dass es eine Primzahl ist. Sei also $a \in \mathbb{N}$ ein Teiler von n. Dann gibt es ein $b \in \mathbb{N}$ mit $n = ab$.

Dann ist aber nach Voraussetzung n ein Teiler von a oder von b, und damit sind nicht beide Faktoren kleiner als n – das mussten wir zeigen. ◯

Bemerkung 1.2.3 Klarheiten
Für jede natürliche Zahl n hat die Menge der Teiler

$$\{d \in \mathbb{N} : d \mid n\}$$

ein kleinstes Element – klar: die Eins. Für $n \geq 2$ hat auch die Menge $\mathcal{D}$ der von Eins verschiedenen Teiler ein kleinstes Element p. Dieses ist zwangsläufig eine Primzahl, denn aus $p = ab$ mit $a, b \in \mathbb{N}$ folgt $\max(a, b) \in \mathcal{D}$, und das zieht $p \leq \max(a, b) \leq p$ nach sich: $\max(a, b) = p$, $\min(a, b) = 1$.

Also wird jede natürliche Zahl $n \geq 2$ von einer Primzahl p geteilt.

Im Fall $p \neq n$ wird auch n/p von einer Primzahl geteilt, und induktiv ergibt sich, dass n ein Produkt von Primzahlen ist.

Die 1 ist nach einer sinnvollen Konvention ein leeres Produkt. Was ist daran sinnvoll?

Tatsächlich möchten wir ja für beliebige disjunkte endliche Teilmengen $A, B \subseteq \mathbb{R}$, dass

$$\prod_{x \in A \cup B} x = \prod_{a \in A} a \cdot \prod_{b \in B} b,$$

und das erzwingt für $B = \emptyset$ und $A = \{1\}$, dass

$$1 = \prod_{x \in \emptyset} x.$$

Dies fassen wir also jetzt als „leeres Produkt" von Primzahlen auf.

Satz 1.2.4 Fundamentalsatz der Arithmetik
Jede natürliche Zahl n lässt sich als Produkt von Primzahlen schreiben. Diese Darstellung ist eindeutig, wenn die Primfaktoren der Größe nach sortiert werden.

Beweis Nur die Eindeutigkeit ist noch nicht klar.
Es sei n eine natürliche Zahl, und es seien

$$n = p_1 \cdot p_2 \cdot \ldots \cdot p_s = q_1 \cdot q_2 \cdot \ldots \cdot q_t$$

zwei Zerlegungen von n als Produkt von Primzahlen, wobei

$$p_1 \leq p_2 \leq \ldots \leq p_s, \quad q_1 \leq q_2 \leq \ldots \leq q_t.$$

Wir müssen zeigen, dass $s = t$ und $p_i = q_i$, $1 \leq i \leq s$, gilt.

Das machen wir durch vollständige Induktion nach $\min\{s, t\}$. Ist dieses 0, so ist $n = 1$, und hier ist die Eindeutigkeit klar. Ist $\min\{s, t\} = 1$, so ist n eine Primzahl, und die Behauptung ist auch klar.

Ansonsten ist p_1 ein Teiler von $q_1 \cdot \ldots \cdot q_t$, und da p_1 prim ist, ist es nach Hilfssatz 1.2.2 (und einem Induktionsargument) ein Teiler eines der Faktoren, also eines q_j. Da q_j eine Primzahl ist, folgt $p_1 = q_j \geq q_1$. Aus Symmetriegründen ist auch $q_1 \geq p_1$, also $p_1 = q_1$, und wir können diesen Faktor kürzen. Es folgt

$$p_2 \cdot \ldots \cdot p_s = q_2 \cdot \ldots \cdot q_t$$

und aus der (unausgesprochenen) Induktionsannahme folgt die gewünschte Identität. ◯

Folgerung 1.2.5 Die p-adische Bewertung *Jedes $k \in \mathbb{Z}, k \neq 0$, lässt sich schreiben als*

$$k = \pm \prod_{p \in \mathbb{P}} p^{v_p(k)}.$$

Dabei zählt $v_p(k)$, wie oft die Primzahl p in der Primfaktorzerlegung von $|k|$ auftaucht. Fast alle $v_p(k)$ sind 0, denn k wird nur von endlich vielen Primzahlen geteilt. Insbesondere sind fast alle Faktoren im Produkt 1.

Wir setzen zudem formal $v_p(0) = \infty$.

Für eine feste Primzahl p ist dadurch eine Funktion

$$v_p : \mathbb{Z} \to \mathbb{Z} \cup \{\infty\}$$

definiert. Sie heißt die p-adische Bewertung.

Es gelten für alle $k, l \in \mathbb{Z}$ die Regeln

$$\begin{aligned} v_p(k + l) &\geq \min\{v_p(k), v_p(l)\}, \\ v_p(k \cdot l) &= v_p(k) + v_p(l). \end{aligned}$$

Die erste der Rechenregeln ist wegen des Distributivgesetzes klar, die zweite folgt unmittelbar aus der Eindeutigkeit der Primfaktorzerlegung.

Folgerung 1.2.6 v_p und der ggT
Es seien $a, b \in \mathbb{N}$. Dann gelten:

a) b teilt a genau dann, wenn
$$\forall p \in \mathbb{P} : v_p(b) \leq v_p(a).$$

b) Der ggT von a und b ist
$$g = \prod_{p \in \mathbb{P}} p^{e_p}, \quad \text{wobei} \quad e_p = \min\{v_p(a), v_p(b)\}.$$

c) Das kgV von a und b ist
$$k = \prod_{p \in \mathbb{P}} p^{f_p}, \quad \text{wobei} \quad f_p = \max\{v_p(a), v_p(b)\}.$$

Beweis
a) Wenn für alle p die Bedingung $v_p(b) \leq v_p(a)$ gilt, dann ist
$$a = b \cdot \prod_{p \in \mathbb{P}} p^{v_p(a) - v_p(b)},$$
und das Produkt ist eine natürliche Zahl.

Ist umgekehrt $a = bc$ mit $c \in \mathbb{N}$, so gilt für alle $p \in \mathbb{P}$
$$v_p(a) = v_p(b) + v_p(c) \geq v_p(b)$$

und es folgt die Behauptung.
b) und c) folgen hieraus leicht.

Bemerkung 1.2.7 Fortsetzungsgeschichte
Die Abbildung $v_p : \mathbb{Z} \to \mathbb{Z} \cup \{\infty\}$ wird durch
$$v_p\left(\frac{z}{n}\right) := v_p(z) - v_p(n)$$

zu einer Abbildung von $\mathbb{Q}$ nach $\mathbb{Z} \cup \{\infty\}$ fortgesetzt und behält dabei die beiden Eigenschaften aus Folgerung 1.2.5 bei. Auch diese Fortsetzung heißt die *p*-adische Bewertung. Im Rahmen der algebraischen Zahlentheorie und der algebraischen Geometrie werden Abbildungen mit ähnlichen Eigenschaften zu wesentlichen Akteuren.

Wir wollen hier die Eigenschaften dieser Bewertung nicht weiter ausschlachten, die Notation wird aber gelegentlich hilfreich sein.

Zum Beispiel zeigt sich wegen $v_p(w^2) = 2v_p(w)$, dass für eine rationale Zahl $q \neq 0$ genau dann ein $w \in \mathbb{Q}$ mit $w^2 = q$ existiert, also q eine Quadratzahl in $\mathbb{Q}$ ist, wenn $q > 0$ gilt und für jede Primzahl p die ganze Zahl $v_p(q)$ gerade ist. Insbesondere ist eine Primzahl niemals Quadratzahl in $\mathbb{Q}$.

Ein wichtiges Hilfsmittel im Umgang mit Primzahlen ist der folgende Hilfssatz.

Hilfssatz 1.2.8 Kleiner Satz von Fermat[3]
Es sei p eine Primzahl und $c \in \mathbb{Z}$.
Dann ist p ein Teiler von $c^p - c$.
Falls zudem p kein Teiler von c ist, so teilt p die Zahl $c^{p-1} - 1$.

Beweis Wenn die erste Aussage für ein c gilt, so auch für $c + 1$, denn

$$(c+1)^p - (c+1) = c^p + \sum_{i=1}^{p-1} \binom{p}{i} c^i + 1 - c - 1$$
$$= c^p - c + \sum_{i=1}^{p-1} \binom{p}{i} c^i$$

und hier sind die Binomialkoeffizienten in der Summe alle durch p teilbar (denn p teilt den Zähler $p!$, nicht aber den Nenner $i! \cdot (p-i)!$), also nach Annahme die ganze rechte Seite.

Genauso gilt die Aussage auch für $c - 1$ und damit – induktiv, ausgehend von $c = 0$ in „beide Richtungen" – für alle ganzen Zahlen.

Ist nun p kein Teiler von c, so sind p und c teilerfremd, und p muss als Teiler von $c^p - c = c \cdot (c^{p-1} - 1)$ den zweiten Faktor teilen. ○

Mit dem kleinen Satz von Fermat kann manchmal gezeigt werden, dass eine gegebene Zahl keine Primzahl ist. So ist etwa 6 kein Teiler von $(-1)^6 - (-1) = 2$, und daher nicht prim. Etwas substanzieller ist zum Beispiel:

$$\frac{2^{91} - 2}{91} = \frac{3536971540815372213997498778}{13} \notin \mathbb{N},$$

91 ist also keine Primzahl.

Der Nachweis, dass 91 kein Teiler von $2^{91} - 2$ ist, lässt sich mit modularer Arithmetik (=Restklassenrechnen, siehe Beispiel 2.1.3) bequem führen, ohne riesige Zahlen manipulieren zu müssen. Wir stellen das aber nicht detailliert vor.

---

[3] Pierre de Fermat, 1601–1665.

Der kleine Satz von Fermat ist gemeinsam mit dem Chinesischen Restsatz Dreh- und Angelpunkt der RSA-Kryptographie, worauf wir in Bemerkung 3.1.20 noch eingehen werden.

1.3 Zur Verteilung der Primzahlen

Hilfssatz 1.3.1 Noch ein Satz von Euklid
Es gibt unendlich viele Primzahlen.

Beweis Es sei $N \in \mathbb{N}$. Die Zahl

$$M := N! + 1$$

hat einen Primteiler p. Dieser muss größer als N sein, denn sonst teilte er $N!$ und damit auch $1 = M - N!$, was nicht geht.

Also gibt es eine Primzahl oberhalb von N, egal wie groß N ist. ○

Hilfssatz 1.3.2 Lückenhaft
Es sei $k \in \mathbb{N}$. Dann gibt es eine natürliche Zahl M, sodass zwischen M und $M + k$ keine Primzahl liegt.

Beweis Setze $M = (k + 2)! + 2$. ○

Nun könnte man fragen, wie sich bequem eine Liste von Primzahlen erstellen lässt. Auch hier ist eine Antwort schon über 2000 Jahre alt.

Bemerkung 1.3.3 Sieb des Eratosthenes[4]
Es sei $1 < M \in \mathbb{N}$ eine natürliche Zahl. Betrachte

$$S_1 := \{n \in \mathbb{N} \mid 2 \leq n \leq M\}.$$

Die kleinste Zahl von S_1 ist $p_1 := 2$, eine Primzahl. Setze

$$S_2 := \{n \in S_1 \mid p_1 \text{ teilt nicht } n\}.$$

Das Minimum von S_2 ist $p_2 := 3$, eine Primzahl. Setze

$$S_3 := \{n \in S_2 \mid p_2 \text{ teilt nicht } n\}.$$

Das sind die Zahlen aus S_1, die keine Vielfachen von 2 oder 3 sind. Mache sukzessive so weiter: Setze $p_i = \min(S_i)$, solange dies nicht leer ist. Dann ist p_i eine Primzahl,

---

[4] Eratosthenes, ca. 284–200 v. Chr.

sonst wäre es vorher schon als Vielfaches einer kleineren Zahl gestrichen worden. Setze weiter
$$S_{i+1} := \{n \in S_i \mid p_i \text{ teilt nicht } n\}.$$
Wenn schließlich S_{i+1} leer ist, dann gilt
$$\{p_1, p_2, \ldots, p_i\} = S_1 \cap \mathbb{P} = \{p \in \mathbb{P} \mid p \leq M\}.$$
Kleine Fußnote am Rande: Sobald $p_j > \sqrt{M}$ gilt, sind in S_j nur noch Primzahlen übrig, denn eine natürliche Zahl $n \geq 2$, die keine Primzahl ist, hat einen Teiler unterhalb von $\sqrt{n}$. Wir können also hier schon mit dem Sieben aufhören und sehen
$$\{p_1, \ldots, p_j\} \cup S_j = \{p \in \mathbb{P} \mid p \leq M\}.$$

Bemerkung 1.3.4 Ein Euler-Produkt
Leonhard Euler[5] hat das folgende Argument für die Unendlichkeit der Menge der Primzahlen gegeben: Wenn es nur endlich viele Primzahlen $\{p_1, \ldots, p_k\}$ gäbe, $p_1 < p_2 < \ldots < p_k$, so betrachte die rationale Zahl

$$\begin{aligned}
\prod_{i=1}^{k} \frac{1}{1-p_i^{-1}} &= \prod_{i=1}^{k} \left(\sum_{j_i=0}^{\infty} p_i^{-j_i} \right) \\
&= \sum_{j_1=0}^{\infty} \sum_{j_2=0}^{\infty} \cdots \sum_{j_k=0}^{\infty} p_1^{-j_1} \cdot p_2^{-j_2} \cdot \ldots \cdot p_k^{-j_k} \\
&= \sum_{n=1}^{\infty} \frac{1}{n}.
\end{aligned}$$

Hier benutzen wir zunächst die geometrische Reihe und dann das Distributivgesetz in seiner Inkarnation als Cauchy[6]-Faltungsvorschrift für das (endliche) Produkt absolut konvergenter Reihen. Schließlich kommt wegen des Fundamentalsatzes der Arithmetik – wir haben ja alle Primzahlen ins Feld geführt! – die harmonische Reihe heraus, die bekanntlich divergiert. Ein Widerspruch!

Eine quantitativ schärfere Aussage findet sich auch bei Euler. Bevor wir diese erörtern, sagen wir schon einmal, dass in der analytischen Zahlentheorie anstelle von ln immer log geschrieben wird; so heißt hier der natürliche Logarithmus.

Wir benutzen, dass sich jede Zahl $n \in \mathbb{N}$ auf eindeutig bestimmte Art als Produkt einer Quadratzahl und einer *quadratfreien* Zahl schreiben lässt, wobei quadratfrei heißt, dass es außer 1 keinen quadratischen Faktor gibt. Die 1 ist sowohl Quadratzahl als auch quadratfrei.

---

[5] Leonhard Euler, 1707–1783.
[6] Augustin-Louis Cauchy, 1789–1857.

1.3 Zur Verteilung der Primzahlen

Die quadratfreien Zahlen sind also genau die Produkte von endlich vielen paarweise verschiedenen Primzahlen, ihre Liste fängt so an:

$$1, 2, 3, 5, 6, 7, 10, 11, 13, 14, 15, 17, 19, 21, \ldots$$

Wenn $n = \prod_{p \in \mathbb{P}} p^{v_p(n)}$ die Zerlegung von n als Produkt von Primzahlpotenzen ist, dann ist $f := \prod_{p \in \mathbb{P}:\, 2 \nmid v_p(n)} p$ – das Produkt aller Primzahlen p für die $v_p(n)$ ungerade ist – der benötigte quadratfreie Faktor. In der natürlichen Zahl n/f kommt dann jeder Primfaktor mit einem geraden Exponenten vor, also ist diese Zahl ein Quadrat.

Hilfssatz 1.3.5 Noch eine Einsicht von Euler
Für jede reelle Zahl $x > 1$ gilt

$$\sum_{p \in \mathbb{P},\, p \leq x} \frac{1}{p} > \log(\log x) - \log 2.$$

Beweis Wir betrachten zunächst die Abschätzung

$$\log x = \int_1^x \frac{1}{t} \mathrm{d}t < \sum_{\mathbb{N} \ni n \leq x} \frac{1}{n},$$

denn die Funktion $F(t) = \frac{1}{n}$ für $t \in [n, n+1)$, $n \in \mathbb{N}$, majorisiert $\frac{1}{t}$ auf $[1, \infty)$.
Andererseits ist (wenn wir $n = m^2 f$ mit quadratfreiem f als Faktor schreiben)

$$\sum_{n \leq x} \frac{1}{n} \leq \sum_{m \leq \sqrt{x}} \frac{1}{m^2} \cdot \sum_{f \leq x \text{ quadratfrei}} \frac{1}{f} \leq 2 \prod_{p \in \mathbb{P},\, p \leq x} \left(1 + \frac{1}{p}\right) \leq 2 \cdot \exp\left(\sum_{p \in \mathbb{P},\, p \leq x} \frac{1}{p}\right),$$

denn $\exp(t) \geq 1 + t$ für reelles t.
Hier haben wir die Summe

$$\sum_{m \leq x} \frac{1}{m^2}$$

durch 2 abgeschätzt, was wegen

$$\frac{1}{m^2} < \frac{1}{m-1} - \frac{1}{m} \quad (m \geq 2)$$

und eines Teleskopsummenarguments legitim ist.
Die andere Abschätzung, die wir zwischendurch verwenden, ist

$$\sum_{f \leq x \text{ quadratfrei}} \frac{1}{f} \leq \prod_{p \in \mathbb{P},\, p \leq x} \left(1 + \frac{1}{p}\right).$$

Um dies einzusehen, multiplizieren wir die rechte Seite aus und erhalten nach dem Distributivgesetz die Summe der Kehrwerte aller quadratfreien Zahlen, deren Primteiler alle nicht größer sind als x. Dazu gehören natürlich alle quadratfreien Zahlen, die selbst nicht größer sind als x.

Ziehen des Logarithmus aus der nun resultierenden Ungleichung

$$\log x < 2 \exp\left(\sum_{p \leq x} \frac{1}{p}\right)$$

liefert das gewünschte Ergebnis. ○

Bemerkung 1.3.6 Die Verteilung der Primzahlen – der Primzahlsatz
Für eine reelle Zahl x sei

$$\pi(x) := \#\{p \in \mathbb{P} \mid p \leq x\}.$$

Diese Funktion zählt also, wieviele Primzahlen es unterhalb von x gibt.

Schon Euklid wusste also, dass $\lim_{x \to \infty} \pi(x) = \infty$.

Gäbe es Konstanten $C > 0$ und $0 < \varepsilon < 1$, sodass für die n-te Primzahl eine Abschätzung vom Typ

$$p_n \geq C \cdot n^{1+\varepsilon}, \quad n \text{ groß genug}$$

gilt, so würde dies die Konvergenz der Summe der Kehrwerte der Primzahlen nach sich ziehen. Also gibt es – wegen Eulers Lemma – solch eine Abschätzung nicht. Das zeigt wegen $\pi(p_n) = n$, dass für jedes positive $\delta < 1$ ein x existiert mit $\pi(x) > x^{1-\delta}$ (setze dazu $1/(1-\delta) =: 1 + \varepsilon$). Es gibt sogar beliebig große x mit dieser Eigenschaft, da wir sonst für ein hinreichend kleines δ kein solches x fänden. Also gilt sogar

$$\limsup_{x \to \infty} \pi(x) \frac{x^\delta}{x} = \infty.$$

Lässt sich präzisere Information über das asymptotische Wachstum der Funktion π gewinnen? Etwa die Hälfte aller natürlichen Zahlen unterhalb von x sind gerade und deshalb keine Primzahlen (von der Ausnahme 2 abgesehen). Etwa ein Drittel ist durch 3 teilbar und deshalb keine Primzahl. Etwa ein Sechstel ist sowohl durch 2 als auch durch 3 teilbar, und wir sollten sie nicht zweimal abziehen. Es gilt demnach für großes x

$$\pi(x) \leq x - \frac{x}{2} - \frac{x}{3} + \frac{x}{6} = x \cdot \left[\left(1 - \frac{1}{2}\right) \cdot \left(1 - \frac{1}{3}\right)\right].$$

Dieser Gedanke lässt sich nach dem Einschluss–Ausschluss-Prinzip weitertreiben und für eine heuristische Überlegung nutzen. Wenn wir neben 2 und 3 alle Primzahlen $p \leq x$ nutzen, sollte $\pi(x)$ in etwa

1.3 Zur Verteilung der Primzahlen

$$x \cdot \prod_{p \leq x} \left(1 - \frac{1}{p}\right)$$

sein. Aber Vorsicht: Wenn p nahe bei x liegt, ist die Unabhängigkeit der Wahrscheinlichkeit für $n \leq x$, sowohl durch p als auch (zum Beispiel) durch 2 teilbar zu sein, sehr fragwürdig!

Doch bleiben wir bei dem heuristischen Gedanken: Der Kehrwert des Faktors bei x ist

$$\prod_{p \leq x}\left(1 - \frac{1}{p}\right)^{-1} = \prod_{p \leq x} \sum_{i=0}^{\infty} p^{-i} = \sum_{n \in M_x} \frac{1}{n} \sim \log(x),$$

wobei M_x die Menge aller natürlichen Zahlen ist, deren Primfaktoren unterhalb von x liegen. Aber wie gesagt, das ist rein heuristisch und wir machen keine scharfen Abschätzungen, wie es notwendig wäre!

Jedenfalls legt diese Heuristik nahe, dass $\pi(x)$ in irgendeinem Sinn nahe bei $x/\log(x)$ liegen sollte.

Schon bei Lagrange[7], spätestens bei Gauß[8] findet sich die präzisere Vermutung

$$\lim_{x \to \infty} \pi(x) \cdot \frac{\log x}{x} = 1.$$

Das ist nach der Regel von L'Hospital[9] so äquivalent zur eigentlich von Gauß stammenden Formel

$$\lim_{x \to \infty} \pi(x) \cdot \frac{1}{\int_2^x (\log t)^{-1} dt} = 1.$$

Dass Gauß hier richtig lag, wurde erst etwa 100 Jahre später bewiesen, und zwar mit Methoden der Funktionentheorie und unabhängig voneinander 1896 von Hadamard[10] und La Vallée-Poussin[11]. Sie benutzten beide die Riemannsche[12] Zetafunktion, siehe Bemerkung 4.2.2d). Der Satz, dass obige asymptotische Aussage zutrifft, heißt der Primzahlsatz.

Noch einmal etwa 50 Jahre später gab es einen Beweis ohne Funktionentheorie, den sogenannten elementaren Beweis des Primzahlsatzes, der von Erdös[13] und Selberg[14] – ebenfalls unabhängig voneinander – erbracht wurde.

---

[7] Joseph-Louis Lagrange, 1736–1813.
[8] Carl Friedrich Gauß, 1777–1855.
[9] Guillaume François Antoine L'Hospital, 1661–1704.
[10] Jaques Hadamard, 1865–1963.
[11] Charles Jean Gustav Nicolas, Baron de La Vallée-Poussin, 1866–1962.
[12] Bernhard Georg Friedrich Riemann, 1826–1866.
[13] Paul Erdös, 1913–1996.
[14] Atle Selberg, 1917–2007.

Eine kurze Abschweifung soll zeigen, was sich mit solchen Aussagen wie dem Primzahlsatz anfangen lässt.

Hilfssatz 1.3.7 Lückenlos
Es sei $\varepsilon > 0$ gegeben. Dann gibt es eine reelle Zahl x_0, sodass für alle $x \geq x_0$ im Intervall $[x, (1+\varepsilon)x]$ eine Primzahl existiert.

Beweis Es bezeichne wie vorhin π die Primzahlzählfunktion. Für jedes $\delta \in (0, 1)$ gilt nach dem Primzahlsatz für große x:

$$\frac{x}{\log x}(1-\delta) \leq \pi(x) \leq \frac{x}{\log x}(1+\delta).$$

Wir finden also für solche x insbesondere

$$\pi((1+\varepsilon)x) - \pi(x) \geq \frac{(1+\varepsilon)x}{\log((1+\varepsilon)x)}(1-\delta) - \frac{x}{\log x}(1+\delta).$$

Wenn wir

$$0 < \delta < \frac{\varepsilon}{2+\varepsilon}$$

wählen, so geht die rechte Seite mit x gegen Unendlich, denn es gilt

$$\frac{(1+\varepsilon)x}{\log((1+\varepsilon)x)}(1-\delta) - \frac{x}{\log x}(1+\delta) = \left(\frac{(1+\varepsilon)(1-\delta)}{1+\frac{\log(1+\varepsilon)}{\log x}} - 1 - \delta\right) \cdot \frac{x}{\log x},$$

und der Ausdruck in Klammern geht für $x \to \infty$ gegen

$$\varepsilon - 2\delta - \varepsilon\delta > 0,$$

wobei die Positivität aus der Einschränkung an δ resultiert.

Damit ist für großes x

$$\pi((1+\varepsilon)x) - \pi(x) > \frac{\varepsilon - 2\delta - \varepsilon\delta}{2} \frac{x}{\log x} \xrightarrow{x \to \infty} \infty,$$

und für große x liegt mindestens eine Primzahl zwischen x und $(1+\varepsilon)x$. ○

Folgerung 1.3.8 Ein Dichtheitssatz
Die Menge aller Brüche p/ℓ, wobei p und ℓ Primzahlen sind, ist dicht in $\mathbb{R}_{\geq 0}$.

1.3 Zur Verteilung der Primzahlen

Beweis Wir zeigen, dass für positive reelle Zahlen $y < z$ stets mindestens ein Paar von Primzahlen p, ℓ existiert mit

$$y \leq \frac{p}{\ell} \leq z.$$

Denn dies ist gleichbedeutend mit

$$\ell y \leq p \leq \ell y \left(1 + \frac{z-y}{y}\right),$$

und für $\varepsilon := \frac{z-y}{y}$ folgt aus dem letzten Hilfssatz, dass für hinreichend großes ℓ immer mindestens ein p mit der gewünschten Eigenschaft existiert. ○

Bemerkung 1.3.9 Einige Aussagen zur Verteilung der Primzahlen

a) Neben dem Primzahlsatz an sich gibt es auch den Dirichletschen Primzahlsatz[15], der besagt, dass es für je zwei teilerfremde ganze Zahlen a, b (mit $a \neq 0$) unendlich viele Primzahlen der Gestalt $ak + b$, $k \in \mathbb{Z}$ gibt. Im Beweis benutzte er wesentlich Eigenschaften geeignet gewählter Dirichletreihen, und das ist übrigens häufig eine Methode, um Aussagen zur Verteilung der Primzahlen oder anderer Zahlenfolgen zu beweisen. Dirichletreihen sind speziell konstruierte komplexwertige Funktionen der Gestalt

$$D(s) = \sum_{n \in \mathbb{N}} a_n n^{-s},$$

die zunächst auf einer rechten Halbebene in $\mathbb{C}$ definiert sind und in vielen wichtigen Fällen eine meromorphe Fortsetzung auf einen größeren Teil von $\mathbb{C}$ oder gar auf ganz $\mathbb{C}$ haben. Die Lage der Polstelle mit dem größten Realteil und die dortige Polordnung der betrachteten Funktion gibt dann oft Aufschluss über das asymptotische Wachstum der Folge (a_n).
Für $a \in \{1, 2, 3, 4, 6\}$ und $b = \pm 1$ gibt es elementare Beweise für Dirichlets Satz. Für $a = 4$ werden wir das später in Bemerkung 3.1.11 durchführen.

b) Es wird vermutet, dass es unendlich viele Primzahlen p gibt, für die auch $p + 2$ eine Primzahl ist. Diese *Primzahlzwillingsvermutung* lässt sich auch quantifizieren, aber bisher nicht beweisen.
Ein Satz von Zhang[16] aus dem Jahr 2013 sagt, dass es unendlich viele Primzahlpaare gibt, deren Differenz kleiner ist als 70.000.000. Dies war ein wichtiger Meilenstein und wurde relativ schnell auf eine Differenz von maximal 246 reduziert. Für einen Beweis der Zwillingsvermutung scheint der Ansatz jedoch nach wie vor zu schwach zu sein.

---

[15] Johann Peter Gustav Lejeune Dirichlet, 1805–1859.
[16] Zhang Yitang, geb. 1955.

c) Es wird vermutet, dass sich jede gerade natürliche Zahl ≥ 4 als Summe zweier Primzahlen schreiben lässt. Dies ist die sogenannte Goldbach[17]-Vermutung.

Ebenfalls 2013 gab Helfgott[18] einen Beweis der *ternären Goldbachvermutung*, die besagt, dass jede ungerade Zahl größer als 6 eine Summe von drei Primzahlen ist. Ein analytischer Beweis erledigt die ungeraden Zahlen größer als 10^{30}, und den Rest übernimmt eine (sehr subtile) numerische Untersuchung.

---

[17] Christian von Goldbach, 1690–1764.
[18] Harald Helfgott, geb. 1977.

Gruppen 2

2.1 Magmen

Obwohl die meisten Lehrbücher zur Algebra im Gegensatz zu dem von Bourbaki[1] [Bou89] nur am Rande auf Magmen eingehen, denke ich, dass hier schon vieles exemplarisch thematisiert wird, was später immer wieder eine Rolle spielt.

Definition/Bemerkung 2.1.1 Magma

a) Ein *Magma* (oder *Verknüpfungsgebilde*) ist eine Menge mit einer (fixierten) Verknüpfung. Streng genommen ist das also ein Paar $(M, *)$, wobei M eine Menge ist und

$$* : M \times M \longrightarrow M$$

eine Abbildung (Verknüpfung genannt).
Statt (formal korrekt) $*(m, n)$ notieren wir den Wert der Verknüpfung von $m, n \in M$ meistens als $m * n := *(m, n)$.[2] Dabei kommt es meistens auf die Reihenfolge an! Oft – wenn klar ist, um welche Verknüpfung es geht – heißt auch schon M selbst das Magma. Dann wird ebenfalls häufig die Verknüpfung auch einfach als $(m, n) \mapsto mn$ notiert, ohne ein „Symbol" für die Abbildung zu verwenden.

b) Ein Magma $(M, *)$ heißt *assoziativ,* wenn für alle $l, m, n \in M$ die Regel

$$(l * m) * n = l * (m * n)$$

---

[1] „Nicolas Bourbaki": Ein Autorenkollektiv, das vielen Menschen große Freude bereitet hat.
[2] Natürlich schreibt niemand $m\text{ggT}n$ statt $\text{ggT}(m, n)$ – Auch der ggT ist eine Verknüpfung.

gilt. Man nennt $(M, *)$ dann auch eine *Halbgruppe*.
Vorsicht: das wird in der Literatur nicht absolut einheitlich gehandhabt!

c) Ein Element $e \in M$ heißt ein (beidseitiges) *Neutralelement* des Magmas $(M, *)$, wenn für alle $m \in M$ die Regel

$$m * e = e * m = m$$

gilt. Wir werden immer nur beidseitige Neutralelemente betrachten und das Adjektiv „beidseitig" daher oft weglassen.

Wenn es ein neutrales Element gibt, dann ist es eindeutig bestimmt. Sind nämlich $e, f \in M$ beides Neutralelemente, dann folgt

$$f = e * f = e,$$

wobei in der ersten Gleichung e als neutrales Element verwendet wird, und bei der zweiten f.

Eine Halbgruppe mit Neutralelement nennen wir auch ein *Monoid*.

d) Ein Magma $(M, *)$ heißt *kommutativ*, wenn für alle $m, n \in M$ die Regel

$$m * n = n * m$$

gilt.

e) Für Teilmengen $A, B \subseteq M$ schreiben wir oft

$$A * B := \{a * b \mid a \in A, b \in B\}.$$

Hier ist allerdings Vorsicht geboten, es gibt wichtige Situationen, wo $A * B$ eine andere Bedeutung haben kann, wie etwa bei der Multiplikation in Beispiel 2.1.3. Dann legt der Kontext die Bedeutung von $A * B$ fest.

Beispiel 2.1.2 Erste Beispiele

a) Die Abbildung

$$\mathbb{R} \times \mathbb{R} \longrightarrow \mathbb{R}, \quad x * y := x + \sin y,$$

macht aus $\mathbb{R}$ ein Magma. Hier gilt zum Beispiel für die meisten x, y, z

$$\begin{aligned}(x * y) * z = {} & (x + \sin y) * z = x + \sin y + \sin z \\ & \neq x + \sin(y + \sin z) = x * (y * z).\end{aligned}$$

Also ist das Magma nicht assoziativ. Es ist offensichtlich auch nicht kommutativ, und besitzt kein beidseitiges Neutralelement.

b) Die natürlichen Zahlen $\mathbb{N} := \{1, 2, 3, \dots\}$ mit der Addition als Verknüpfung sind ein assoziatives und kommutatives Magma, besitzen aber kein neutrales Element – das liegt erst in $\mathbb{N}_0 := \mathbb{N} \cup \{0\}$.

c) Eine Verknüpfung lässt sich prinzipiell durch ihre *Verknüpfungstafel* angeben. Das ist eine Wertetabelle in Matrixform.
Zum Beispiel betrachten wir auf der dreielementigen Menge $M := \{a, b, c\}$ die Verknüpfung, $c * c = a$, $x * y = c$, wenn $(x, y) \neq (c, c)$. Ihre Verknüpfungstafel ist durch (vertikal läuft x, horizontal y)

$*$	a	b	c
a	c	c	c
b	c	c	c
c	c	c	a

gegeben. Die Verknüpfung ist kommutativ, aber es gibt kein Neutralelement, und die Assoziativität ist auch verletzt:

$$c = a * (b * c) \neq (a * b) * c = a.$$

Vielleicht noch schlimmer:

$$(b * b) * (b * b) = a \neq c = b * (b * (b * b)),$$

sodass etwas wie b^4 zumindest nicht ohne Willkür verwendet werden darf.
Allgemein ist eine Verknüpfung genau dann kommutativ, wenn die Verknüpfungstafel symmetrisch ist, während Assoziativität der Verknüpfungstafel zumeist nicht direkt anzusehen ist.

d) Ein **wichtiges Beispiel** ist das Magma Abb(D, D) aller Abbildungen von D nach D, wobei D eine beliebige Menge ist. Die Verknüpfung ist dabei die Komposition $\circ$ von Abbildungen, definiert durch $(f \circ g)(d) = f(g(d))$. Dieses Magma ist assoziativ, hat ein neutrales Element (nämlich die Identität id$_D$, $\forall d \in D$: id$_D(d) = d$), ist aber nicht kommutativ, wenn D mindestens zwei Elemente enthält. Zum Beispiel hängt die Komposition zweier verschiedener konstanter Abbildungen von der Reihenfolge ab.

e) Das *leere Magma* ist die leere Menge $\emptyset$ mit der einzig möglichen Abbildung $\emptyset \times \emptyset \longrightarrow \emptyset$ als Verknüpfung. Das *triviale Magma* ist eine einelementige Menge mit der einzig möglichen Verknüpfung.

Beispiel 2.1.3 Rechnen mit Restklassen
Zu Definition 1.1.6 zurückkehrend betrachten wir die Restklassen in $\mathbb{Z}/n\mathbb{Z}$ für eine ganze Zahl n. Wenn $a \equiv b \pmod{n}$ und $c \equiv d \pmod{n}$, dann teilt n die Differenzen $b - a$ und $d - c$, und damit nach dem Distributivgesetz in $\mathbb{Z}$ auch deren Summe $b + d - (a + c)$. Folglich sind die Restklassen von $a + c$ und $b + d$ gleich, sodass wir

$$[a] + [c] := [a + c]$$

definieren können. $(\mathbb{Z}/n\mathbb{Z}, +)$ ist damit ein Magma. Diese Verknüpfung ist assoziativ und kommutativ, die Restklasse $[0]$ ist das neutrale Element.

Analog ist auch durch

$$[a] \cdot [c] := [ac]$$

eine wohldefinierte Verknüpfung gegeben, und $(\mathbb{Z}/n\mathbb{Z}, \cdot)$ ist ein kommutatives Monoid mit Neutralelement [1].

Diese Art des Umgangs mit Restklassen wird *Restklassenrechnung* oder auch *modulare Arithmetik* genannt.

Zwei spezielle Wahlen von n sollen motivieren, dass wir dieses Konzept schon aus der Schule kennen:

Fall 1: $n=2$

Die beiden Restklassen sind hier die der geraden und der ungeraden Zahlen.

Die Summe einer ungeraden und einer geraden Zahl ist ungerade, die Summe zweier ungerader oder zweier gerader Zahlen ist gerade, das Produkt zweier ungerader Zahlen ist ungerade, das Produkt einer geraden Zahl mit einer beliebigen Zahl ist gerade ...das ist Restklassenrechnung in $\mathbb{Z}/2\mathbb{Z}$. Allerdings – und hier sei an den Warnhinweis aus 2.1.1 e) erinnert – ist nicht jede gerade Zahl ein Produkt zweier gerader Zahlen. Das Produkt $2\mathbb{Z} \cdot 2\mathbb{Z}$ im Sinn der dortigen Definition ist $4\mathbb{Z}$, aber im Sinne der Restklassenrechnung modulo 2 ist es $2\mathbb{Z}$, die einzige Restklasse modulo 2, die $4\mathbb{Z}$ enthält.

Fall 2: $n=10$

Hier erhalten wir als Spezialfall der modularen Arithmetik die aus schriftlicher Addition und Multiplikation bekannte Tatsache, dass sich die Einerstelle einer Summe oder eines Produktes zweier natürlicher Zahlen aus deren Einerstellen berechnen lässt; diese vertritt natürlich die Restklasse modulo 10.

Noch ein Schmankerl am Ende: Aus $10 \equiv -1 \pmod{11}$ folgt für $i \in \mathbb{N}_0$

$$10^i \equiv (-1)^i \pmod{11}.$$

Dies führt zu

$$\sum_{i=0}^{l} a_i 10^i \equiv \sum_{i=0}^{l} (-1)^i a_i = a_0 - a_1 + a_2 - a_3 + \ldots + (-1)^l a_l \pmod{11}.$$

Die *alternierende Quersumme* im Dezimalsystem testet Teilbarkeit durch 11.

Definition/Bemerkung 2.1.4 Untermagma

a) Eine Teilmenge U des Magmas M heißt ein *Untermagma*, wenn $U * U \subseteq U$ gilt, also: $\forall u, v \in U : u * v \in U$. Die Einschränkung von $*$ auf $U \times U$ macht aus solch einem Untermagma selbst ein Magma.

Assoziativität und Kommutativität vererben sich von Magmen auf ihre Untermagmen. Ein neutrales Element muss natürlich nicht immer in einem Untermagma liegen – siehe $(\mathbb{N}, +) \subseteq (\mathbb{N}_0, +)$.

Der Durchschnitt einer beliebigen Familie $(U_i)_{i \in I}$ von Untermagmen (wobei I

eine nichtleere Indexmenge ist) ist wieder ein Untermagma von M. Denn für alle $x, y \in M$ gilt:

$$[x, y \in \bigcap_{i \in I} U_i] \Rightarrow [\forall i \in I : x, y \in U_i] \Rightarrow [\forall i \in I : x * y \in U_i] \Rightarrow [x * y \in \bigcap_{i \in I} U_i].$$

b) Für eine Teilmenge $X \subseteq M$ sei $\langle X \rangle_{\text{Magma}}$ der Durchschnitt aller Untermagmen von M, die X als Teilmenge enthalten. Das ist das *von X erzeugte Untermagma* von M. Etwas kürzer: das *Magmenerzeugnis* von X in M.
Vorsicht: Selbst Magmen, die von einem Element erzeugt werden, müssen nicht notwendig assoziativ sein. Das Magma in Beispiel 2.1.2c) etwa ist von b erzeugt, denn $b * b = c$ und $c * c = a$, also liegen auch a und c in jedem Untermagma, das b enthält: $\langle b \rangle_{\text{Magma}} = \{a, b, c\}$.

c) Ein *Untermonoid* eines Monoids M ist ein Untermagma, das auch das neutrale Element von M enthält.
So ist etwa $\{0\} \subseteq \mathbb{Z}$ eine Teilmenge, die unter Multiplikation stabil ist, und sogar ein Monoid, aber kein Untermonoid von $(\mathbb{Z}, \cdot)$, denn dessen neutrales Element ist 1.
Analog zum Magmenerzeugnis gibt es auch ein Monoiderzeugnis von X, den Durchschnitt aller Untermonoide, die X enthalten: $\langle X \rangle_{\text{Monoid}}$.

Beispiel 2.1.5 Symmetrische Gruppe

a) In einem assoziativen Magma $(M, *)$ ist für festes $X \subseteq M$ das von X erzeugte Magma gleich

$$\langle X \rangle_{\text{Magma}} = \bigcup_{n \in \mathbb{N}} X_n,$$

wobei rekursiv $X_1 := X$, $X_{n+1} := X * X_n$ gesetzt wird. Also ist

$$\langle X \rangle_{\text{Magma}} = \{x_1 * x_2 * \cdots * x_n \mid n \in \mathbb{N}, x_1, \ldots, x_n \in X\}.$$

Wegen der Assoziativität ist das Produkt auch ohne Klammern unmissverständlich und wir lassen sie daher weg. Wir sprechen bei X_n auch von den Wörtern der Länge n im Alphabet X.
Besteht speziell X nur aus einem Element x, so finden wir $X_n = \{x^n\}$, wobei wie üblich $x^n = x * x * \cdots * x$ mit n Faktoren gesetzt ist. Zugegebenermaßen wäre x^{*n} deutlicher, aber auch sperriger. Es gilt für alle natürlichen Zahlen n, m die Gleichung

$$x^n * x^m = x^{n+m}.$$

b) Für eine Menge D ist die *symmetrische Gruppe*

$$\text{Sym}(D) := \{\sigma \in \text{Abb}(D, D) \mid \sigma \text{ ist bijektiv}\}$$

ein Untermagma von Abb(D, D). Es ist assoziativ und enthält das neutrale Element id_D. Wenn D mindestens 3 Elemente enthält ist Sym(D) nicht kommutativ. Für $D = \{1, 2, \ldots, d\} \subset \mathbb{N}$ schreiben wir auch S_d anstatt Sym(D). Diese Magmen spielen eine besondere Rolle in der Gruppentheorie. Die Kardinalität von S_d ist $\#S_d = d!$.

Eine *Transposition* ist ein Element von Sym(D), das zwei gegebene Elemente von D gegeneinander austauscht und die übrigen Elemente von D festlässt. Genauer sei für zwei verschiedene Elemente $y, z \in D$ die Transposition $\tau_{y,z}$ definiert als die Bijektion von D mit

$$\forall x \in D : \tau_{y,z}(x) = \begin{cases} x, & \text{falls } x \notin \{y, z\}, \\ z, & \text{falls } x = y, \\ y, & \text{falls } x = z. \end{cases}$$

Nun sei $d \in \mathbb{N}$ eine natürliche Zahl und $T_d \subseteq S_d$ die Menge aller Transpositionen in S_d. Dann gilt

$$\langle T_d \rangle_{\text{Monoid}} = S_d.$$

Die Inklusion $\subseteq$ ist nach Definition klar. Die umgekehrte Inklusion gilt es noch zu zeigen, also dass sich jede Permutation aus S_d als Produkt von Transpositionen schreiben lässt.

Der **Beweis** geht per absteigender Induktion nach der Anzahl der Fixpunkte der betrachteten Permutation. Fixpunkte von $\sigma \in S_d$ sind dabei die $k \in \{1, \ldots, d\}$ mit $\sigma(k) = k$. Zum Beispiel sind Transpositionen in S_d genau die Permutationen, die $d - 2$ Fixpunkte haben.

Wenn σ genau d Fixpunkte hat, ist σ die Identität und damit im Monoiderzeugnis der Transpositionen, da jedes Untermonoid ja das neutrale Element enthält.

Nun sei σ nicht die Identität und die Behauptung für alle Permutationen mit mehr Fixpunkten gezeigt. Für ein (beliebiges) k mit $\sigma(k) \neq k$ ist auch $l := \sigma(k)$ kein Fixpunkt von σ (wegen dessen Injektivität) und wir sehen, dass

$$\tau_{k,l} \circ \sigma$$

mindestens einen Fixpunkt mehr hat als σ, nämlich k. (Die Fixpunkte von σ werden von $\tau_{k,l}$ ja nicht bewegt.) Nach Voraussetzung ist daher

$$\tau_{k,l} \circ \sigma \in \langle T_d \rangle_{\text{Monoid}},$$

und folglich auch

$$\sigma = \tau_{k,l} \circ (\tau_{k,l} \circ \sigma) \in \langle T_d \rangle_{\text{Monoid}}.$$

In Wirklichkeit genügen übrigens diejenigen Transpositionen, die jeweils benachbarte Zahlen vertauschen, um S_d zu erzeugen. Zum Beispiel gilt

$$\tau_{1,3} = \tau_{2,3} \circ \tau_{1,2} \circ \tau_{2,3}.$$

Definition/Bemerkung 2.1.6 Homomorphismus
Es seien $(M, *)$ und $(N, \diamond)$ zwei Magmen.

Ein *Homomorphismus* (auch *verknüpfungserhaltende Abbildung* genannt) von M nach N ist eine Abbildung $\Phi : M \longrightarrow N$, sodass für alle $m_1, m_2 \in M$ die Bedingung

$$\Phi(m_1 * m_2) = \Phi(m_1) \diamond \Phi(m_2).$$

erfüllt ist.

Das Bild $\Phi(M)$ ist dann ein Untermagma von N. Wenn $(M, *)$ assoziativ oder kommutativ ist, dann auch $\Phi(M)$.

Das Urbild $\Phi^{-1}(U)$ eines Untermagmas von N ist ein Untermagma von M.

Ein bijektiver Homomorphismus Φ heißt auch ein *Isomorphismus*. Dann ist auch die Umkehrabbildung Φ^{-1} ein Isomorphismus, denn bijektiv ist sie und für alle $n_1, n_2 \in N$ gilt

$$\begin{aligned}\Phi^{-1}(n_1 \diamond n_2) &= \Phi^{-1}\big(\Phi(\Phi^{-1}(n_1)) \diamond \Phi(\Phi^{-1}(n_2))\big) \\ &= \Phi^{-1}\big(\Phi(\Phi^{-1}(n_1) * \Phi^{-1}(n_2))\big) \\ &= \Phi^{-1}(n_1) * \Phi^{-1}(n_2).\end{aligned}$$

Dabei haben wir zunächst n_1, n_2 umgeschrieben und dann ausgenutzt, dass Φ ein Homomorphismus ist.

Zwei Magmen heißen *isomorph*, wenn es zwischen ihnen einen Isomorphismus gibt. Isomorphe Magmen sind „im Wesentlichen gleich", sie gehen ohne Informationsverlust durch eine Umbenennung der Elemente auseinander hervor.

Mit $\text{Hom}_{\text{Magma}}(M, N)$ bezeichnen wir die Menge aller Homomorphismen von M nach N. Streng genommen müssten hier auch die Verknüpfungen auf M und N in die Notation aufgenommen werden, das wird aber auf Dauer sehr schwerfällig.

Im Fall $M = N$ heißen Homomorphismen von M nach M auch *Endomorphismen* des Magmas $(M, *)$, und Isomorphismen von M nach M heißen *Automorphismen* von M.

Die Menge aller Endomorphismen notieren wir als $\text{End}_{\text{Magma}}(M)$ oder meistens einfacher als $\text{End}(M)$; analog gibt es $\text{Aut}_{\text{Magma}}(M)$.

Bei einem *Monoidhomomorphismus* wird zusätzlich verlangt, dass das neutrale Element von M auf das von N abgebildet wird. Das ist keine notwendige Konsequenz aus der obigen Definition (aber siehe Hilfssatz 2.3.3 im Fall von Gruppen).

Beispiel 2.1.7 natürliche Zahlen, Abbildungsmagmen usw.

a) Es sei $N = \{x, y, z\}$ eine dreielementige Menge. Wir definieren darauf die Verknüpfung $n_1 \diamond n_2 := n_2$ und erhalten die folgende Verknüpfungstafel:

$\diamond$	x	y	z
x	x	y	z
y	x	y	z
z	x	y	z

Dann gibt es keinen Homomorphismus von N in das Magma M aus Beispiel 2.1.2c), denn für das Bild $\Phi(x)$ müsste ja gelten

$$\Phi(x) = \Phi(x \diamond x) = \Phi(x) * \Phi(x),$$

eine Bedingung, die von keinem Element von M erfüllt wird.

Die (drei) konstanten Abbildungen von M nach N sind dagegen allesamt Magmenhomomorphismen von M nach N, und sonst gibt es keinen.

b) Wenn M ein assoziatives Magma ist und wir $\mathbb{N}$ mit der Addition betrachten, dann gibt es eine Bijektion zwischen $\text{Hom}_{\text{Magma}}(\mathbb{N}, M)$ und M. Ein Homomorphismus Φ von $\mathbb{N}$ nach M wird nämlich durch $\Phi(1)$ eindeutig bestimmt, und dieses lässt sich beliebig vorschreiben: für $m \in M$ ist $\Phi(k) := m^k$ offensichtlich ein Homomorphismus (wobei wir die Assoziativität brauchen – siehe Beispiel 2.1.5a)).
Allgemeiner gibt es eine Bijektion zwischen $\text{Hom}_{\text{Magma}}(\mathbb{N}, M)$ und der Menge aller $m \in M$, für die $\langle m \rangle_{\text{Magma}}$ assoziativ ist.
Speziell sind Homomorphismen von $\mathbb{N}$ nach $\text{Abb}(X, X)$ auch außerhalb der Mengenlehre interessant. Sie modellieren zum Beispiel (diskrete) dynamische Systeme.

c) Es sei M ein Magma. Dann wird durch

$$\Lambda : M \longrightarrow \text{Abb}(M, M), \quad \Lambda(m) = [M \ni x \mapsto m * x \in M]$$

eine Abbildung definiert, die natürlich die Magmenstruktur von M codiert.
Λ ist genau dann ein Homomorphismus (wobei wir in $\text{Abb}(M, M)$ die Komposition von Abbildungen als Verknüpfung verwenden), wenn M assoziativ ist, denn wir rechnen nach:

Λ ist Homomorphismus
$\iff \forall m_1, m_2 \in M : \Lambda(m_1 * m_2) = \Lambda(m_1) \circ \Lambda(m_2)$
$\iff \forall m_1, m_2 \in M : \forall x \in M : (\Lambda(m_1 * m_2))(x) = (\Lambda(m_1) \circ \Lambda(m_2))(x)$
$\iff \forall m_1, m_2 \in M : \forall x \in M : (m_1 * m_2) * x = m_1 * (m_2 * x).$

In diesem Fall heißt Λ die *linksreguläre Operation* von M.
Wenn M sogar assoziativ mit einem Einselement ist (also ein Monoid), dann ist Λ injektiv, denn für beliebige $m_1, m_2 \in M$ gilt

$$\Lambda(m_1) = \Lambda(m_2) \Rightarrow (\Lambda(m_1))(e_M) = (\Lambda(m_2))(e_M) \Rightarrow m_1 = m_2.$$

Damit ist das Monoid $(M, *)$ zu seinem Bild $\Lambda(M) \subseteq \text{Abb}(M, M)$ isomorph.
Damit kann jedes Monoid M als Untermagma von $\text{Abb}(X, X)$ für eine geeignete Menge X aufgefasst werden. Noch anders gesagt: um eine Übersicht über alle Monoide zu bekommen, die es überhaupt geben kann, sind „nur" alle Untermonoide der Magmen $\text{Abb}(X, X)$ (für alle Mengen X) anzugeben, einschließlich möglicher Isomorphismen zwischen ihnen.
Naja – ob das übersichtlich wird?
Wie dem auch sei – diese Art von Wirkung eines Objekts auf sich selbst werden

wir noch verschiedentlich zu sehen bekommen, zum Beispiel in 2.6.3, und auch zum Beweis von Strukturaussagen benutzen.

d) Zwei einelementige Magmen sind immer isomorph.

e) Für ein beliebiges Magma M gibt es genau einen Homomorphismus des leeren Magmas $\emptyset$ nach M, und genau einen Homomorphismus von M in das triviale Magma: das leere Magma ist ein *initiales Objekt* und das triviale Magma ein *finales Objekt* in der „Kategorie der Magmen".

f) Wenn $(L, \diamond), (M, *), (N, \bullet)$ Magmen sind und $\Phi : L \longrightarrow M$, $\Psi : M \longrightarrow N$ Magmenhomomorphismen, dann ist auch

$$\Psi \circ \Phi : L \longrightarrow N$$

ein Magmenhomomorphismus. Denn für alle $l_1, l_2 \in L$ gilt

$$\begin{aligned}(\Psi \circ \Phi)(l_1 \diamond l_2) &= \Psi(\Phi(l_1 \diamond l_2)) \\ &= \Psi(\Phi(l_1) * \Phi(l_2)) \\ &= \Psi(\Phi(l_1)) \bullet \Psi(\Phi(l_2)) \\ &= (\Psi \circ \Phi)(l_1) \bullet (\Psi \circ \Phi)(l_2).\end{aligned}$$

g) Sind X und Y zwei Mengen und $F : X \longrightarrow Y$ eine Bijektion, dann „induziert" F einen Isomorphismus $F_* : \mathrm{Abb}(X, X) \longrightarrow \mathrm{Abb}(Y, Y)$ auf folgende Art:

$$\forall g \in \mathrm{Abb}(X, X) : F_*(g) := F \circ g \circ F^{-1}.$$

Es ist klar, dass F_* ein Homomorphismus ist:

$$F_*(g_1 \circ g_2) = F \circ g_1 \circ g_2 \circ F^{-1} = F \circ g_1 \circ F^{-1} \circ F \circ g_2 \circ F^{-1} = F_*(g_1) \circ F_*(g_2).$$

Die Umkehrabbildung F^{-1} induziert $(F_*)^{-1} = (F^{-1})_*$, daher ist F_* ein Isomorphismus... Sie dürfen sich hier gerne an Basiswechsel für Abbildungsmatrizen in der Linearen Algebra erinnert fühlen.

Bemerkung 2.1.8 Erzeuger und Homomorphismen; eine Gruppe

a) Ein Homomorphismus $\Phi : M \longrightarrow N$ wird durch seine Einschränkung auf ein Erzeugendensystem von M festgelegt.

Denn: Sind Φ und Ψ zwei Homomorphismen von M nach N, so ist die Menge

$$U := \{m \in M \mid \Phi(m) = \Psi(m)\}$$

ein Untermagma von M. Wenn ein Erzeugendensystem zu U gehört, dann ist demnach $U = M$.

b) Es sei M ein Magma. Dann ist wegen Beispiel 2.1.7 f) End(M) ein Untermagma von Abb(M, M).

Auch die Automorphismen Aut(M) sind ein Untermagma; sie sind ja der Durchschnitt von Sym(M) (hier ist M nur eine Menge) und End(M) (hier hat M eine Verknüpfung).

Aut(M) ist niemals leer, denn id_M liegt immer darin. Auch ist Aut(M) als Untermagma von Abb(M, M) assoziativ. Das Novum ist, dass nach der Rechnung aus Definition 2.1.6 zu jedem Automorphismus von M auch die inverse Abbildung ein Automorphismus ist, d. h.

$$\forall \Phi \in \mathrm{Aut}(M) : \exists \Psi \in \mathrm{Aut}(M) : \Phi \circ \Psi = \Psi \circ \Phi = \mathrm{id}_M.$$

2.2 Der Gruppenbegriff
Definition 2.2.1 Gruppe

a) Es sei $(M, *)$ ein Monoid mit neutralem Element e. Ein Element $x \in M$ heißt *invertierbar,* wenn ein $y \in M$ existiert, sodass

$$x * y = y * x = e.$$

Bemerkung: Wenn $\tilde{y}$ ein weiteres Element in M mit der Eigenschaft

$$x * \tilde{y} = \tilde{y} * x = e$$

ist, dann folgt unter Ausnutzung der Assoziativität:

$$y = y * e = y * (x * \tilde{y}) = (y * x) * \tilde{y} = e * \tilde{y} = \tilde{y}.$$

Also ist y eindeutig durch die charakterisierende Gleichung festgelegt. Wir nennen es das zu x *inverse Element* in $(M, *)$. Zum Beispiel ist e zu sich selbst invers. Wir bezeichnen mit $M^\times$ die Menge aller invertierbaren Elemente in M.

b) Eine *Gruppe* ist ein Monoid, in dem jedes Element invertierbar ist.

c) Ist $(M, *)$ eine Gruppe, so nennen wir sie *kommutativ* oder auch *abelsch*[3], wenn sie als Magma kommutativ ist.

Schreibweisen: Oft benutzen wir als Zeichen für die Verknüpfung einen Malpunkt (und lassen dann meistens auch diesen noch weg) und schreiben x^{-1} für das Inverse zu x.

Die „additive Schreibweise" mit $+$ als Symbol für die Verknüpfung sowie $-x$ für das zu x inverse Element benutzen wir höchstens für kommutative Gruppen. Das

---
[3] nach Niels Henrik Abel, 1802–1829.

2.2 Der Gruppenbegriff

neutrale Element wird dann mit 0 bezeichnet.

Wenn klar ist, welche Verknüpfung auf M betrachtet wird, so heißt oft auch M selbst eine Gruppe, ohne explizit die Verknüpfung mit zu erwähnen. Außerdem heißt eine typische Gruppe ab jetzt eher G als M.

Beispiel 2.2.2 Zahlen, symmetrische Gruppe

a) Die ganzen Zahlen $\mathbb{Z}$ mit der Addition bilden eine Gruppe.
Wie $\mathbb{Z}$ so bilden auch die rationalen Zahlen $\mathbb{Q}$ und die reellen Zahlen $\mathbb{R}$ mit der Addition als Verknüpfung eine Gruppe.
Bezüglich der (wie üblich definierten) Multiplikation ist mehr Vorsicht geboten. Wir finden aber zum Beispiel die Gruppen

$$\mathbb{Z}^\times = (\{\pm 1\}, \cdot), \quad \mathbb{Q}^\times = (\mathbb{Q} \smallsetminus \{0\}, \cdot), \quad \mathbb{R}^\times = (\mathbb{R} \smallsetminus \{0\}, \cdot).$$

b) Während (für eine gegebene Menge D) Abb(D, D) keine Gruppe ist, sobald D mehr als ein Element enthält, ist Sym(D) immer eine Gruppe. Das neutrale Element ist die Identität auf D, zu $\sigma \in$ Sym(D) invers ist die Umkehrabbildung.

c) Eine Menge M mit genau einem Element m wird durch die einzig mögliche Verknüpfung darauf – $m * m = m$ – zu einer Gruppe; diese Gruppe heißt eine *triviale Gruppe*. Sie kennen zwei Beispiele hierfür: $(\{0\}, +)$ und $(\{1\}, \cdot)$.

d) Nun habe die Menge M genau zwei Elemente e und m. Wenn wir festlegen, dass e neutrales Element sein soll, so gibt es nur eine Möglichkeit der Gruppenstruktur auf M:

$$e * e = e, \ e * m = m * e = m, \ m * m = e.$$

Die ersten drei Gleichungen werden von den Eigenschaften des neutralen Elements erzwungen, die letzte von der Existenz eines zu m inversen Elements. Die Assoziativität ist offensichtlich erfüllt.

e) Es sei $n \in \mathbb{Z}$. Dann ist $(\mathbb{Z}/n\mathbb{Z}, +)$ wie in Beispiel 2.1.3 eingeführt eine abelsche Gruppe. Wenn wir $\mathbb{Z}/n\mathbb{Z}$ als Gruppe bezeichnen, meinen wir immer die Addition als Verknüpfung.

f) Für $n \in \mathbb{Z}$ ist nach Beispiel 2.1.3 das Magma $(\mathbb{Z}/n\mathbb{Z}, \cdot)$ definiert. Dies ist jedoch für $n \neq \pm 1$ keine Gruppe, da es zu $[0]$ dann kein inverses Element gibt.
Die Menge $(\mathbb{Z}/n\mathbb{Z})^\times$ aller bezüglich der Multiplikation invertierbaren Elemente heißt die *Einheitengruppe* von $\mathbb{Z}/n\mathbb{Z}$. Tatsächlich ist das eine Gruppe. Wir werden sie immer wieder sehen und noch ausführlicher kennen lernen.

Definition 2.2.3 Untergruppe

Es sei $(G, *)$ eine Gruppe. Dann ist eine *Untergruppe* von G ein nichtleeres Untermagma U, das unter Inversenbildung abgeschlossen ist.

Wir schreiben dafür: $U \leq G$. (Die Verknüpfung denken wir uns fixiert.)

Da U nicht leer ist, liegt ein x und damit auch x^{-1} darin, also auch deren Produkt, und damit das neutrale Element von G.

Insbesondere ist dann U mit der auf $U \times U$ eingeschränkten Verknüpfung aus G eine Gruppe.

$U \subseteq G$ ist genau dann eine Untergruppe, wenn U nicht leer ist und

$$\forall x, y \in U : xy^{-1} \in U.$$

Beispiel 2.2.4 Untergruppen
Die Gruppe $(\mathbb{Z}, +)$ ist eine Untergruppe von $(\mathbb{Q}, +)$ und $(\{\pm 1\}, \cdot)$ ist eine Untergruppe von $(\mathbb{Q} \setminus \{0\}, \cdot)$.

Beispiel 2.2.5 Untergruppen der ganzen Zahlen
Wenn wir von $\mathbb{Z}$ als Gruppe sprechen, meinen wir immer die Addition als Verknüpfung. In diesem Beispiel wollen wir alle Untergruppen von $\mathbb{Z}$ kennenlernen.

In einer Untergruppe von $\mathbb{Z}$ liegen mit einem Element n auch alle Vielfachen von n, denn die Untergruppe ist ja unter Addition und Subtraktion abgeschlossen, das heißt insbesondere rekursiv: $n, n+n, (n+n)+n, \ldots$ und $n, n-n, (n-n)-n, ((n-n)-n)-n, \ldots$ liegen in der Untergruppe.

Für jedes $n \in \mathbb{N}_0$ ist

$$n\mathbb{Z} := \{nk \mid k \in \mathbb{Z}\}$$

eine Untergruppe von $\mathbb{Z}$, denn diese Menge ist nicht leer und mit nk und nl ist auch $nk - nl = n(k - l)$ in $n\mathbb{Z}$ enthalten. Für $n = 0$ erhalten wir die triviale Untergruppe.

Wir zeigen nun umgekehrt, dass jede Untergruppe von $\mathbb{Z}$ eine der eben genannten ist. Es sei also $H \subseteq \mathbb{Z}$ eine Untergruppe, und H sei nicht die triviale Untergruppe (sonst wählen wir $n = 0$ und sind fertig). Dann gibt es in H ein von 0 verschiedenes Element x. Mit diesem liegt auch $-x$ in H, und es gibt demnach ein positives Element in H. Die Menge $H \cap \mathbb{N}$ ist also nicht leer, und enthält damit auch ein kleinstes Element, welches wir n nennen. Die Behauptung ist nun, dass $H = n\mathbb{Z}$. Die Inklusion $\supseteq$ ist klar. Wenn umgekehrt $h \in H$ beliebig gewählt ist, so liegt wegen Hilfssatz 1.1.2 auch der ggT von n und $|h|$ in H, ist aber – wegen der Minimalität von n – nicht kleiner als n. Der ggT ist also n, und das heißt, dass h ein Vielfaches von n ist.

Wir halten fest: Die Untergruppen von $\mathbb{Z}$ sind genau die Mengen $n\mathbb{Z}$ mit $n \in \mathbb{N}_0$.

Hilfssatz 2.2.6 Durchschnitt von Untergruppen
Es seien G eine Gruppe, I eine nichtleere Menge, und für jedes $i \in I$ eine Untergruppe U_i von G gegeben. Dann ist auch $\bigcap_{i \in I} U_i$ eine Untergruppe von G.

Beweis Der Durchschnitt ist ein Untermagma (2.1.4a)) und sogar ein Untermonoid, da er das neutrale Element e enthält. Mit $x \in \bigcap U_i$ liegt auch x^{-1} in jedem einzelnen U_i, und damit auch in deren Durchschnitt. ◯

2.2 Der Gruppenbegriff

Definition 2.2.7 Gruppenerzeugnis, zyklische Gruppe

a) Für eine Teilmenge M der Gruppe G sei $\mathcal{I}$ die Menge aller Untergruppen von G, die M enthalten. Dazu gehört zum Beispiel G selbst. Dann ist aber nach dem Vorhergehenden auch
$$\langle M \rangle := \bigcap_{H \in \mathcal{I}} H$$
eine Gruppe, sie heißt das *(Gruppen-)Erzeugnis von M* oder die *von M erzeugte Untergruppe von G*. Es ist offensichtlich die kleinste Untergruppe von G, die M enthält, und es gilt
$$\langle M \rangle = \{x_1 \cdot x_2 \cdot \ldots \cdot x_k \mid k \in \mathbb{N}_0, \forall i \leq k : x_i \in M \text{ oder } x_i^{-1} \in M\}.$$

b) Eine Gruppe G heißt *zyklisch*, wenn es ein Element $a \in G$ gibt, sodass $G = \langle \{a\} \rangle$. Die Notation dafür ist wieder $G = \langle a \rangle$, präziser wäre $\langle a \rangle_{\text{Gruppe}}$.

Beispiel 2.2.8 zyklische Gruppen

a) Für jede natürliche Zahl n ist die Gruppe $\mathbb{Z}/n\mathbb{Z}$ von $[1]$ erzeugt.
b) Für beliebiges $g \in G$ setzen wir $g^0 := e_G$ und schreiben für $n \in \mathbb{N}$
$$g^n := g * g * \ldots * g \ (n \text{ Faktoren}), \quad g^{-n} := (g^{-1})^n.$$
Dann ist
$$\langle g \rangle = \{g^k \mid k \in \mathbb{Z}\}$$
die von g erzeugte zyklische Gruppe.
Wenn die Gruppenverknüpfung additiv ist, dann schreiben wir statt g^k natürlich $k \cdot g$.

c) Wir wissen aus Beispiel 2.2.5, dass alle Untergruppen von $\mathbb{Z}$ zyklisch sind. Natürlich erzeugen auch zwei ganze Zahlen a, b immer eine Untergruppe H in $\mathbb{Z}$, konkreter gilt:
$$H = \langle \{a, b\} \rangle = \{ra + sb \mid r, s \in \mathbb{Z}\}.$$
Da auch H zyklisch ist, gibt es also ein $g \in \mathbb{N}_0$ mit $H = \mathbb{Z}g$.
Da a und b in H liegen, ist g ein gemeinsamer Teiler von a und b.
Umgekehrt ist g von der Gestalt $ra + sb$, und damit teilt jeder gemeinsame Teiler von a und b auch g. Daher ist g der größte gemeinsame Teiler von a und b : Wir sind wieder beim Lemma von Bézout 1.1.2 angekommen!

Definition 2.2.9 Ordnung

Die Kardinalität einer Gruppe heißt auch ihre *Ordnung*. Die *Ordnung eines Elementes* $g \in G$ ist definiert als die Ordnung der von g erzeugten Untergruppe.

Bemerkung 2.2.10 Was bedeutet endliche Ordnung?
Wenn $g \in G$ endliche Ordnung hat, dann ist diese gleich der kleinsten natürlichen Zahl k, für die $g^k = e_G$ gilt.

Denn: Es existieren ein $l > 0$ und ein $r \geq 0$ mit $g^r = g^{r+l}$, da die von g erzeugte Gruppe endlich ist. Daher ist (nach Multiplikation mit g^{-r} auf beiden Seiten der Gleichung) auch $e_G = g^l$, und es gibt überhaupt ein kleinstes k mit der genannten Eigenschaft. Gäbe es nun unter $e_G, g, g^2, \ldots, g^{k-1}$ zwei gleiche Elemente, dann wäre $g^m = g^n$ für zwei Zahlen $0 \leq n < m \leq k-1$. Also wäre $g^{m-n} = e_G$, obwohl $0 < m - n < k$. Wir hätten also k falsch gewählt, und so etwas passiert uns doch nicht, oder? ;-)

Beispiel 2.2.11 Die modulare Gruppe
Die Menge

$$\mathrm{SL}_2(\mathbb{Z}) := \left\{ \begin{pmatrix} a & b \\ c & d \end{pmatrix} \mid a, b, c, d \in \mathbb{Z}, ad - bc = 1 \right\}$$

ist eine Gruppe bezüglich der üblichen Matrizenmultiplikation.

Darin liegen die beiden Matrizen

$$S := \begin{pmatrix} 0 & -1 \\ 1 & 0 \end{pmatrix} \quad \text{und} \quad R := \begin{pmatrix} 0 & 1 \\ -1 & 1 \end{pmatrix}.$$

S hat Ordnung 4 und R hat Ordnung 6. Aber in der Gruppe $\langle S, R \rangle$, die von beiden erzeugt wird, liegt auch die Matrix

$$T := (SR)^{-1} = \begin{pmatrix} 1 & 1 \\ 0 & 1 \end{pmatrix},$$

die unendliche Ordnung hat. Tatsächlich lässt sich der euklidische Algorithmus für die Einträge a und c in der ersten Spalte einer Matrix in $\mathrm{SL}_2(\mathbb{Z})$ sehr gut durch sukzessives Multiplizieren von links mit Potenzen von S und T nachempfinden, wobei die Potenzen von T die Division mit Rest besorgen, und die Potenzen von S die Rollen der beiden Kandidaten für den ggT (größer/kleiner) tauschen. Es gilt am Ende

$$\mathrm{SL}_2(\mathbb{Z}) = \langle S, T \rangle = \langle S, R \rangle.$$

Obwohl die beiden Erzeuger S, R endliche Ordnung haben, ist die Gruppe unendlich.

In erstaunlich vielen Gebieten der Mathematik taucht eine Variante von $\mathrm{SL}_2(\mathbb{Z})$ auf, in der die Matrizen A und $-A$ identifiziert werden. Auf der Menge $\mathrm{PSL}_2(\mathbb{Z})$ aller Äquivalenzklassen $\{A, -A\}$, $A \in \mathrm{SL}_2(\mathbb{Z})$, ist die Multiplikation wohldefiniert. Die Klassen von S und R haben hier Ordnung 2 und 3 und erzeugen diese Gruppe, die die *modulare Gruppe* genannt wird.

2.2 Der Gruppenbegriff

Satz 2.2.12 von Lagrange
Es sei G eine endliche Gruppe und H eine Untergruppe von G. Dann ist die Ordnung von H ein Teiler der Ordnung von G.

Beweis Wir definieren auf G die Relation $\sim$ durch
$$g_1 \sim g_2 :\iff g_1 g_2^{-1} \in H.$$

Dann ist $\sim$ eine Äquivalenzrelation, was sich leicht aus den Eigenschaften der Untergruppe H ergibt.

Die Äquivalenzklasse eines Elements g ist
$$[g] = Hg := \{hg \mid h \in H\}.$$

Nun ist G aber die disjunkte Vereinigung der Äquivalenzklassen, und wir sind fertig, wenn wir gezeigt haben, dass jede Äquivalenzklasse genauso viele Elemente hat wie H. Die Abbildung
$$F : H \longrightarrow Hg, \ h \mapsto hg.$$
ist bijektiv, die inverse Abbildung ist
$$F^{-1} : Hg \to H, \ F^{-1}(x) = xg^{-1}.$$

Daher sind H und Hg gleichmächtig. ○

Definition 2.2.13 Index
Die Äquivalenzrelation aus dem Hilfssatz und die Beschreibung ihrer Äquivalenzklassen funktioniert unverändert im Falle unendlicher Gruppen.

Wenn $H \leq G$ zwei Gruppen sind, dann heißt die Anzahl der Äquivalenzklassen aus dem Beweis auch der *Index* von H in G. In Zeichen: $(G : H)$.

Der Satz von Lagrange sagt demnach für endliche Gruppen:
$$\#G = \#H \cdot (G : H).$$

Beispiel 2.2.14 Primzahlordnung einer Gruppe

a) Spezialfall: In jeder endlichen Gruppe ist die Ordnung jedes Elements ein Teiler der Gruppenordnung. Denn aus 2.2.10 folgt für $h \in G$ die Gleichung $h^{\#\langle h \rangle} = e_G$, und wegen Lagrange ist $\#G$ ein Vielfaches von $\#\langle h \rangle$.
Daher ist $h^{\#G}$ eine Potenz von $h^{\#\langle h \rangle}$, also
$$h^{\#G} = e_G.$$

Das impliziert insbesondere, dass jede Gruppe G mit einer Primzahl als Ordnung zyklisch ist. Genauer gilt hier für jedes $g \in G$:
$$G = \langle g \rangle \iff g \neq e_G.$$

b) Es sei $G = S_3$, das ist eine Gruppe der Ordnung 6. Weiter sei $\tau = \tau_{12}$ die Transposition (siehe 2.1.5b)), die 1 und 2 vertauscht. Wegen $\tau \neq \tau^2 = \text{id}$ hat τ Ordnung 2 und daher hat $H := \langle \tau \rangle$ Index 3 in S_3. Die Äquivalenzklassen werden hier repräsentiert von

$$\text{id}, \tau_{13}, \tau_{23}.$$

2.3 Homomorphismen zwischen Gruppen

Wir kennen schon Homomorphismen zwischen Magmen und passen die Definition nun an die zusätzlichen Eigenschaften von Gruppen an.

Definition 2.3.1 Gruppenhomomorphismus (penibel definiert)
Es seien $(G, *)$ und $(H, \bullet)$ zwei Gruppen. Ein *(Gruppen-)Homomorphismus* von G nach H ist eine Abbildung $f : G \longrightarrow H$, für die gilt:

i) $\forall x, y \in G : f(x * y) = f(x) \bullet f(y)$.
ii) $f(e_G) = e_H$.
iii) $\forall x \in G : f(x^{-1}) = f(x)^{-1}$.

Die Menge aller Homomorphismen von G nach H nennen wir $\text{Hom}(G, H)$ oder, wenn der Kontext das erfordert, $\text{Hom}_{\text{Gruppen}}(G, H)$.

In 2.3.3 werden wir sehen, dass eigentlich nur die Eigenschaft i) zu überprüfen ist, aber für die Zwecke der Definition ist es ehrlicher, die drei verlangten Eigenschaften zu fordern.

Beispiel 2.3.2 Gruppenhomomorphismen

a) Für beliebige Gruppen G und H ist die Abbildung

$$f : G \longrightarrow H, \quad \forall x \in G : f(x) := e_H,$$

ein Gruppenhomomorphismus, der so genannte *triviale* Homomorphismus.

b) Für $G = \mathbb{Z}$ und beliebiges h in beliebigem H ist die Abbildung (mit Notation aus 2.2.8b))

$$f : \mathbb{Z} \longrightarrow H, \quad \forall k \in \mathbb{Z} : f(k) := h^k,$$

ein Homomorphismus von $\mathbb{Z}$ nach H:

$$\forall k, l \in \mathbb{Z} : f(k + l) = h^{k+l} = h^k \bullet h^l = f(k) \bullet f(l).$$

Weitere Homomorphismen von $\mathbb{Z}$ nach H gibt es nicht.

2.3 Homomorphismen zwischen Gruppen

c) Für $G = (\mathbb{R}, +)$ und $H = (\mathbb{R}_{>0}, \cdot)$ ist die e-Funktion

$$\forall x \in \mathbb{R} : x \mapsto \exp x$$

ein Gruppenhomomorphismus: $\exp(x + y) = \exp x \cdot \exp y$.

Wir wollen einige grundsätzliche Eigenschaften von Gruppenhomomorphismen kennenlernen.

Hilfssatz 2.3.3 Eigenschaften von Homomorphismen
Es seien G und H Gruppen und $f : G \longrightarrow H$ ein Magmenhomomorphismus. Dann gelten die folgenden Aussagen:

a) *f ist ein Gruppenhomomorphismus.*
b) *$f^{-1}(\{e_H\})$ ist eine Untergruppe von G.*
c) *$f(G)$ ist eine Untergruppe von H.*
d) *f ist genau dann injektiv, wenn $f^{-1}(\{e_H\}) = \{e_G\}$.*

Beweis

a) Magmenhomomorphismus heißt, dass i) aus 2.3.1 erfüllt ist. Es folgt

$$f(e_G) = f(e_G * e_G) = f(e_G) \bullet f(e_G).$$

Multiplizieren wir beide Seiten von links mit $f(e_G)^{-1}$, so folgt

$$e_H = f(e_G).$$

Außerdem gilt:

$$f(g) \bullet f(g^{-1}) = f(g * g^{-1}) = f(e_G) = e_H.$$

Genauso gilt auch $f(g^{-1}) \bullet f(g) = e_H$.
Nach Definition des inversen Elements heißt das $f(g^{-1}) = f(g)^{-1}$.
Damit erfüllt f auch die Bedingungen ii) und iii) aus Definition 2.3.1.

b) Wegen a) gilt $e_G \in f^{-1}(\{e_H\})$, also ist $f^{-1}(\{e_H\})$ nicht leer. Offensichtlich ist diese Menge auch unter Inversenbildung und Multiplikation abgeschlossen.

c) Wegen a) ist $e_H = f(e_G) \in f(G)$. Außerdem ist mit $f(g) \in f(G)$ auch $f(g)^{-1} = f(g^{-1}) \in f(G)$ und $f(G)$ ist nach 2.1.6 auch ein Untermagma.

d) Wenn f injektiv ist, dann liegt in $f^{-1}(\{e_H\})$ nicht mehr als ein Element, aber e_G liegt nach a) darin, also folgt

$$f^{-1}(\{e_H\}) = \{e_G\}.$$

Wenn umgekehrt diese Mengengleichheit gilt, dann folgt für $x, y \in G$ aus $f(x) = f(y)$:

$$e_H = f(y) \bullet f(y)^{-1} = f(x) \bullet f(y^{-1}) = f(x * y^{-1})$$

und damit $x * y^{-1} \in f^{-1}(\{e_H\}) = \{e_G\}$. Das heißt aber $x = y$, und f ist injektiv. □

Definition 2.3.4 Kern
Ist $f : G \longrightarrow H$ ein Homomorphismus zwischen zwei Gruppen, so heißt die Untergruppe $f^{-1}(\{e_H\}) \subseteq G$ der *Kern* von f, in Zeichen Kern(f).

Wir haben also gerade gezeigt: $f \in \text{Hom}(G, H)$ ist genau dann injektiv, wenn Kern(f) = $\{e_G\}$.

Beispiel 2.3.5 Kerne

a) Der Kern des trivialen Homomorphismus (siehe 2.3.2a)) von G nach H ist G, sein Bild ist $\{e_H\}$.
b) Im Beispiel 2.3.2b) ist das Bild des Homomorphismus

$$\mathbb{Z} \longrightarrow H, \quad x \mapsto h^x,$$

die von h erzeugte Gruppe $\langle h \rangle$, und der Kern ist entweder $\{0\}$, nämlich wenn h nicht endliche Ordnung hat, oder er ist die Untergruppe von $\mathbb{Z}$, die von der Ordnung von h erzeugt wird.
c) Die Exponentialabbildung $\mathbb{R} \ni x \mapsto e^x \in \mathbb{R}_{>0}$ ist surjektiv, ihr Kern besteht nur aus der 0, also ist sie auch injektiv. Sie ist ein bijektiver Homomorphismus von $(\mathbb{R}, +)$ nach $(\mathbb{R}_{>0}, \cdot)$.

Definition 2.3.6 Endo-, Auto-, Isomorphismus
Wie für Magmen haben wir die folgenden Begrifflichkeiten:

a) Für eine Gruppe G heißt ein Homomorphismus von G nach G auch ein *Endomorphismus*. Die Menge aller Endomorphismen wird mit End(G) notiert.
b) Ein bijektiver Homomorphismus zwischen zwei Gruppen G und H heißt ein *Isomorphismus* zwischen G und H.
c) Einen bijektiven Endomorphismus der Gruppe G nennen wir *Automorphismus* von G. Die Menge aller Automorphismen wird mit Aut(G) notiert.

Schreibweise: Wenn es (mindestens) einen Isomorphismus zwischen G und H gibt, so nennen wir sie *isomorph*, und schreiben $G \cong H$. Isomorph zu sein ist eine Äquivalenzrelation auf jeder Menge von Gruppen. Wie bei den Magmen sind isomorphe Grupen im Wesentlichen, also bis auf Umbenennung der Elemente, gleich.

2.3 Homomorphismen zwischen Gruppen

Beispiel 2.3.7 Wir haben gerade gesehen, dass die Exponentialabbildung ein Isomorphismus zwischen $(\mathbb{R}, +)$ und $(\mathbb{R}_{>0}, \cdot)$ ist. Ein zweites Beispiel gewinnen wir wie folgt.

Es sei $G := \{1, -1\}$ mit Multiplikation und $H := \mathbb{Z}/2\mathbb{Z}$. Dann ist die Abbildung

$$f : G \longrightarrow H, \quad f(1) = [0], \quad f(-1) = [1],$$

ein Gruppenisomorphismus. In 2.2.2(d) haben wir eigentlich schon gesehen, dass es nur eine Möglichkeit für eine Gruppe mit zwei Elementen gibt; je zwei davon müssen also isomorph sein.

Bemerkung 2.3.8 Invertieren eines Isomorphismus
Wie in 2.1.8 gesehen, ist die Inverse zu einem Magmenisomorphismus wieder ein Magmenisomorphismus.

Insbesondere ist für jede Gruppe G die Menge $\mathrm{Aut}(G)$ eine Gruppe bezüglich der Komposition von Abbildungen als Verknüpfung.

Beispiel 2.3.9 Konjugation, Zentrum
Es sei G eine Gruppe. Für festes $g \in G$ ist die Abbildung

$$\kappa_g : G \to G, \quad \kappa_g(x) := gxg^{-1}$$

ein Automorphismus von G. Sie heißt die *Konjugation mit g*. Zwei Elemente $x, y \in G$ heißen *zueinander konjugiert*, wenn es ein $g \in G$ gibt mit $y = gxg^{-1}$.

Die Abbildung $\kappa : G \to \mathrm{Aut}(G), g \mapsto \kappa_g$, ist ein Homomorphismus. Ihr Kern heißt das *Zentrum* $Z(G)$ von G, es gilt also

$$Z(G) = \{g \in G \mid \forall x \in G : gx = xg\}.$$

Das Bild $\kappa(G) =: \mathrm{Inn}(G)$ wird die Gruppe der *inneren Automorphismen* von G genannt.

Definition/Bemerkung 2.3.10 Normalteiler

a) Ein *Normalteiler* in einer Gruppe G ist eine Untergruppe N, sodass für alle $n \in N$ und $g \in G$ die Bedingung $gng^{-1} \in N$ erfüllt ist. Anders gesagt: N ist invariant unter allen inneren Automorphismen.
Dann gilt sogar $\forall g \in G : gNg^{-1} = N$.
Wenn eine Untergruppe U von G ein Normalteiler ist, dann wird das oft mit der Notation $U \triangleleft G$ ausgedrückt.
In abelschen Gruppen sind alle Untergruppen normal.
Als Übung ist es instruktiv zu zeigen, dass eine Untergruppe von Index 2 immer normal ist.

b) Es sei K der Kern eines Gruppenhomomorphismus $f : G \longrightarrow H$. Dann gilt für alle $g \in G$ und alle $k \in K$, dass auch $g * k * g^{-1} \in K$:

$$f(g * k * g^{-1}) = f(g) \bullet f(k) \bullet f(g^{-1}) = f(g) \bullet e_H \bullet f(g)^{-1} = e_H.$$

Jeder Kern ist also ein Normalteiler.

c) In der Notation von 2.3.9 ist $\operatorname{Inn}(G)$ ein Normalteiler in $\operatorname{Aut}(G)$. Denn:

$$\forall \varphi \in \operatorname{Aut}(G), g, x \in G : \left(\varphi \circ \kappa_g \circ \varphi^{-1}\right)(x) = \kappa_{\varphi(g)}(x).$$

2.4 Faktorgruppen
Definition 2.4.1 Nebenklassen

a) Es sei G eine Gruppe und $U \subseteq G$ eine Untergruppe. Dann heißen $g, h \in G$ *kongruent modulo U*, wenn

$$g^{-1}h \in U.$$

Das ist eine Äquivalenzrelation auf G, und die Äquivalenzklassen sind von der Gestalt $gU = \{gu \mid u \in U\}$. Sie heißen die *Linksnebenklassen* nach U. Die Menge dieser Nebenklassen heißt der *Faktorraum G/U*.

Die Abbildung $\pi_U : G \to G/U$, $g \mapsto gU$ heißt die *kanonische Projektion*.

b) Analog gibt es auch Rechtsnebenklassen Ug, die ebenfalls eine disjunkte Zerlegung von G liefern; $U \backslash G := \{Ug \mid g \in G\}$.

c) Bemerkung: Es gilt $Ug = gU$ für alle $g \in G$ genau dann, wenn U ein Normalteiler (2.3.10) von G ist. Hier haben wir also $G/U = U \backslash G$. Wir sprechen dann einfach von Nebenklassen.

d) Allgemein sind die Mengen der Links- und der Rechtsnebenklassen gleichmächtig. Die Inversenbildung auf G liefert eine Bijektion zwischen G/U und $U \backslash G$. Insbesondere ist der Index 2.2.13 davon unabhängig, ob wir Links- oder Rechtsnebenklassen verwenden.

Definition 2.4.2 Faktorgruppe

Es sei $N \triangleleft G$ ein Normalteiler in der Gruppe G. Dann wird auf G/N (sprich: G modulo N) durch

$$(gN) \cdot (hN) := ghN$$

eine Verknüpfung definiert. Diese ist wegen

$$ghN = ghNN = g(hNh^{-1})hN = gNhN$$

tatsächlich wohldefiniert.

2.4 Faktorgruppen

Sie ist assoziativ, da die Multiplikation in G dies ist, $N = e_G N$ ist das neutrale Element, und zu gN ist $g^{-1}N$ invers. Also ist G/N eine Gruppe, die *Faktorgruppe von G modulo N*. Sie ist gerade so gemacht, dass die kanonische Projektion π_N aus 2.4.1a) ein Gruppenhomomorphismus ist. Der Kern ist N, und das zeigt auch, dass für eine Untergruppe, die kein Normalteiler ist, die Konstruktion so nicht funktioniert: Ein Kern ist ja immer ein Normalteiler.

Umgekehrt haben wir jetzt gesehen, dass jeder Normalteiler auch als Kern eines Gruppenhomomorphismus realisiert werden kann.

Vorsicht: Wer von der linearen Algebra kommend gewohnt ist, dass ein Faktorvektorraum V/U immer zu einem zu U komplementären Untervektorraum von V isomorph ist, sollte jetzt aufpassen. Zu den wenigsten Normalteilern lassen sich komplementäre Untergruppen finden. Das sehen wir schon bei so elementaren Beispielen wie $2\mathbb{Z} \triangleleft \mathbb{Z}$. Keine Untergruppe von $\mathbb{Z}$ hat 2 Elemente.

Positiver ausgedrückt heißt das: Mithilfe von Faktorgruppen lassen sich neue Gruppen konstruieren. Wir werden das später in 2.5.5 kurz beleuchten.

Wenn $N \triangleleft G$ ein Normalteiler ist und $\Psi : G/N \to H$ ein Gruppenhomomorphismus, dann ist auch $\Phi := \Psi \circ \pi_N$ ein Gruppenhomomorphismus. Diesen Spieß drehen wir jetzt um.

Hilfssatz 2.4.3 Ein Homomorphiesatz
Es seien G, H zwei Gruppen und $N \triangleleft G$ ein Normalteiler.

a) *Für jeden Homomorphismus $\Phi : G \to H$, in dessen Kern N enthalten ist, gibt es genau einen Homomorphismus $\Psi : G/N \to H$, sodass*

$$\Phi = \Psi \circ \pi_N.$$

b) *Ist $\Phi : G \to H$ ein Homomorphismus mit $\mathrm{Kern}(\Phi) = N$, dann ist*

$$\tilde{\Phi} : G/N \ni gN \mapsto \Phi(g) \in \mathrm{Bild}(\Phi)$$

ein Isomorphismus zwischen G/N und $\mathrm{Bild}(\Phi)$.

Vor dem Beweis merken wir an, dass insbesondere die Aussage b) häufig als Homomorphiesatz bezeichnet wird. Die Aussage in a) ist die „universelle Abbildungseigenschaft" von π_N.

Beweis

a) Ist Φ ein Homomorphismus von G nach H, dessen Kern N enthält, so ist Φ auf den Nebenklassen modulo N konstant, und

$$\Psi : G/N \to H, \quad gN \mapsto \Phi(g),$$

ist als Abbildung wohldefiniert. Diese ist offensichtlich ein Homomorphismus und erfüllt $\Phi = \Psi \circ \pi_N$.

Da π_N surjektiv ist, ist der Wert von Ψ durch diese Bedingung auf allen Elementen von G/N festgelegt, also ist Ψ eindeutig.

b) $\tilde{\Phi}$ ist durch die Abbildungsvorschrift von Ψ aus a) gegeben, aber der Wertebereich wurde künstlich verkleinert. Nach Konstruktion ist sie daher nun surjektiv und ihr Kern ist gerade $\{N\} = \{e_{G/N}\}$, also ist Ψ nach 2.3.4 auch injektiv und damit ein bijektiver Homomorphismus. ○

Folgerung 2.4.4 Erster Isomorphiesatz
Es seien G eine Gruppe, $H \leq G$ eine Untergruppe und $N \triangleleft G$ ein Normalteiler. Dann ist auch $HN = \{hn \mid h \in H,\ n \in N\}$ eine Untergruppe von G und es gibt einen Isomorphismus

$$H/(N \cap H) \cong (HN)/N.$$

Beweis HN ist eine Untergruppe, denn $e_G \in HN$ und $\forall h_1, h_2 \in H, n_1, n_2 \in N$:

$$h_1 n_1 (h_2 n_2)^{-1} = h_1 n_1 n_2^{-1} h_2^{-1} = h_1 h_2^{-1} h_2 (n_1 n_2^{-1}) h_2^{-1} \in HN,$$

da $N = h_2 N h_2^{-1}$.

Die Einschränkung der kanonischen Projektion $\pi_N : G \to G/N$ nach H liefert durch Einschränken einen Gruppenhomomorphismus von H nach G/N, dessen Bild offensichtlich gerade $(HN)/N$ ist. Der Kern aber ist $H \cap N$, und deshalb liefert 2.4.3 die Behauptung. ○

Beispiel 2.4.5 Eine Matrixgruppe
Die Menge

$$G := \left\{ \begin{pmatrix} a & t \\ 0 & 1 \end{pmatrix} \mid a = \pm 1,\ t \in \mathbb{Z} \right\}$$

ist eine Gruppe bezüglich der Matrizenmultiplikation.

Der Homomorphismus

$$\Phi : G \to (\{\pm 1\}, \cdot),\ \Phi\left(\begin{pmatrix} a & t \\ 0 & 1 \end{pmatrix}\right) := a$$

ist surjektiv. G enthält die Untergruppen

$$H := \left\{ \begin{pmatrix} \pm 1 & 0 \\ 0 & 1 \end{pmatrix} \right\} \quad \text{und} \quad N := \left\{ \begin{pmatrix} 1 & s \\ 0 & 1 \end{pmatrix} \mid s \in \mathbb{Z} \right\} = \text{Kern}(\Phi).$$

N hat Index 2 und ist ein Normalteiler, der zu $\mathbb{Z}$ isomorph ist. Hier gilt $G = HN = NH$ und $G/N \cong H/H \cap N = H/\{e_H\} \cong H \cong \text{Bild}(\Phi)$.

Die Gruppe G wird also aus einem Normalteiler N und einer komplementären Untergruppe H zusammengesetzt, und die Struktur ergibt sich aus den Strukturen von N und H sowie der Wirkung von H auf N vermöge der Konjugation.

Wir sprechen hier von semidirekten Produkten. Allgemeiner werden wir diese in 2.5.2 beschreiben.

2.4 Faktorgruppen

Bemerkung 2.4.6 Endomorphismen von $\mathbb{Z}/n\mathbb{Z}$

a) Als eine Anwendung von Satz 2.4.3 a) wollen wir hier die Endomorphismen der Gruppe $H := \mathbb{Z}/n\mathbb{Z}$ studieren. Laut dem Satz entsprechen sie genau den Homomorphismen von $\mathbb{Z}$ nach H, in deren Kern $n\mathbb{Z}$ enthalten ist. Sei also

$$\Phi : \mathbb{Z} \to H$$

ein Homomorphismus. Die additive Variante von 2.3.2b) sagt, dass er durch $h := \Phi(1)$ gegeben ist: $\forall k \in \mathbb{Z} : \Phi(k) = kh$. Jedes h aus H legt auf diese Art einen Homomorphismus fest.

Für jedes $h \in \mathbb{Z}/n\mathbb{Z}$ gilt aber $nh = 0 + n\mathbb{Z} = e_H$, also liegt n und damit $n\mathbb{Z}$ im Kern eines jeden Homomorphismus von $\mathbb{Z}$ nach H.

Wir erhalten also für jedes $h \in H$ einen Endomorphismus von H, der den Erzeuger $1 + n\mathbb{Z}$ auf h abbildet. Er schickt $h' \in H$ auf $h \cdot h'$, was wir in 2.1.2f) definiert haben. Verfizieren Sie das!

Da dies jetzt alle Endomorphismen sind, steht die Menge aller Endomorphismen von $(\mathbb{Z}/n\mathbb{Z}, +)$ also in Bijektion zu $\mathbb{Z}/n\mathbb{Z}$. Die Verknüpfung zweier Endomorphismen wird durch die Multiplikation der ihnen zugeordneten Restklassen erfasst.

b) Eine weitere Anwendung des Homomorphiesatzes ist folgende Überlegung: Es seien $G = \langle g \rangle$ eine zyklische Gruppe der Ordnung $n \in \mathbb{N}$, H eine weitere Gruppe und $\Phi : G \to H$ ein Gruppenhomomorphismus.

Dann ist $\Phi(G) = \langle \Phi(g) \rangle$ isomorph zu $G/\text{Kern}(\Phi)$, und damit ist die Ordnung von $\Phi(g)$ gleich $\#G/\#\text{Kern}(\Phi)$, also ist die Ordnung von $\Phi(g)$ ein Teiler von n.

c) Sei wieder $G = \langle g \rangle$ eine (eventuell unendliche) zyklische Gruppe. Dann ist der Homomorphismus $\varphi : \mathbb{Z} \to G$, $\varphi(k) = g^k$, surjektiv, also

$$G \cong \mathbb{Z}/\text{Kern}(\varphi) = \mathbb{Z}/n\mathbb{Z},$$

wobei n entweder die Ordnung von g ist, falls diese endlich ist, oder $n = 0$, falls g nicht endliche Ordnung hat.

Zwei zyklische Gruppen sind daher genau dann isomorph, wenn sie die selbe Ordnung haben.

Definition 2.4.7 Einfachheit

Eine Gruppe G heißt *einfach,* wenn sie nichttrivial ist und keine Normalteiler außer G und $\{e_G\}$ besitzt.

Eine nichttriviale Gruppe ist also genau dann einfach, wenn jeder nichtkonstante Homomorphismus, der auf ihr definiert ist, injektiv ist.

Eine abelsche Gruppe ist genau dann einfach, wenn sie Primzahlordnung hat. Später werden wir noch mehr einfache Gruppen sehen.

Bemerkung 2.4.8 Einfache Quotienten

Wenn G eine Gruppe ist und $N \triangleleft G$ ein Normalteiler, der von G verschieden ist und so, dass zwischen N und G kein weiterer Normalteiler liegt, dann ist G/N einfach. Denn jeder Normalteiler von G/N hat als Urbild unter der kanonischen Projektion π_N einen Normalteiler von G, der N enthält, also N oder G ist.

Insbesondere jede nichttriviale endliche Gruppe G enthält solch einen maximalen Normalteiler, da die Menge aller echten Normalteiler nichtleer und endlich ist.

In Abschn. 6.1 kommen wir noch einmal ausführlicher auf einfache Gruppen zu sprechen.

2.5 Produkte, Coprodukte und freie Gruppen
Bemerkung 2.5.1 Direkte Produkte

a) Es seien G und H zwei Gruppen. Dann ist auch die Menge $G \times H$ mit komponentenweiser Verknüpfung, also

$$\forall (g,h), (g',h') \in G \times H : (g,h) \cdot (g',h') := (gg', hh')$$

eine Gruppe. Sie heißt das *direkte Produkt* von G und H.
Es gibt hier offensichtliche Gruppenhomomorphismen

$$\pi_1 : G \times H \to G, (g,h) \mapsto g \text{ und } \pi_2 : G \times H \to H, (g,h) \mapsto h,$$

deren Kern jeweils $\{e_G\} \times H$ und $G \times \{e_H\}$ ist. Man kann also G und H mit Normalteilern in $G \times H$ identifizieren.

b) Wenn T eine weitere Gruppe ist und zwei Homomorphismen $f_G : T \to G$, $f_H : T \to H$ gegeben sind, dann ist

$$F : T \to G \times H, \quad F(t) = (f_G(t), f_H(t)),$$

der einzige Homomorphismus $F : T \to G \times H$, sodass

$$f_G = \pi_1 \circ F \text{ und } f_H = \pi_2 \circ F.$$

Es gibt also genau einen Homomorphismus $F : T \to G \times H$ mit dieser Eigenschaft.

Durch diese Eigenschaft ist $G \times H$ bis auf einen Isomorphismus eindeutig festgelegt. Denn die Eindeutigkeit von F sorgt dafür, dass die Identität auf $G \times H$ der einzige Endomorphismus F ist, der

$$\pi_1 = \pi_1 \circ F \text{ und } \pi_2 = \pi_2 \circ F$$

erfüllt. Wenn nun T selbst (mit f_G, f_H) dieselbe Eigenschaft wie $G \times H$ hat, dann gäbe es Homomorphismen F wie weiter oben sowie $\tilde{F} : G \times H \to T$, sodass

$$\pi_1 = f_G \circ \tilde{F} \text{ und } \pi_2 = f_H \circ \tilde{F},$$

2.5 Produkte, Coprodukte und freie Gruppen
45

und dann wäre $F \circ \tilde{F}$ ein Endomorphismus von $G \times H$, der nach der Vorüberlegung die Identität ist, und genauso auch $\tilde{F} \circ F$ auf T. Also sind F und $\tilde{F}$ Isomorphismen.

Die genannte Eigenschaft heißt die universelle Abbildungseigenschaft des direkten Produktes.

c) Für die umgekehrten Abbildungen $\iota_G : G \to G \times H$ und $\iota_H : H \to G \times H$ gibt es keine entsprechende „universelle Abbildungseigenschaft", in diesem Fall heißt das: Es ist nicht so, dass es für jede Gruppe T und jedes Paar von Homomorphismen $j_G : G \to T$, $j_H : H \to T$ einen eindeutig bestimmten Homomorphismus $J : G \times H \to T$ gäbe, der

$$j_G = J \circ \iota_G \quad \text{und} \quad j_H = J \circ \iota_H$$

erfüllt.

Das zeigt sich am klarsten an einem Beispiel. Bereits $G = H = \mathbb{Z}/2\mathbb{Z}$ liefert dies. Denn $G \times H$ hat hier 4 Elemente, und wenn wir $T = S_3$ mit sechs Elementen nehmen und die beiden Homomorphismen $j_G : G \to S_3, a \mapsto \tau_{12}^a$, $j_H : H \to S_3, b \mapsto \tau_{23}^b$, so gibt es keinen Homomorphismus $J : G \times H \to S_3$ mit $J(a, b) = \tau_{12}^a \tau_{23}^b$, da zum Beispiel $\tau_{12}\tau_{23} \neq \tau_{23}\tau_{12}$.

d) Wenn eine Gruppe C existiert mit Homomorphismen $\iota_G : G \to C$ und $\iota_H : H \to C$, sodass für jede Gruppe T mit Homomorphismen $j_G : G \to T$ und $j_H : H \to T$ ein eindeutiger Homomorphismus $J : C \to T$ mit $j_G = J \circ \iota_G$ und $j_H = J \circ \iota_H$ existiert, so heißt C (mit den gegebenen Homomorphismen) ein *Coprodukt* (oder auch freies Produkt) von G und H. Es ist dann wieder bis auf einen Isomorphismus eindeutig bestimmt. Seine Existenz können wir nachher in 2.5.8 mithilfe freier Gruppen sicherstellen. Wir schreiben dann $C = G * H$.

Konstruktion 2.5.2 Semidirekte Produkte

a) Neben den direkten Produkten gibt es als Verallgemeinerung sogenannte semidirekte Produkte. Bevor wir diese künstlich konstruieren, schauen wir erst einmal an, was das intern in einer gegebenen Gruppe ist.

Sei G eine Gruppe, $N \triangleleft G$ ein Normalteiler und H eine zu N komplementäre Untergruppe, also eine Untergruppe, die gleichzeitig ein Repräsentantensystem für die Nebenklassen von N in G sind. Dann gilt

$$G = \{hn \mid h \in H, n \in N\}, H \cap N = \{e_G\},$$

wie wir das im Beispiel 2.4.5 vorliegen hatten.
Wie dort gilt $G = HN$, $H \cong G/N$ und H wirkt durch Konjugation auf N.

$$(n_1 h_1)(n_2 h_2) = \bigl(n_1 \kappa_{h_1}(n_2)\bigr) * \bigl(h_1 h_2\bigr),$$

wobei die Faktoren in den etwas größeren Klammern wieder jeweils aus N bzw. H stammen und κ_{h_1} wieder die Konjugation mit h_1 auf N ist.

b) Das bauen wir jetzt künstlich nach. Es seien H und N zwei Gruppen. Wir ersetzen die in G gegebene Konjugation durch einen Homomorphismus $\varphi : H \to \text{Aut}(N)$, $h \mapsto \varphi_h$, und definieren auf dem mengentheoretischen Produkt $N \times H$ die Verknüpfung

$$(n_1, h_1) *_\varphi (n_2, h_2) := (n_1 \varphi_{h_1}(n_2), h_1 h_2).$$

Jetzt lässt sich nachrechnen, dass dies eine Gruppenstruktur festlegt, das *semidirekte Produkt* von N und H bezüglich φ, welches wir mit $N \rtimes_\varphi H$ notieren. Tatsächlich ist $N \times \{e_H\} \cong N$ ein Normalteiler im semidirekten Produkt, $\{e_N\} \times H \cong H$ eine dazu komplementäre Untergruppe und die Konjugation mit (e_N, h) auf N wird durch φ_h gegeben.

Um neue Gruppen zu basteln hat sich auch das folgende Konzept bewährt.

Definition 2.5.3 freie Gruppen

a) Es sei S eine Menge. Eine *freie Gruppe* über S ist eine Gruppe F mit einer Abbildung $f : S \to F$, sodass für jede Gruppe G und jede Abbildung $\varphi : S \to G$ genau ein Gruppenhomomorphismus $\Phi : F \to G$ existiert, für den

$$\forall s \in S : \varphi(s) = \Phi(f(s))$$

gilt.

b) Analog ist das *freie Monoid* M über der Menge S ein Monoid M mit einer Abbildung $f : S \to M$, sodass für jede Abbildung φ von S in ein Monoid N genau ein Monoidhomomorphismus Φ von M nach N existiert, der

$$\forall s \in S : \varphi(s) = \Phi(f(s))$$

erfüllt.

In beiden Fällen ist das definierte Objekt bis auf einen eindeutigen Isomorphismus durch die definierende Eigenschaft festgelegt. Wenn nämlich sowohl M als auch N freie Monoide über S sind mit Abbildungen f und φ, dann gibt es sowohl von M nach N einen eindeutig bestimmten Homomorphismus Φ mit $\varphi = \Phi \circ f$ als auch von N nach M einen eindeutig bestimmten Homomorphismus Ψ mit $f = \Psi \circ \varphi$.

Damit bekommen wir die Endomorphismen $\Phi \circ \Psi$ und $\Psi \circ \Phi$, die jeweils

$$\Phi \circ \Psi \circ \varphi = \varphi \quad \text{und} \quad \Psi \circ \Phi \circ f = f$$

erfüllen und daher wegen der Eindeutigkeit jeweils die Identität sind.

Das freie Objekt ist also jeweils (bis auf Isomorphismus) eindeutig – wenn es überhaupt existiert! Das wollen wir jetzt sicherstellen.

2.5 Produkte, Coprodukte und freie Gruppen

Da wir in diesem und ähnlichen Kontexten schon mehrfach von von der *universellen Abbildungseigenschaft* des definierten Objektes sprachen, sei verraten, dass der konzeptionelle Rahmen, in den sich dies schön einbetten lässt, die sogenannte Kategorientheorie ist, siehe [McL78] oder [Rom17].

Hilfssatz 2.5.4 Die Existenz
Es sei S eine Menge. Dann existieren das freie Monoid und die freie Gruppe über S.

Beweis 1. Die Existenz des freien Monoids ist einfach einzusehen, wir benutzen dazu die Menge M der endlichen Folgen in S:

$$M := \{(s_1, s_2, \ldots, s_n) \mid n \in \mathbb{N}_0, s_i \in S\}.$$

Als Verknüpfung auf M verwenden wir die Aneinanderhängung:

$$(s_1, s_2, \ldots, s_n) \circ (t_1, t_2, \ldots, t_m) := (s_1, s_2, \ldots, s_n, t_1, \ldots, t_m).$$

Es ist klar, dass dies assoziativ ist, und dass das „leere Wort" ($n = 0$) neutrales Element für M ist.

M wird von den „einelementigen Folgen"(s), $s \in S$, erzeugt, und wir benutzen $f : S \to M, s \mapsto (s)$ in der Definition des freien Monoids.

Ist nun $\varphi : S \to N$ eine Abbildung in ein Monoid, so liefert

$$\Phi((s_1, s_2, \ldots, s_n)) := \varphi(s_1) \cdot \ldots \cdot \varphi(s_n)$$

einen Monoidhomomorphismus, denn rechter Hand ist die Multiplikation ja auch assoziativ, und das leere Wort wird (definitionsgemäß) auf das neutrale Element in N abgebildet. Zudem gilt $\Phi(f(s)) = \Phi((s)) = \varphi(s)$, und da die $f(s)$, $s \in S$, unser Monoid M erzeugen, liegt Φ nach 2.1.8 a) durch diese Bedingung fest, ist also eindeutig.

2. Nun wollen wir eine freie Gruppe über S haben. Dazu nehmen wir eine zu S disjunkte Menge $\widetilde{S}$, die zu S gleichmächtig ist, und eine feste Bijektion $\tilde{} : S \to \widetilde{S}$. Die inverse Abbildung nennen wir auch $\tilde{}$, es gilt also $\tilde{\tilde{s}} = s$.

(Wir fassen am Besten $\tilde{}$ als Abbildung von $S \cup \widetilde{S}$ in sich selbst auf.)

Es sei M das freie Monoid über $S \cup \widetilde{S}$. Wir sehen $S \cup \widetilde{S}$ zur Entschlackung der Notation als Teilmenge von M an.

Wir definieren nun auf M die Relation $\triangledown$ als die kleinste Äquivalenzrelation mit fogenden Eigenschaften:

- die Multiplikation auf den Äquivalenzklassen ist wohldefiniert, d. h. $x \triangledown x'$ und $y \triangledown y'$ implizieren $xy \triangledown x'y'$
- für alle $s \in S$ gelten die Relationen $s\tilde{s} \triangledown e_M$ und $\tilde{s}s \triangledown e_M$.

Da auf der Menge $F := M/\triangledown$ der Äquivalenzklassen die von M induzierte Verknüpfung wohldefiniert und assoziativ ist und über ein neutrales Element verfügt, liegt ein Monoid vor. Da seine Erzeuger $[s]$, $s \in S \cup \tilde{S}$, alle invertierbar sind, ist das sogar eine Gruppe.

NB: Es gibt diese kleinste Äquivalenzrelation, da der Durchschnitt aller Äquivalenzrelationen mit den genannten Eigenschaften wieder eine solche ist, und wir mindestens eine haben: die, für die es nur eine Äquivalenzklasse gibt.

Für eine Abbildung $\varphi : S \to G$ (mit einer Gruppe G) sei Φ der eindeutig bestimmte Monoidhomomorphismus von M nach G, der für $s \in S$ die Bedingungen

$$\Phi(s) = \varphi(s), \text{ und } \Phi(\tilde{s}) = \varphi(s)^{-1}$$

erfüllt.

Wir definieren mit diesem Φ auf M eine Relation:

$$m \sim n :\iff \Phi(m) = \Phi(n).$$

Dies ist eine Äquivalenzrelation, die die obigen Eigenschaften alle hat, also sind die Äquivalenzklassen von $\triangledown$ in denen von $\sim$ enthalten. Daher ist Φ auf den Äquivalenzklassen von $\triangledown$ konstant und liefert einen wohldefinierten Homomorphismus von F nach G, der für jedes $s \in S$ auf dem Element $[s]_\triangledown$ den Funktionswert $\varphi(s)$ annimmt. Da diese Elemente die Gruppe F erzeugen, ist dieser Homomorphismus wieder eindeutig.

Daher ist F die freie Gruppe über S. ○

Bemerkung 2.5.5 Erzeuger und Relationen
Jede Gruppe G lässt sich als Faktorgruppe einer freien Gruppe schreiben. Wir benutzen dazu ein Erzeugendensystem S von G und die freie Gruppe F über S. Die Einbettung von S nach G lässt sich dann zu einem Gruppenhomomorphismus $\pi : F \to G$ fortsetzen, in dessen Bild das Erzeugendensystem S liegt.

Eine Teilmenge $R \subset \text{Kern}(\pi)$, für die der kleinste Normalteiler von F, der R enthält, gerade der Kern ist, ist dann ein System von Relationen zwischen den Erzeugern von G, die alle anderen Rechenregeln in G nach sich ziehen.

Gerade für die Berechnung von Fundamentalgruppen oder für Fragen der geometrischen Gruppentheorie haben sich die Konzepte der freien Gruppe und der Erzeuger und Relationen als hilfreich erwiesen. Siehe zum Beispiel [Mas91] oder [Lö17].

Ein Homomorphismus von G in eine andere Gruppe H lässt sich nach dem Homomorphiesatz 2.4.3 verstehen als ein Homomorphismus von F nach H, der auf R trivial ist. Bisweilen ist das eine gute Antwort auf die Frage nach $\text{Hom}(G, H)$.

Beispiel 2.5.6 S_3
Die symmetrische Gruppe S_3 wird erzeugt von der Transposition $\tau = \tau_{1,2}$ und der Permutation ζ, die durch $1 \mapsto 2 \mapsto 3 \mapsto 1$ gegeben ist. Hierbei gilt $\tau^2 = \zeta^3 = 1$ und $\tau\zeta\tau^{-1} = \zeta^2$.

2.5 Produkte, Coprodukte und freie Gruppen

Es sei F die freie Gruppe in zwei Erzeugern x, y und $\pi : F \to S_3$ der Homomorphismus, der durch $\pi(x) = \tau$, $\pi(y) = \zeta$ festgelegt wird.

Dann ist π surjektiv. Was ist der Kern von π?

Im Kern liegen die Elemente x^2, y^3, $x^{-1}yxy^{-2}$. Es sei $N \triangleleft F$ ein Normalteiler, der diese Elemente enthält. Dann wird F/N von den Restklassen $\xi = xN$ und $\eta = yN$ erzeugt. Wegen $\eta\xi = \xi\eta^2$ sind alle Elemente von F/N von der Gestalt $\xi^a\eta^b$. Hierbei gilt $\xi^a\eta^b = \xi^{a'}\eta^{b'}$, wenn $a - a'$ gerade und $b - b'$ durch 3 teilbar sind. Also hat F/N höchstens 6 Elemente.

Da aber der Kern von π auch so ein Normalteiler vom Typ von N ist und die Faktorgruppe genau 6 Element hat, ist er der kleinste Normalteiler von F, der x^2, y^3 und $x^{-1}yxy^{-2}$ enthält.

Das heißt: Die Relationen $\tau^2 = \zeta^3 = 1$ und $\tau\zeta\tau^{-1} = \zeta^2$ erzwingen alle Rechenregeln in S_3.

Dies wird in der Notation

$$S_3 = \langle x, y \mid x^2, y^3, x^{-1}yxy^{-2}\rangle.$$

zum Ausdruck gebracht. Die Erzeuger stehen links vom vertikalen Strich, und die Relationen, die die Gruppenstruktur festlegen, rechts davon.

Beispiel 2.5.7 Die Diedergruppen

Es sei $n \geq 3$ eine natürliche Zahl und E ein reguläres n-Eck in der euklidischen Ebene. Welche Isometrien besitzt E?

Jede Isometrie muss die Nachbarschaftsstruktur erhalten, und hier gibt es zwei Möglichkeiten: Drehungen am Mittelpunkt (um Vielfache von $360°/n$) und Spiegelungen an Geraden durch den Mittelpunkt und eine Ecke bzw. durch den Mittelpunkt und einen Seitenmittelpunkt von E. Von beiden Typen gibt es n Stück, also hat die Gruppe all dieser Isometrien $2n$ Elemente. Sie heißt die *Diedergruppe* D_n (gesprochen Di-Eder…).

Es gibt verschiedene Möglichkeiten, die Gruppenstruktur zu beschreiben.

Die Gruppe aller Drehungen in D_n ist ein zyklischer Normalteiler R_n, erzeugt von einer Drehung, die alle Ecken zur jeweils nächsten Ecke dreht (links oder rechts herum, wir nehmen eine der beiden Optionen).

Eine feste Spiegelung σ erzeugt eine zu R_n komplementäre Untergruppe S, und wir sehen, dass die Konjugation mit σ auf D_n gerade die Inversenbildung zur Folge hat. Wir können daher D_n als semidirektes Produkt $D_n = R_n \rtimes S$ schreiben.

Wir können D_n auch als Faktorgruppe unserer Beispielgruppe aus 2.4.5 auffassen, indem wir den zu $\mathbb{Z}$ isomorphen Normalteiler modulo n rechnen – das verträgt sich mit der Konjugation mit σ.

Schließlich können wir D_n auch mit zwei Spiegelungen an benachbarten Achsen erzeugen, denn deren Komposition ist dann eine Drehung um $360°/n$. Daher lässt sich D_n als Faktorgruppe des Coproduktes zweier zyklischer Gruppen von Ordnung 2 schreiben. Dieses Coprodukt ist aber in Erzeugern und Relationen gerade

$$C = \langle x, y \mid x^2, y^2 \rangle.$$

Es gibt zwei Erzeuger, und $x^2 = y^2 = e$ sind Relationen für die Erzeuger, aus denen alle Rechenregeln folgen.

Da nun jede Diedergruppe eine Faktorgruppe von C ist, ist C unendlich!

Konstruktion 2.5.8 Konstruktion des Coproduktes
Wenn G und H zwei Gruppen sind, so seien $S_G \subseteq G$ und $S_H \subseteq H$ disjunkte Erzeugermengen. Wir schreiben dann $G = \langle S_G | R_G \rangle$ und $H = \langle S_H | R_H \rangle$ mit geeigneten Relationenmengen und können das Coprodukt von G und H konstruieren als

$$G * H := \langle S_G \cup S_H | R_G \cup R_H \rangle.$$

Speziell ist zum Beispiel die freie Gruppe in zwei Erzeugern das Coprodukt zweier Kopien von $\mathbb{Z}$.

Bemerkung 2.5.9 Freie kommutative Objekte
Nach dem Muster der Definition 2.5.3 lassen sich auch andere universelle Objekte definieren. So ließe sich ein freies kommutatives Monoid über der Menge S definieren als ein kommutatives Monoid K mit einer Abbildung $\kappa : S \to K$, sodass für jedes kommutative Monoid M mit einer Abbildung $\mu : S \to M$ genau ein Monoidhomomorphismus $\tilde{\mu} : K \to M$ existiert, sodass $\mu = \tilde{\mu} \circ \kappa$.

Eine konkrete Wahl dafür ist $\text{Abb}(S, \mathbb{N}_0)_0$, die Menge aller Abbildungen von S nach $\mathbb{N}_0$ mit endlichem Träger und der üblichen Addition von Abbildungen als Verknüpfung; κ definieren wir hierbei durch $\kappa(s) := \delta_s$, die Funktion, die bei s den Wert 1 hat und sonst den Wert 0. Dann ist jedes $f \in \text{Abb}(S, \mathbb{N}_0)_0$ eindeutig als

$$f = \sum_{s \in S} f(s) \cdot \delta_s$$

darstellbar, und $\tilde{\mu}$ ergibt sich als

$$\tilde{\mu}(f) := \sum_{s \in S} f(s) \mu(s).$$

Analog gibt es die frei abelsche Gruppe F_{ab} über S, für die wir als konkretes Modell $F_{ab} := \text{Abb}(S, \mathbb{Z})_0$ nehmen und ansonsten fast wörtlich abschreiben können, was eben zum freien kommutativen Monoid gesagt wurde.

2.6 Gruppenoperationen

Die Gruppentheorie dient dem Zweck, verschiedene Beispiele von Gruppen, die in verschiedenen Kontexten auf natürliche Weise auftauchen, unter einem einheitlichen Gesichtspunkt zu betrachten, indem eben die Gruppenaxiome als gemeinsames Wesensmerkmal der Beispiele herausdestilliert werden.

2.6 Gruppenoperationen

Wir haben bisher zwei Typen von Gruppen kennengelernt: Gruppen von Zahlen mit Addition oder Multiplikation als Verknüpfung und damit Verwandte (die Gruppen $\mathbb{Z}/n\mathbb{Z}$) stellen den einen Typ dar, die symmetrischen Gruppen den anderen. Der zweite Typ von Gruppen ist also dazu da, etwas mit Elementen einer Menge anzufangen. Dieser Aspekt wird nun vertieft.

Definition 2.6.1 Gruppenoperation
Es seien $(G, *)$ eine Gruppe und M eine Menge. Dann ist eine *Operation von G auf M* definiert als eine Abbildung

$$\bullet : G \times M \longrightarrow M,$$

sodass die folgenden Bedingungen erfüllt sind:
i) $\forall m \in M : e_G \bullet m = m$,
ii) $\forall m \in M, g_1, g_2 \in G : g_1 \bullet (g_2 \bullet m) = (g_1 * g_2) \bullet m$.
Eine Menge M mit einer festen Operation von G heißt eine *G-Menge*.

Wenn $G \leq \mathrm{Sym}(M)$ eine Untergruppe der symmetrischen Gruppe von M ist, dann wird die nächstliegende Operation $\bullet$ gegeben durch

$$g \bullet m := g(m)$$

Dies ist die Urmutter aller Operationen, wie wir gleich sehen werden.

Hilfssatz 2.6.2 Operationen und symmetrische Gruppe
Es seien G eine Gruppe und M eine Menge.

a) *Für jeden Homomorphismus $\Phi : G \longrightarrow \mathrm{Sym}(M)$ wird durch*

$$g \bullet m := \Phi(g)(m)$$

eine Operation von G auf M festgelegt.
b) *Für jede Operation $\bullet$ von G auf M gibt es einen Homomorphismus Φ, sodass sich $\bullet$ daraus wie in Teil a) ergibt.*

Beweis

a) Dass so aus einem Homomorphismus eine Operation gewonnen wird, ist klar.
b) Sei umgekehrt eine beliebige Operation $\bullet$ gegeben. Wir zeigen, wie man aus ihr den passenden Homomorphismus konstruiert. Für jedes $g \in G$ sei $\Phi_g : M \longrightarrow M$ die Abbildung, die durch

$$\forall m \in M: \quad \Phi_g(m) := g \bullet m$$

gegeben wird. Hier gilt für $g, h \in G$: $\Phi_g \circ \Phi_h = \Phi_{g*h}$ wegen der zweiten Bedingung an die Operation, und $\Phi_{e_G} = \mathrm{id}_M$ wegen des ersten Wunsches. Mithin ist

Φ_g stets invertierbar mit $(\Phi_g)^{-1} = \Phi_{g^{-1}}$ und daher ist $g \mapsto \Phi_g$ eine Homomorphismus von G nach $\mathrm{Sym}(M)$. Er liefert im Prozess von a) die Operation zurück. ○

Beispiel 2.6.3 für Operationen

a) Im Fall $G = M$ wird eine wichtige Operation analog zu 2.1.7c) durch die Gruppenverknüpfung selbst festgelegt: $\bullet = *$. Der zugehörige Homomorphismus Λ von G in die symmetrische Gruppe $\mathrm{Sym}(G)$ ist injektiv, denn

$$\Lambda(g)(e_G) = g * e_G = g,$$

also lässt sich g aus $\Lambda(g)$ zurückgewinnen.

Das Bild von Λ ist also eine zu G isomorphe Untergruppe von $\mathrm{Sym}(G)$, und damit ist jede Gruppe isomorph zu einer Untergruppe einer symmetrischen Gruppe. Diese Aussage heißt oft der *Satz von Cayley*[4], den wir hiermit bewiesen haben.

b) Eine andere Art, wie G auf sich selbst operieren kann, ist die Operation durch Konjugation:

$$\forall g, m \in G : g \bullet m := gmg^{-1}.$$

c) Eine Untergruppe $G \subseteq \mathrm{Sym}(M)$ operiert auf der Potenzmenge von M durch

$$\forall \sigma \in G,\ A \subseteq M : \sigma \bullet A := \sigma(A).$$

Auf ähnlichem Wege „induziert" jede Gruppenoperation einer Gruppe auf einer Menge M eine Operation derselben Gruppe auf der Potenzmenge von M und auf anderen Derivaten von M, etwa den Abbildungen von M in eine andere Menge N. Nachrechnen:

$$G \times \mathrm{Abb}(M, N) \to \mathrm{Abb}(M, N),\ (g, f) \mapsto [m \mapsto f(g^{-1} \bullet m)],$$

ist eine Operation. NB: Das Invertieren von g ist hier essentiell!

Hilfssatz 2.6.4 Wieder einmal eine Äquivalenzrelation
Es sei G eine Gruppe, die auf der Menge M operiert. Dann wird auf M durch die Vorschrift

$$m_1 \sim m_2 :\iff \exists g \in G : m_1 = g \bullet m_2$$

eine Äquivalenzrelation definiert.

---

[4] Arthur Cayley, 1821–1895.

2.6 Gruppenoperationen

Beweis Die Relation ist reflexiv, da

$$\forall m \in M : m = e_G \bullet m, \text{ also } m \sim m.$$

Sie ist symmetrisch, da für alle $m_1, m_2 \in M$ gilt:

$$\begin{aligned} m_1 \sim m_2 &\Rightarrow \exists g \in G : g \bullet m_1 = m_2 \\ &\Rightarrow \exists g \in G : g^{-1} \bullet (g \bullet m_1) = g^{-1} \bullet m_2 \\ &\Rightarrow \exists g \in G : m_1 = g^{-1} \bullet m_2 \Rightarrow m_2 \sim m_1. \end{aligned}$$

Sie ist transitiv, da aus $m_1 \sim m_2$ und $m_2 \sim m_3$ die Existenz von $g_1, g_2 \in G$ mit

$$m_1 = g_1 \bullet m_2, \quad m_2 = g_2 \bullet m_3, \text{ also } m_1 = (g_1 * g_2) \bullet m_3$$

folgt und damit $m_1 \sim m_3$. ○

Definition/Bemerkung 2.6.5 Bahnen, Transitivität, Stabilisatoren
Es sei G eine Gruppe, die auf einer Menge M operiert.

a) Die Äquivalenzklassen aus der eben beschriebenen Äquivalenzrelation werden hier *Bahnen* oder auch *Orbiten* (von M unter der Operation von G) genannt. Die *Bahn von m* wird als

$$G \bullet m = \{g \bullet m \mid g \in G\}$$

notiert.

b) Die Operation heißt *transitiv,* wenn es genau eine Bahn gibt, wenn also ein m_0 existiert, sodass es für jedes $m \in M$ ein $g \in G$ gibt mit der Eigenschaft

$$m = g \bullet m_0.$$

c) Der *Stabilisator eines Elements* $m \in M$ unter einer gegebenen Operation der Gruppe G ist definiert als

$$\text{Stab}_G(m) := \{g \in G \mid g \bullet m = m\}.$$

d) Ein *Fixpunkt von G* auf M ist ein Element, dessen Stabilisator ganz G ist. Die Menge aller Fixpunkte wird mit M^G notiert:

$$M^G := \{m \in M \mid \forall g \in G : g \bullet m = m\}.$$

e) Ein Beispiel für eine transitive Operation ist ein affiner Raum A mit seinem Translationsvektorraum V. Hier gilt sogar noch mehr: Für je zwei Punkte $P, Q \in A$ gibt es genau ein $v \in V$ mit $v + P = Q$. Insbesondere ist der Stabilisator eines Punktes hier immer trivial, es handelt sich um eine *einfach transitive Operation*.

f) Wenn die Operation transitiv ist und $m \in M$ irgendein Element sowie $H \leq G$ dessen Stabilisator, dann ist die Abbildung

$$f : G \to M, f(g) := g \bullet m,$$

surjektiv und auf den Linksnebenklassen von H konstant. Sie legt also eine surjektive Abbildung $\tilde{f} : G/H \to M$ fest, für die gilt:

$$\forall g \in G, x \in G/H : \tilde{f}(gx) = g \bullet \tilde{f}(x).$$

Diese Abbildung ist noch dazu injektiv, also stehen die Mengen G/H und $M = G \bullet m$ in Bijektion zueinander. Diese Bijektion hängt von der Operation und der Wahl von m ab. Oft heißen solche Räume M auch *homogene Räume,* insbesondere, wenn noch Geometrie im Spiel ist, siehe [Kö19].

g) Wenn M, N zwei Mengen mit G-Operationen sind, so heißt eine Abbildung $f : M \to N$ mit $f(gm) = gf(m)$ eine *G-äquivariante Abbildung.* Die Abbildung $\tilde{f}$ aus f) ist ein Beispiel hierfür.

Satz 2.6.6 Bahnbilanzformel
Es sei G eine Gruppe, die auf der endlichen Menge M operiert. Weiter sei $R \subseteq M$ ein Vertretersystem der Bahnen, d.h. aus jeder Bahn liegt genau ein Element in R. Dann gilt:

$$\#M = \sum_{r \in R} (G : Stab_G(r)).$$

Dabei ist $(G : \mathrm{Stab}_G(r))$ der Index des Stabilisators in G, siehe Definition 2.2.13.

Beweis Da M die disjunkte Vereinigung der Bahnen ist, gilt

$$\#M = \sum_{r \in R} \#(G \bullet r).$$

Wir müssen daher nur für jede einzelne Bahn $G \bullet r$ zeigen, dass

$$\#(G \bullet r) = (G : \mathrm{Stab}_G(r)) = \#G/(\mathrm{Stab}_G(r)).$$

Das haben wir aber in 2.6.5f) mithilfe von $\tilde{f}$ schon eingesehen. ○

2.6 Gruppenoperationen

Beispiel 2.6.7 Binomialkoeffizienten

a) In Beispiel 2.5.7 operiert D_n transitiv auf den Ecken des regelmäßigen n-Ecks E. Der Stabilisator einer Ecke P wird von der Spiegelung an der Geraden durch P und den Mittelpunkt von E erzeugt, hat also 2 Elemente. Der Index des Stabilisators ist n, die Anzahl der Ecken.

b) Eine andere bekannte Anwendung der Bahnbilanzformel ist ein Beweis dafür, dass es für natürliche Zahlen $d \leq k$ in $\{1, \ldots, k\}$ genau $\binom{k}{d}$ Teilmengen mit d Elementen gibt. Denn die symmetrische Gruppe S_k operiert transitiv auf den d-elementigen Teilmengen, und der Stabilisator von $\{1, \ldots, d\}$ ist isomorph zu $S_d \times S_{k-d}$, hat also $d! \cdot (k-d)!$ Elemente, und damit Index $\binom{k}{d}$ in S_k.

c) Wir sehen nun auch, dass eine Operation einer Gruppe G, deren Ordnung eine Primzahlpotenz p^k ist, auf einer endlichen Menge, deren Kardinalität nicht durch p teilbar ist, immer einen Fixpunkt haben muss. Denn sonst hätte jeder Punkt der Menge einen Stabilisator, dessen Index durch p teilbar ist, alle Bahnen hätten also ein Vielfaches von p als Länge, und damit wäre auch die Kardinalität der Menge ein Vielfaches von p.

Beispiel 2.6.8 Zykelzerlegung
Es sei n eine natürliche Zahl und $\sigma \in S_n$ eine Permutation der Menge $M = \{1, \ldots, n\}$.

Dann operiert die von σ erzeugte Untergruppe $H \subseteq S_n$ auf M, und wir können M in Bahnen $B_1, \ldots, B_r$ zerlegen. Da H zyklisch ist, lässt sich jede Bahn B so anordnen, dass σ darauf durch „Verschiebung" wirkt:

$$\#B = k, \quad B = \{x_1, x_2, \ldots, x_k\}, \quad \sigma(x_i) = \begin{cases} x_{i+1}, & 1 \leq i \leq k-1, \\ x_1, & i = k. \end{cases}$$

Für $k \geq 2$ ist ein k-Zykel eine Permutation, die genau eine Bahn von Länge k hat und sonst nur Bahnen der Länge 1.

Wir notieren einen solchen Zykel dann (wenn die nichttriviale Bahn aus den Elementen $x_1, \ldots, x_k$ in der eben nahegelegten Reihenfolge besteht) als

$$\sigma = (x_1 \, x_2 \, \ldots \, x_k).$$

Die Identität nennen wir den 1-Zykel.

Die Bahnzerlegung von M unter H zeigt, dass sich σ als Produkt von paarweise kommutierenden Zykeln schreiben lässt. Wir sprechen von der *Zykelzerlegung* von σ. Dabei gibt es so viele Faktoren, wie es Bahnen der Länge > 1 gibt. Zwei Elemente aus der S_n sind genau dann zueinander konjugiert, wenn die Typen ihrer Zykelzerlegungen (also die Kardinalitäten ihrer Bahnen) übereinstimmen.

Da jeder k-Zykel sich als Produkt von $k-1$ Transpositionen schreiben lässt – $(x_1 \, x_2 \, \ldots \, x_k) = (x_1 \, x_2)(x_2 \, x_3) \cdot \ldots \cdot (x_{k-1} \, x_k)$ –, sehen wir wieder wie in 2.1.5, dass S_n von den Transpositionen erzeugt wird. (NB: Als Gruppenerzeugnis stimmt das auch für $n = 1$.)

Definition 2.6.9 Signum/Alternierende Gruppe

Auf der symmetrischen Gruppe S_n gibt es die *Signum*sabbildung

$$\text{sign}: S_n \to \{\pm 1\}, \ \sigma \mapsto \prod_{1 \leq i < j \leq n} \frac{\sigma(i) - \sigma(j)}{i - j}.$$

Wir rechnen hier nicht vor, dass das ein Gruppenhomomorphismus ist. Für $n \geq 2$ ist er sogar surjektiv. Wenn σ ein Produkt von d Transpositionen ist, dann gilt $\text{sign}(\sigma) = (-1)^d$.

Der Kern davon heißt die *alternierende Gruppe* A_n. Für $n \geq 2$ ist das eine Untergruppe vom Index 2 in S_n.

Bemerkung 2.6.10 Erzeuger von A_n

Induktiv lässt sich erkennen, dass A_n von 3-Zykeln erzeugt wird:

Für $n = 1$ oder 2 ist das klar, denn A_1 und A_2 bestehen beide nur aus der Identität. Auch für $n = 3$ ist das klar, denn

$$A_3 = \{\text{id}, (1\ 2\ 3), (1\ 3\ 2)\}$$

wird vom 3-Zykel $(1\ 2\ 3)$ erzeugt.

Schließlich lässt eine Permutation $\sigma \in A_{n+1}$ entweder die Zahl $n + 1$ fest und kann daher wie ein Element von S_n behandelt werden, oder sie tut das nicht. Dann sei $r \leq n$ eine von $\sigma(n+1)$ verschiedene Zahl. Das definiert einen Dreizykel

$$\zeta = (\sigma(n+1)\ \ n+1\ \ r) \in A_{n+1}.$$

Es folgt, dass $\zeta \circ \sigma$ das Element $n + 1$ fixiert und daher nach Induktionsvoraussetzung ein Produkt von 3-Zykeln ist. Das gilt dann auch für

$$\sigma = \zeta \circ \zeta \circ (\zeta \circ \sigma).$$

2.7 Sylowsätze

Definition 2.7.1 p**-Gruppe, Sylowgruppen**[5]

a) Es sei p eine Primzahl. Eine endliche Gruppe G heißt eine *p-Gruppe*, wenn ihre Kardinalität eine Potenz von p ist.

---

[5] Peter Ludwig Mejdell Sylow, 1832–1918.

2.7 Sylowsätze

b) Es seien G eine endliche Gruppe und p eine Primzahl. Dann heißt eine Untergruppe U von G eine *p-Sylowgruppe,* wenn ihre Kardinalität gleich der maximalen Potenz von p ist, die die Ordnung von G teilt. Vermeintlich präziser (weil formellastig):

$$\#G = p^e \cdot f, \quad \#U = p^e, \quad p \nmid f.$$

Eine p-Sylowgruppe ist also wegen des Satzes von Lagrange zwangsläufig maximal unter den p-Untergruppen einer gegebenen Gruppe G. Da liegt doch die Frage nahe, ob die Umkehrung hiervon auch gilt, was hieße, dass jede p-Untergruppe in einer p-Sylowgruppe enthalten sein müsste. Hierzu müssen wir zunächst einmal sehen, dass es Sylowgruppen überhaupt gibt.

Satz 2.7.2 Erster Sylowsatz
Es seien G eine endliche Gruppe und p eine Primzahl. Dann existiert in G mindestens eine p-Sylowgruppe.

Beweis Wir schreiben $\#G = p^e \cdot f$, $p \nmid f$, und betrachten die Menge M aller Teilmengen von G mit Kardinalität p^e. Wir müssen zeigen, dass mindestens ein Element von M eine Gruppe ist. Dazu betrachten wir die folgende Operation von G auf M:

$$\forall g \in G, A \in M : g \bullet A := \{ga \mid a \in A\}.$$

Der Stabilisator von $A \in M$ hat höchstens p^e Elemente, denn für ein beliebiges $a_0 \in A$ gilt $\mathrm{Stab}_G(A) \subseteq \{a \cdot a_0^{-1} \mid a \in A\}$, denn $g \in G$ ist durch ga_0 eindeutig bestimmt. Hat der Stabilisator nicht p^e Elemente, so ist sein Index ein Vielfaches von p.

Wenn wir nun zeigen können, dass die Kardinalität von M kein Vielfaches von p ist, dann sagt die Bahnbilanzformel, dass es mindestens ein $A \in M$ geben muss, dessen Stabilisator p^e Elemente hat, also eine p-Sylowgruppe ist. Tatsächlich gilt

$$\#M = \binom{p^e \cdot f}{p^e} = \frac{p^e f \cdot (p^e f - 1) \cdot (p^e f - 2) \cdot \ldots \cdot (p^e f - p^e + 1)}{p^e \cdot (p^e - 1) \cdot (p^e - 2) \cdot \ldots \cdot (p^e - p^e + 1)},$$

und die Zahlen $p^e f - k$ und $p^e - k$ haben für $0 \leq k \leq p^e - 1$ denselben p-Anteil (nämlich den von k), sodass nach Kürzen keine p-Potenz mehr übrigbleibt. ○

Satz 2.7.3 Zweiter Sylowsatz
Es seien G eine endliche Gruppe und p eine Primzahl. Weiter sei $\#G = p^e \cdot f$ die Zerlegung von $\#G$ in eine p-Potenz und eine Zahl f, die kein Vielfaches von p ist.
Dann gelten die folgenden Aussagen:

a) Jede p-Untergruppe H von G ist in einer p-Sylowgruppe von G enthalten.
b) Je zwei p-Sylowgruppen von G sind zueinander konjugiert.
c) Die Anzahl der p-Sylowgruppen ist ein Teiler von f.

d) Die Anzahl der p-Sylowgruppen von G lässt bei Division durch p Rest 1.

Beweis Es sei S die Menge aller p-Sylowgruppen in G. G operiert durch Konjugation auf S:

$$\forall g \in G, P \in S : g \bullet P := \{gxg^{-1} \mid x \in P\}.$$

Weiter sei $P \in S$ eine beliebige p-Sylowgruppe. Der Stabilisator von P enthält P, also ist die Kardinalität $(G : \mathrm{Stab}_G(P))$ der G-Bahn von P ein Teiler von $(G : P) = f$ und damit zu p teilerfremd.

a) Wegen Beispiel 2.6.7 c) erzwingt die Bahnbilanzformel für die Aktion von H auf $G \bullet P$, dass wenigstens ein $\tilde{P} \in G \bullet P$ von H stabilisiert wird:

$$\exists g \in G : \forall h \in H : hgPg^{-1}h^{-1} = gPg^{-1} =: \tilde{P}.$$

Daher ist $U := H\tilde{P}$ eine Untergruppe von G, und $\tilde{P}$ ist ein Normalteiler darin. Da nach dem ersten Isomorphiesatz 2.4.4 $H\tilde{P}/\tilde{P} \cong H/(H \cap \tilde{P})$ gilt, ist $H\tilde{P}/\tilde{P}$ eine p-Gruppe. Andererseits ist ihre Kardinalität ein Teiler von $\#G/\#\tilde{P} = f$, also teilerfremd zu p. Daher ist $\#[H/(H \cap \tilde{P})] = 1$ und folglich $H \subseteq \tilde{P}$.
Das zeigt, dass H in einer p-Sylowgruppe enthalten ist, sogar in einer, die zu der beliebigen Sylowgruppe P konjugiert ist.

b) Falls H in Teil a) schon eine Sylowgruppe ist, zeigt das Argument gerade, dass ein g existiert mit $H \subseteq gPg^{-1}$. Da H und gPg^{-1} dieselbe endliche Kardinalität p^e haben, folgt Gleichheit.

c) Wegen b) ist S eine Bahn unter G, also $\#S = (G : \mathrm{Stab}_G(P))$, und das teilt f, wie eingangs erläutert.

d) Das Argument aus a) zeigt, dass eine Sylowgruppe $\tilde{P}$, in deren Stabilisator P liegt, selbst schon P sein muss, sonst wäre $P\tilde{P}$ eine größere p-Untergruppe von G. Zerlegen wir nun S in seine Bahnen unter P, so sehen wir: Es gibt genau einen Fixpunkt (nämlich P selbst), und alle anderen Bahnlängen sind durch p teilbar. $\bigcirc$

Bemerkung 2.7.4 Der Chinesische Restsatz für Gruppen
Es sei $(A, +)$ eine endliche abelsche Gruppe. Da die Konjugation mit einem Element aus A die Identität auf A ist, gibt es für jede Primzahl p genau eine p-Sylowgruppe A_p in A. (Wenn p kein Teiler der Gruppenordnung ist, ist $A_p = \{0_A\}$.)

Nun kann nachgerechnet werden, dass in diesem Fall A isomorph zum direkten Produkt der p-Sylowgruppen ist:

$$A \cong \prod_p A_p.$$

Wenn insbesondere $A = \mathbb{Z}/MN\mathbb{Z}$ gilt mit teilerfremden Zahlen M und N, dann folgt

$$\mathbb{Z}/MN\mathbb{Z} \cong \prod_p \mathbb{Z}/p^{\nu_p(MN)}\mathbb{Z} \cong \prod_p \mathbb{Z}/p^{\nu_p(M)}\mathbb{Z} \times \prod_p \mathbb{Z}/p^{\nu_p(N)}\mathbb{Z} \cong \mathbb{Z}/M\mathbb{Z} \times \mathbb{Z}/N\mathbb{Z}.$$

Wir benutzen hier beim Aufschreiben, dass für jede Primzahl p die Gleichheit $v_p(MN) = v_p(M) + v_p(N)$ gilt und dass einer der beiden Summanden 0 ist.

Die Identifikation von $\mathbb{Z}/MN\mathbb{Z}$ mit $\mathbb{Z}/M\mathbb{Z} \times \mathbb{Z}/N\mathbb{Z}$ heißt umgekehrt, dass es für jedes Paar $a, b \in \mathbb{Z}$ ein $x \in \mathbb{Z}$ gibt mit

$$x \equiv a \pmod{M} \text{ und } x \equiv b \pmod{N},$$

und dass dieses x modulo MN eindeutig bestimmt ist.

Wegen Hilfssatz 1.1.9b) ist klar: Eine ganze Zahl ist genau dann durch MN teilbar, wenn sie durch M und durch N teilbar ist, denn dieses beiden sind ja teilerfremd.

Diese Möglichkeit, „simultane Kongruenzen" zu lösen, heißt der chinesische Restsatz. Wir werden ihn später noch einmal beweisen und verallgemeinern.

Bemerkung 2.7.5 Eine Anwendung des Sylowsatzes
Es seien $p < q$ zwei verschiedene Primzahlen und G eine Gruppe der Ordnung $p \cdot q$. Sie besitzt genau eine q-Sylowgruppe Q, denn 1 ist der einzige Teiler von p, der bei Division durch q Rest 1 lässt. Diese q-Sylowgruppe Q ist also ein Normalteiler von G.

Wenn q bei Division durch p nicht Rest 1 lässt, dann gibt es auch genau eine p-Sylowgruppe P und G ist das direkte Produkt der beiden Normalteiler. Diese sind beide zyklisch und kommutieren miteinander, also ist auch G isomorph zu

$$\mathbb{Z}/p\mathbb{Z} \times \mathbb{Z}/q\mathbb{Z} \cong \mathbb{Z}/(pq)\mathbb{Z}.$$

Das trifft für jede Gruppe der Ordnung

$$15, 33, 35, 65, 77\ldots$$

zu.

Wenn hingegen mehr als eine p-Sylowgruppe existiert, dann sei P eine davon. P ist isomorph zu G/Q, und wir können P als Nebenklassenvertreter von Q in G wählen:

$$G = \{xy \mid x \in P, y \in Q\}.$$

Q und P sind beide zyklisch, da sie von Primzahlordnung sind. Es sei ξ ein Erzeuger von P und η ein Erzeuger von Q. Dann ist

$$G = \{\xi^a \eta^b \mid 0 \leq a \leq p-1, \ 0 \leq b \leq q-1\}.$$

Damit haben wir Q und P mit $\mathbb{Z}/q\mathbb{Z}$ bzw. $\mathbb{Z}/p\mathbb{Z}$ identifiziert.

Wenn wir uns jetzt noch merken, wie P durch Konjugation auf Q operiert, dann können wir G aus diesen Bausteinen rekonstruieren. Die Operation aber können wir für die Erzeuger schreiben als

$$\xi \eta \xi^{-1} = \eta^c, \ c \in \mathbb{Z} \text{ geeignet,}$$

und es folgt allgemein

$$\xi^a \eta^b \xi^{-a} = \eta^{bc^a}.$$

Damit können wir beliebige Produkte in G auf Produkte in P und Q zurückführen. Dies ist wieder ein Spezialfall des semidirekten Produkts, 2.5.2, zweier Gruppen.

Insbesondere erzwingt die Wohldefiniertheit der Aktion von P auf Q, dass die Zahl c die Eigenschaft $c^p \equiv 1 \pmod{q}$ hat. Die Ordnung der Klasse von c in der Gruppe $(\mathbb{Z}/q\mathbb{Z} \setminus \{0\}, \cdot)$ ist also ein Teiler von p. Das ist die Einheitengruppe aus 2.2.2e).

Auf jeden Fall ist es so, dass eine Gruppe der Ordnung pq immer einen abelschen Normalteiler hat, sodass der Quotient auch abelsch ist. Dieses Phänomen wird vom Begriff der Auflösbarkeit verallgemeinert, siehe Definition 6.2.1.

Bemerkung 2.7.6 S_5

Welche Untergruppen $G \subseteq S_5$ operieren transitiv auf $\{1, 2, 3, 4, 5\}$?

Wenn G so eine Untergruppe ist, dann ist ihre Ordnung wegen der Bahnbilanzformel ein Vielfaches von 5. Sie enthält also eine 5-Sylowgruppe von S_5, die natürlich Ordnung 5 hat und damit zyklisch ist. In S_5 gibt es 6 solcher 5-Sylowgruppen, und bis auf Konjugation darf ich mir wünschen, dass die vom 5-Zykel

$$\zeta := (1\ 2\ 3\ 4\ 5)$$

erzeugte Gruppe $F = \langle \zeta \rangle$ in G liegt.

Der Normalisator N dieser Gruppe (die größte Untergruppe von S_5, in der F normal ist, also der Stabilisator unter der Konjugationsoperation) hat 20 Elemente, denn sein Index in S_5 ist die Anzahl der 5-Sylowgruppen – 2.6.6 lässt grüßen.

Der Zykel $\tau = (2\ 3\ 5\ 4)$ erfüllt $\tau^{-1} \zeta \tau = \zeta^3$, er liegt also in N, und weil seine Ordnung 4 ist, wird N von ζ und τ erzeugt. Da zwei Elemente der Ordnung 5 konjugiert sind, ist der Zentralisator von ζ laut Bahnbilanzformel eine Untergruppe vom Index 24 in S_5, ihre Ordnung ist also 5, und daher ist der Zentralisator von ζ gleich F.

Welche Kardinalität kann G haben? Zunächst einmal alle Vielfachen von 5, die Teiler von 120 sind:

$$5,\ 10,\ 15,\ 20,\ 30,\ 40,\ 60,\ 120.$$

Eine Untergruppe, die F enthält, enthält entweder nur eine oder alle 6 5-Sylowgruppen, wie uns Sylows zweiter Satz verrät.

Im ersten Fall ist es eine Untergruppe von N, die F enthält, und das sind genau die Gruppen F, $\langle \zeta, \tau^2 \rangle$ und N.

Die anderen Gruppen enthalten alle 5-Sylowgruppen, also alle Elemente der Ordnung 5. Da sich jeder Dreizykel als Produkt von 5-Zykeln schreiben lässt, liegt damit A_5 in G, und dieses muss A_5 oder S_5 sein.

Wir sehen also, dass von den laut Lagrange möglichen Kardinalitäten genau 5 (nämlich 5, 10, 20, 60, 120) als Kardinalitäten von solchen Gruppen vorkommen, und bis auf Konjugation (also Umbenennung der Zahlen 1, 2, 3, 4, 5) kennen wir diese Gruppen. Untergruppen mit 15, 30 oder 40 Elementen gibt es nicht.

Eng mit diesem Beispiel verknüpft ist das Folgende.

Beispiel 2.7.7 A_5 **ist einfach**
Wir wollen uns überlegen, dass die alternierende Gruppe A_5 keinen Normalteiler außer A_5 und {id} besitzt. Dazu sehen wir uns die Sylowgruppen in A_5 an. Die Gruppenordnung von A_5 ist $60 = 2^2 \cdot 3 \cdot 5$.

Die 3- und 5-Sylowgruppen sind also jeweils zyklisch, und der zweite Sylowsatz zeigt, dass es davon 10 bzw. 6 gibt (da es insbesondere mehr als eine gibt).

Die Anzahl der 2-Sylowgruppen ist 5, eine davon ist die Gruppe

$$V_4 = \{(1\ 2)(3\ 4),\ (1\ 3)(2\ 4),\ (1\ 4)(2\ 3),\ \text{id}\}.$$

Sie heißt die *Klein[6]sche Vierergruppe* und ist ein abelscher Normalteiler von S_4 mit Faktorgruppe S_3.

A_5 wird von den Dreizykeln erzeugt (siehe 2.6.10). Da (zum Beispiel)

$$(1\ 2\ 3\ 4\ 5) \circ (1\ 3\ 2\ 5\ 4) = (1\ 4\ 2)$$

gilt, wird A_5 auch von den Fünfzykeln erzeugt.

Nun sei $N \triangleleft A_5$ ein Normalteiler mit mehr als einem Element.

Wenn die Ordnung von N durch $p \in \{3, 5\}$ teilbar ist, dann enthält N eine p-Sylowgruppe von A_5 und damit, da N normal ist, alle p-Sylowgruppen, also alle p-Zykel und damit ist $N = A_5$.

Andererseits ist die Ordnung von N keine Zweierpotenz. Denn: Ein nichttriviales Element $\sigma \in A_5$ der Ordnung 2 fixiert genau eine Zahl $f \in \{1, \ldots, 5\}$, und für $\rho \in A_5$ fixiert $\rho \sigma \rho^{-1}$ $\rho(f)$. Daher ist $\langle \sigma \rangle$ kein Normalteiler. N kann auch keine 2-Sylowgruppe sein, da die alle zueinander konjugiert sind.

Es folgt $N = A_5$ wie behauptet.

Wir werden in 6.1.2 sehen, dass A_n für $n \geq 5$ stets einfach ist, und noch später, dass diese Tatsache ausschlaggebend dafür ist, dass es keine allgemeine Lösungsformel für Polynomgleichungen ab Grad 5 gibt.

2.8 Aufbau des Zahlensystems I

Wir wollen nun noch kurz dokumentieren, wie die Konstruktion der ganzen Zahlen aus den natürlichen im Kontext der allgemeinen Strukturtheorie zu sehen ist. Fangen wir also mit diesen an.

---

[6] Christian Felix Klein, 1848–1925.

Bemerkung 2.8.1 Natürliche Zahlen und Null
Die natürlichen Zahlen $\mathbb{N} := \{1, 2, 3, \dots\}$ werden als bekannt vorausgesetzt[7], und natürlich auch ihre Addition und Multiplikation. Diese sind kommutativ und assoziativ, und sie erfüllen das Distributivgesetz.

Wir nehmen nun künstlich ein Element 0 zu $\mathbb{N}$ dazu und definieren die Addition und Multiplikation auf $\mathbb{N}_0 := \mathbb{N} \cup \{0\}$ so, dass die alten Regeln für $\mathbb{N}$ erhalten bleiben und

$$\forall n \in \mathbb{N}_0 : 0 + n = n + 0 = n, \; 0 \cdot n = n \cdot 0 = 0.$$

Dann gelten Kommutativität, Assoziativität und das Distributivgesetz immer noch für Addition und Multiplikation.

Ärgerlicherweise lässt sich nicht jede Gleichung der Form

$$a + x = b$$

mit $a, b \in \mathbb{N}_0$ durch ein $x \in \mathbb{N}_0$ lösen, zum Beispiel $1 + x = 0$ ist unlösbar.

Dazu müssen wir $\mathbb{N}$ größer machen.

Was wir aber bereits haben, ist ein kommutatives Monoid $(\mathbb{N}_0, +)$, in dem eine Kürzungsregel gilt:

$$\forall a, b, c \in \mathbb{N}_0 : a + c = b + c \Rightarrow a = b.$$

Ein allgemeines Verfahren hilft uns nun, aus $\mathbb{N}_0$ eine Gruppe zu gewinnen.

Konstruktion 2.8.2 Die Grothendieck[8]-Konstruktion
Es sei $(M, *)$ ein kommutatives Monoid mit Kürzungsregel, das heißt:

$$\forall a, b, c \in M : a * c = b * c \Rightarrow a = b.$$

Dann gibt es eine Gruppe $(G, +)$, die $(M, *)$ als Untermonoid enthält und von M erzeugt wird.

Sie hat die folgende Eigenschaft:

Für jede Gruppe H und jeden Monoidhomomorphismus $\varphi : M \to H$ gibt es eine eindeutige Fortsetzung von φ zu einem Gruppenhomomorphismus von G nach H.

Beweis Der Beweis besteht in der Konstruktion der passenden Gruppe.

Dazu betrachten wir auf der Menge $P := M \times M$ die folgende Äquivalenzrelation:

$$(m, s) \equiv (n, t) \iff m * t = n * s.$$

---

[7] Laut Leopold Kronecker (1823–1891) wurden sie vom lieben Gott gemacht, der Rest ist Menschenwerk.
[8] Alexander Grothendieck, 1928–2014.

2.8 Aufbau des Zahlensystems I

Dass dies eine Äquivalenzrelation ist, ergibt sich leicht, wir brauchen für die Transitivität jedoch die Kürzungsregel.

Für die Äquivalenzklasse von (m, s) schreiben wir intuitiverweise $m - s$ (Minuend minus Subtrahend).

Es sei $G := P/\equiv$ die Menge aller Äquivalenzklassen. Wir wollen darauf eine Gruppenstruktur festlegen. Wir versuchen es mit dem aus der Schule bekannten Ansatz

$$(m - s) + (n - t) := (m * n) - (s * t).$$

Da hier mit den Vertretern der Klassen hantiert wird, müssen wir noch die Wohldefiniertheit nachweisen, also dass die Klasse auf der rechten Seite bei anderer Wahl der Vertreter links sich nicht ändert.

Seien also $(m, s) \equiv (m', s')$ und $(n, t) \equiv (n', t')$. Dann gilt

$$m * s' = m' * s \quad \text{und} \quad n * t' = n' * t.$$

Es folgt

$$m * s' * n * t' = m' * s * n' * t,$$

und damit, weil $*$ kommutativ ist,

$$(m * n, s * t) \equiv (m' * n', s' * t'),$$

wie gewünscht.

Diese Verknüpfung ist assoziativ (klar) und es gibt ein neutrales Element, nämlich $e_G := \{(m, m) \mid m \in M\}$. Außerdem ist zu $m - s$ die Klasse $s - m$ invers, denn

$$(m - s) + (s - m) = (m * s) - (s * m) = e_M - e_M.$$

Nun betrachten wir den Monoidhomomorphismus

$$\Phi : M \to G, \quad m \mapsto m - e_M.$$

Dieser ist injektiv und verwirklicht daher (nach Identifikation von M mit $\Phi(M)$) unseren Wunsch, M als Untermonoid einer Gruppe zu realisieren. Zudem wird G von M als Gruppe erzeugt.

Wenn $\varphi : M \to H$ ein Monoidhomomorphismus von M in eine beliebige Gruppe ist, so wird durch die wohldefinierte Vorschrift

$$\forall m, s \in M : \quad (m - s) \mapsto \varphi(m)\varphi(s)^{-1}$$

ein Gruppenhomomorphismus von G nach H definiert. Da G von M erzeugt wird, ist diese Fortsetzung eindeutig. ◯

Folgerung 2.8.3 Ganze Zahlen
Es gibt einen kleinsten Ring $\mathbb{Z}$, der die natürlichen Zahlen enthält.

Beweis Da $(\mathbb{N}_0, +)$ ein kommutatives Monoid mit Kürzungsregel ist, existiert eine (additiv geschriebene) Gruppe mit den eben bewiesenen Eigenschaften. Wir nennen sie hier $\mathbb{Z}$. Sie ist bis auf Isomorphismus eindeutig bestimmt und all ihre Elemente sind von der Gestalt $m - n$, $m, n \in \mathbb{N}_0$.

Auf $\mathbb{Z}$ definieren wir eine Multiplikation durch

$$(m - n)(k - l) := mk + nl - ml - nk.$$

Dies ist wieder wohldefiniert und erbt alle Eigenschaften der Multiplikation von $\mathbb{N}$: Assoziativität, Kommutativität, Distributivgesetz, Nullteilerfreiheit. ◯

Allerdings lernen wir erst im nächsten Kapitel, was ein Ring ist und was Nullteilerfreiheit bedeutet, von daher vertiefen wir das jetzt nicht näher.

Bemerkung 2.8.4 Mangelnde Kürzungseigenschaft
Wenn $(M, *)$ eine kommutative Halbgruppe ist, dann gibt es keinen Grund, zu erwarten, dass M in einer Gruppe enthalten ist. Dazu bedarf es der Kürzungsregel, die ja in jeder Gruppe gilt. Als Abschwächung der obigen Konstruktion findet sich jedoch immer noch eine Gruppe G und ein Magmenhomomorphismus $\Phi : M \to G$, sodass für jeden Magmenhomomorphismus Ψ von M in eine beliebige Gruppe H genau ein Gruppenhomomorphismus $\tilde{\Psi} : G \to H$ existiert mit

$$\Psi = \tilde{\Psi} \circ \Phi.$$

Denn:

Im Gegensatz zu 2.8.2 fehlt uns hier die Kürzungsregel. Also können wir uns nicht sicher sein, dass wir wie eben eine Äquivalenzrelation auf $M \times M$ bekommen.

Wir entschärfen die Bedingung unserer Relation zu

$$(m, s) \equiv (n, t) \iff \exists r \in M : r * m * t = r * n * s.$$

Das ist tatsächlich wieder eine Äquivalenzrelation, und der Rest geht durch wie gehabt, wenn wir die Inklusion von vorhin durch die Abbildung

$$\Phi(m) := [(m * m, m)]$$

ersetzen. Insbesondere trägt dies der Tatsache Rechnung, dass wir kein neutrales Element vorausgesetzt haben.

Allerdings kann es uns jetzt passieren, dass G trivial ist, obwohl das für M nicht gilt.

Beispiel: $M = (\mathbb{N}_0, \cdot)$: hier ist jedes Paar zu $(0, 0)$ äquivalent.

Bemerkung 2.8.5 Die freie Gruppe wird aktiv
Nun sei $(M, *)$ ein Halbgruppe.

Dann gibt es immer noch eine Gruppe G und einen Magmenhomomorphismus $\Phi : M \to G$, sodass für jede Gruppe H und jeden Magmenhomomorphismus $\Psi : M \to H$ genau ein Gruppenhomomorphismus $\tilde{\Psi} : G \to H$ existiert mit

$$\Psi = \tilde{\Psi} \circ \Phi.$$

Für kommutative Halbgruppen haben wir das gerade durch eine konkrete Konstruktion eingesehen.

In der jetzigen allgemeineren Situation kann man die Existenz von G so gewinnen: Wir haben die freie Gruppe $(F, \cdot)$ über der Menge M, und fassen M als Teilmenge davon auf. Das ist kein Untermagma, denn die freie Gruppe sieht M nur als Menge, nicht als Magma.

In F gibt es den kleinsten Normalteiler N, der alle Elemente

$$(m_1 * m_2) \cdot m_2^{-1} \cdot m_1^{-1}, \quad m_1, m_2 \in M,$$

enthält. Die Faktorgruppe $G = F/N$ leistet dann mit der Abbildung

$$\Phi : M \to G, \quad m \mapsto mN$$

das Gewünschte. Insbesondere ist Φ ein Magmenhomomorphismus.

Ringe und Moduln 3

In diesem Kapitel soll nur sehr kurz erläutert werden, was ein Ring ist. Wichtige Einsichten struktureller Art für eine interessante Klasse von Ringen heben wir für Kap. 5 auf.

3.1 Ringe

Definition 3.1.1 Ringe
Ein *Ring* ist eine Menge R mit zwei Verknüpfungen $+$ und $\cdot$, sodass $(R, +)$ eine abelsche Gruppe ist (das neutrale Element heiße 0 oder präziser 0_R), und weiterhin $\cdot$ assoziativ ist, ein neutrales Element besitzt (das 1 oder manchmal auch 1_R heiße) und die Distributivgesetze erfüllt sind, also:

$$\forall a, b, c, d \in R : (a+b) \cdot c = ac + bc \text{ und } a \cdot (c+d) = ac + ad.$$

Hierbei benutzen wir die Konvention „Punkt vor Strich".

Wir haben zwei Distributivgesetze, da die Multiplikation ja nicht kommutativ sein muss. Aus ihnen folgt zum Beispiel, dass $\forall r \in R : 0 \cdot r = 0$. Denn $0 \cdot r = (0+0) \cdot r = (0 \cdot r) + (0 \cdot r)$, und nun können wir links und rechts $-(0 \cdot r)$ addieren.

Wenn die Multiplikation kommutativ ist, so heißt auch der Ring *kommutativ*.

Es gibt auch Quellen, in denen Ringe ohne Eins studiert werden. Wir werden uns den Luxus eines Einselements immer zubilligen, auch wenn die andere Sichtweise durchaus gerechtfertigt ist.

Beispiel 3.1.2 Ein paar Ringe

a) Die ganzen Zahlen $\mathbb{Z}$ sind (mit der üblichen Addition und Multiplikation) ein Ring. Genauso auch $\mathbb{Q}$ und $\mathbb{R}$.
b) Für eine abelsche Gruppe $(A, +)$ ist $\text{End}(A)$ ein Ring, wenn wir Addition und Multiplikation wie folgt festlegen:

$$\forall \varphi, \psi \in \text{End}(A) : (\varphi + \psi)(a) := \varphi(a) + \psi(a), \quad (\varphi \cdot \psi)(a) := \varphi(\psi(a)).$$

Damit die Addition überhaupt wieder einen Endomorphismus ergibt, ist die Kommutativität von A notwendig.

Zum Beispiel ist $\mathbb{Z} \cong \text{End}_{\text{Gruppen}}((\mathbb{Z}, +))$, denn ein Endomorphismus ist eindeutig durch das Bild der 1 bestimmt, und das kann beliebig vorgegeben werden.

c) Auf $\mathbb{Z}/n\mathbb{Z}$ haben wir in 2.1.3 bereits eine Addition und eine Multiplikation eingeführt. Auf diese Art wird das ein Ring.

Unsere Identifikation von $\mathbb{Z}/n\mathbb{Z}$ mit der Menge der Endomorphismen von $(\mathbb{Z}/n\mathbb{Z}, +)$ in 2.4.6 liefert mit dem jetzigen Punkt b) dieselbe Ringstruktur auf $\mathbb{Z}/n\mathbb{Z}$.

d) Der Endomorphismenring der Gruppe $\mathbb{Z}^2$ ist nicht kommutativ. Die Komposition der beiden Endomorphismen $(a, b) \mapsto (b, a)$ und $(a, b) \mapsto (a, 0)$ hängt von der Reihenfolge ab.

e) Für eine offene Teilmenge $D \subseteq \mathbb{R}$ ist die Menge aller stetig differenzierbaren reellwertigen Funktionen auf D ein Ring, der in der Analysis gerne $\mathcal{C}^1(D, \mathbb{R})$ genannt wird. Summen und Produkte solcher Funktionen sind wieder stetig differenzierbar, und konstante Funktionen auch.

Definition 3.1.3 Ringhomomorphismus

Es seien R, S zwei Ringe. Ein *Homomorphismus* zwischen R und S ist eine Abbildung $\Phi : R \to S$, die sowohl für die Addition als auch für die Multiplikation ein Monoidhomomorphismus ist, es gilt also insbesondere

$$\Phi(1_R) = 1_S.$$

Als *Kern eines Homomorphismus* zwischen Ringen bezeichnen wir das Urbild von 0_S. Er ist eine Untergruppe von $(R, +)$, die unter Multiplikation mit beliebigen Elementen aus R abgeschlossen ist.

Beispiel 3.1.4 Cayley die dritte

a) Der Nullring $\{0\}$ besteht nur aus einem Element. Die Abbildung $\{0\} \to \mathbb{Z}$, $0 \mapsto 0$, ist zwar für $+$ und $\cdot$ verknüpfungstreu, aber sie bildet das Einselement von $\{0\}$ nicht auf das von $\mathbb{Z}$ ab, ist also kein Ringhomomorphismus.
b) Hingegen ist für $n \in \mathbb{N}$ die kanonische Projektion (siehe 2.4.1)

$$\pi_n : \mathbb{Z} \to \mathbb{Z}/n\mathbb{Z} = \text{End}(\mathbb{Z}/n\mathbb{Z})$$

3.1 Ringe

ein Ringhomomorphismus mit Kern $n\mathbb{Z}$. Genau so ist ja die Restklassenrechnung definiert, siehe Beispiel 2.1.3!

c) Weiter erhalten wir für jeden Ring R einen Ringhomomorphismus

$$\Lambda : R \to \text{End}_{\text{Gruppen}}((R, +)), \quad r \mapsto \Lambda(r) = [R \ni x \mapsto rx \in R].$$

Er ist injektiv, weil R ein Einselement hat, und wir deshalb aus der Abbildung $\Lambda(r)$ die Zahl $r = \Lambda(r)(1)$ zurückerhalten.
In 2.6.3 a) ist Ähnliches schon für Gruppen passiert und in 2.1.7 für Monoide.

Definition/Bemerkung 3.1.5 Einheitengruppe
Die *Einheiten* eines Ringes R sind die Elemente $r \in R$, für die ein $\tilde{r} \in R$ existiert mit

$$r\tilde{r} = \tilde{r}r = 1_R.$$

Zum Beispiel ist 1_R selbst eine Einheit. Das Element $\tilde{r}$ ist aufgrund dieser Beziehung eindeutig durch r festgelegt und wir schreiben in Zukunft r^{-1} dafür.

Die Einheiten in R bilden bezüglich der Multiplikation eine Gruppe, die wir mit $R^\times$ notieren.

Als **Beispiel** betrachten wir den Ring $\mathbb{Z}/N\mathbb{Z}$ für $N \in \mathbb{N}$. Hier ist die Klasse $a + N\mathbb{Z}$ genau dann eine Einheit, wenn ein $b \in \mathbb{Z}$ existiert mit $ab + N\mathbb{Z} = 1 + N\mathbb{Z}$. Also:

$$a + N\mathbb{Z} \in (\mathbb{Z}/N\mathbb{Z})^\times \iff \exists b, l \in \mathbb{Z} : ab + Nl = 1.$$

Wenn $d \in \mathbb{N}$ ein gemeinsamer Teiler von a und N ist, muss er dann auch 1 teilen, also gilt:

$$a + N\mathbb{Z} \in (\mathbb{Z}/N\mathbb{Z})^\times \Rightarrow \text{ggT}(a, N) = 1.$$

Wenn umgekehrt der ggT von a und N 1 ist, wissen wir aus Hilfssatz 1.1.2, dass solche b und l existieren!

Wir halten fest:

$$a + N\mathbb{Z} \in (\mathbb{Z}/N\mathbb{Z})^\times \iff \text{ggT}(a, N) = 1.$$

Bei der Definition tut sich die Frage auf, wieso sowohl $r\tilde{r} = 1$ als auch $\tilde{r}r = 1$ verlangt werden. Sind diese Bedingungen unabhängig?

Um ein Beispiel anzugeben, das zeigt, dass dem so ist, nehmen wir den Ring aller Endomorphismen der Gruppe $\text{Abb}(\mathbb{N}, \mathbb{Z}) =: A$ aller ganzzahligen Folgen bezüglich der üblichen Addition: $(x_i)_{i \in \mathbb{N}} + (y_i)_{i \in \mathbb{N}} := (x_i + y_i)_{i \in \mathbb{N}}$.

Hierin gibt es die beiden Endomorphismen ρ, λ, die durch

$$\lambda((x_i)_{i \in \mathbb{N}}) := (x_{i+1})_{i \in \mathbb{N}}, \quad \rho((x_i)_{i \in \mathbb{N}}) := (x_{i-1})_{i \in \mathbb{N}}, \text{ wobei } x_0 := 0$$

gegeben sind, der „Linksshift" und der „Rechtsshift", wobei wir bei ersterem das erste Element abschneiden und beim zweiten als erstes Element eine 0 hinzufügen. Dass dies Endomorphismen sind, lässt sich leicht verifizieren. Es gilt $\lambda \circ \rho = \text{id}_A$, aber $\rho \circ \lambda \neq \text{id}_A$, da zum Beispiel $\rho \circ \lambda((1, 1, 1 \ldots)) = (0, 1, 1, 1, \ldots)$,

Bemerkung 3.1.6 Homomorphismus und Einheiten
Es sei $\Phi : R \to S$ ein Ringhomomorphismus.
Dann gilt $\Phi(R^\times) \subseteq S^\times$, denn aus $r\tilde{r} = \tilde{r}r = 1_R$ wird die Gleichung

$$\Phi(r)\Phi(\tilde{r}) = \Phi(\tilde{r})\Phi(r) = \Phi(1_R) = 1_S.$$

Dafür brauchen wir die Zusatzbedingung an Ringhomomorphismen.
Insbesondere vermittelt Φ also einen Gruppenhomomorphismus von $R^\times$ nach $S^\times$.

Definition 3.1.7 Teilringe
Es sei R ein Ring.
Ein *Teilring* von R ist eine Teilmenge $T \subseteq R$, die bezüglich der Addition eine Untergruppe und bezüglich der Multiplikation ein Untermonoid von R ist.
Insbesondere verlangen wir also $1_R \in T$.

Beispiel 3.1.8 Quadratwurzeln
Der kleinste Teilring von $\mathbb{R}$, der $\sqrt{2}$ enthält, enthält auch 1, also sicher $\mathbb{Z}$, und damit auch alle Elemente der Gestalt $a + b\sqrt{2}$, $a, b \in \mathbb{Z}$. Da $\sqrt{2}$ nicht rational ist (siehe 1.2.7) sind a und b aus dieser Linearkombination eindeutig.
$R := \mathbb{Z} + \mathbb{Z}\sqrt{2}$ ist eine additive Untergruppe von $\mathbb{R}$. Es gilt $1 \in R$ und

$$\forall a, b, c, d \in \mathbb{Z} : (a + b\sqrt{2}) \cdot (c + d\sqrt{2}) = ac + 2bd + (ad + bc)\sqrt{2} \in R.$$

Also ist R tatsächlich ein Teilring von $\mathbb{R}$. Er wird häufig als $\mathbb{Z}[\sqrt{2}]$ notiert.
Aber Vorsicht: Im Allgemeinen wird für $r \in \mathbb{R}$ der kleinste Teilring von $\mathbb{R}$, der r enthält, mit $\mathbb{Z}[r]$ bezeichnet, und meistens ist der viel größer als $\mathbb{Z} + \mathbb{Z}r$.
Beispiel: $\mathbb{Z}[\sqrt[3]{2}] = \{a + b \cdot \sqrt[3]{2} + c \cdot \sqrt[3]{4} \mid a, b, c \in \mathbb{Z}\}$ und $\mathbb{Z}[\frac{1}{2}] = \{\frac{z}{2^k} \mid k \in \mathbb{N}, z \in \mathbb{Z}\}$.

Definition 3.1.9 Nullteiler, Körper
Es sei R ein Ring.

a) Ein Element $a \in R$ heißt ein *Nullteiler*, wenn es ein $b \in R, b \neq 0$, gibt, für das $ab = 0$ oder $ba = 0$ gilt.
   R heißt *nullteilerfrei*, wenn 0 der einzige Nullteiler in R ist. Das erzwingt unter anderem $R \neq \{0\}$, denn im *Nullring* $R = \{0\}$ ist 0 definitionsgemäß kein Nullteiler, denn das b sollte ja ungleich 0 sein.
   Im Fall der Nullteilerfreiheit lässt sich aus $xy = xz$ wegen $x(y - z) = 0$ immer folgern, dass $x = 0$ oder $y = z$ gilt, wir erhalten also eine Kürzungsregel.
b) R heißt *integer* und wird ein *Integritätsbereich* genannt, wenn R kommutativ und nullteilerfrei ist. Insbesondere ist auch hier $0 \neq 1$.

c) *R* heißt ein *Körper*, wenn *R* kommutativ ist, $0 \neq 1$ gilt und jedes von Null verschiedene Element eine Einheit ist: $R^\times = R \smallsetminus \{0\}$.

Ein Körper *R* ist insbesondere ein Integritätsbereich, und das gilt dann auch für jeden Teilring. Denn:

$$\forall x, y \in R, x \neq 0 : xy = 0 \Rightarrow y = x^{-1}(xy) = x^{-1} \cdot 0 = 0.$$

Das Beispiel in der Definition 3.1.5 zeigt, dass für $N \in \mathbb{N}$ der Ring $\mathbb{Z}/N\mathbb{Z}$ genau dann ein Körper ist, wenn es sich bei *N* um eine Primzahl handelt. Denn genau dann sind alle Zahlen $1, 2, \ldots, N-1$ zu *N* teilerfremd.

Für eine Primzahl *p* bezeichnen wir mit $\mathbb{F}_p$ den Körper $\mathbb{Z}/p\mathbb{Z}$.

Für $N = ab, a, b > 1$, sind die Klassen von *a* und von *b* nicht 0, ihr Produkt aber schon: $\mathbb{Z}/ab\mathbb{Z}$ ist nicht nullteilerfrei.

$\mathbb{Q}$ und $\mathbb{R}$ sind Körper, also auch integer.

Beispiel 3.1.10 Mitternachtsformel

Es seien *K* ein Körper und $a, b, c \in K$, wobei $a \neq 0$. Wir können dann fragen, welche Lösungen die Gleichung

$$ax^2 + bx + c = 0$$

in *K* hat.

Im Falle, dass $2 := 1_K + 1_K \neq 0_K$ ist $x \in K$ genau dann eine Lösung, wenn für $w := 2ax + b$ die Gleichung

$$w^2 = b^2 - 4ac$$

gilt. Dies ist die beliebte Mitternachtsformel, die Lösungsformel für quadratische Gleichungen.

Bemerkung 3.1.11 Spezialfall von Dirichlets Primzahlsatz à la Euklid

a) Es sei $p \neq 2$ eine Primzahl und *a* eine ganze Zahl, für die $a^2 + 1$ von *p* geteilt wird.

Dann ist die (multiplikative) Ordnung von $a + p\mathbb{Z} \in \mathbb{F}_p^\times$ gleich 4, denn $a^2 \equiv -1 \pmod{p}$.

Nach dem Satz von Lagrange ist daher 4 ein Teiler von $\#(\mathbb{Z}/p\mathbb{Z})^\times = p - 1$, also lässt *p* bei Division durch 4 Rest 1.

Das können wir nutzen, um einzusehen, dass es unendlich viele Primzahlen gibt, die bei Division durch 4 Rest 1 lassen:

Für $N \geq 2$ ist jeder Primteiler *p* von $(N!)^2 + 1$ ungerade, größer als *N* und lässt nach der vorangehenden Diskussion (mit $a := N!$) Rest 1 bei Division durch 4.

Es gibt also für jedes *N* eine größere Primzahl, die bei Division durch 4 Rest 1 lässt. Unterhalb von 100 sind dies

$$5, 13, 17, 29, 37, 41, 53, 61, 73, 89, 97.$$

b) Genauso gibt es unendlich viele Primzahlen, die bei Division durch 4 Rest 3 lassen, denn $N! - 1$ tut dies für $N \geq 4$, und damit können nicht alle Primteiler Rest 1 lassen – sonst wäre ihr Produkt ja 1 modulo 4.

Es gibt also für jedes N eine größere Primzahl, die bei Division durch 4 Rest 3 lässt. Unterhalb von 100 sind dies

$$3, 7, 11, 19, 23, 31, 43, 47, 59, 67, 71, 79, 83.$$

Beispiel 3.1.12 Noch ein Ring mit Nullteilern
Der Ring der stetigen, reellwertigen Funktionen auf dem Intervall $[0, 1]$ ist nicht nullteilerfrei, denn es gibt darin Funktionen f, g, die nicht 0 sind, und von denen die eine auf $[0, \frac{1}{2}]$ verschwindet, die andere auf $[\frac{1}{2}, 1]$. Ihr Produkt ist also 0.

Im Gegensatz dazu ist der Ring der holomorphen Funktionen auf einer offenen zusammenhängenden Teilmenge $D \subseteq \mathbb{C}$ integer, wie uns der Identitätssatz aus der Funktionentheorie lehrt: Wenn das Produkt zweier holomorpher Funktionen 0 ist, dann hat mindestens eine der beiden einen Häufungspunkt in der Menge der Nullstellen, sie verschwindet also.

Beispiel 3.1.13 Konstruierbare Zahlen
In der Euklidischen Ebene sei eine Teilmenge S gegeben, die mindestens zwei Punkte enthält.

Ein Punkt z in der Ebene heißt *über S konstruierbar*, wenn er zu S gehört oder sich durch endlich viele der folgenden Schritte geometrisch gewinnen lässt:

- Einzeichnen der Verbindungsgeraden zweier bereits konstruierter Punkte
- Einzeichnen eines Kreises mit bereits konstruiertem Mittelpunkt durch einen bereits konstruierten Punkt
- Einzeichnen der Schnittpunkte zweier Geraden, zweier Kreise oder einer Geraden und eines Kreises

Nur die Schnittpunkte im dritten Schritt sind neu konstruierte Punkte, nicht aber individuell alle Punkte der Verbindungsgeraden oder Kreise.

Wir setzen als bekannt voraus, wie sich auf diese Art Strecken und Winkel abtragen, Winkel halbieren und Lote fällen lassen.

Nun stellt es sich als hilfreich heraus, zwei der gegebenen Punkte als 0 und 1 zu bezeichnen und damit die Ebene mit der komplexen Zahlenebene $\mathbb{C}$ zu identifizieren. Das liefert uns die Möglichkeit, für zwei konstruierte Zahlen auch die Summe, die Differenz und das Produkt zu konstruieren sowie z^{-1} für $z \neq 0$. Für Produkte und Kehrwerte brauchen wir hierbei den Strahlensatz und das Abtragen von Winkeln.

Das zeigt, dass die Menge $\mathcal{K}(S)$ aller über S konstruierbaren Zahlen ein Körper ist.

Bereits $\mathcal{K}(\{0, 1\})$ ist größer als $\mathbb{Q}$, denn darin liegt $\sqrt{2}$, die Länge der Diagonale des Einheitsquadrates, und auch i. Überhaupt lässt sich für jedes $z \in \mathcal{K}(S)$ die Quadratwurzel von z konstruieren, sie gehört also auch zu $\mathcal{K}(S)$. Für die Wurzel des Betrages verwenden wir den Höhensatz, für den Winkel die Winkelhalbierung.

3.1 Ringe

Die Frage, welche Punkte sich ausgehend von $S = \{0, 1\}$ konstruieren lassen, ist ein interessantes geometrisches Problem, das wir nun arithmetisiert haben. Einige dieser Fragen lassen sich mithilfe der Arithmetik von Körpern lösen. Wir kommen in 7.2.1 und 7.4.5 noch einmal darauf zurück.

Hilfssatz 3.1.14 Charakteristik
Es sei R ein Ring. Dann gibt es genau einen Ringhomomorphismus von $\mathbb{Z}$ nach R.

Es sei $n \in \mathbb{N}_0$ der nichtnegative Erzeuger des Kerns dieses Homomorphismus. Dann heißt n die Charakteristik *von R, in Zeichen $char(R)$.*

Die Charakteristik eines nullteilerfreien Rings R ist entweder 0 oder eine Primzahl.

Beweis Der Homomorphismus muss 1 auf 1_R abbilden und ist dadurch eindeutig festgelegt, denn 1 erzeugt die additive Gruppe von $\mathbb{Z}$. Der resultierende Gruppenhomomorphismus

$$\Phi : \mathbb{Z} \to R, \ k \mapsto k \cdot 1_R$$

ist tatsächlich ein Ringhomomorphismus. Zum Beispiel gilt für $k, l \geq 0$:

$$\begin{aligned}\Phi(k) &= \sum_{i=1}^{k} 1_R, \\ \Phi(l) &= \sum_{j=1}^{l} 1_R, \\ \Phi(kl) &= \sum_{h=1}^{kl} 1_R \cdot 1_R \stackrel{(*)}{=} \left(\sum_{i=1}^{k} 1_R\right) \cdot \left(\sum_{j=1}^{l} 1_R\right) = \Phi(k)\Phi(l).\end{aligned}$$

Bei $(*)$ nutzen wir die Distributivgesetze aus. Die anderen Vorzeichenverteilungen von k und l lassen sich analog behandeln.

Nun sei R ein Ring mit Charakteristik $n > 1$. Wenn n eine Zerlegung $n = ab$ in zwei natürliche Zahlen $1 < a, b < n$ hat, dann gilt $\Phi(a), \Phi(b) \neq 0$.

Andererseits gilt

$$\Phi(a) \cdot \Phi(b) = \Phi(n) = 0,$$

und daher ist R unter der gemachten Voraussetzung nicht nullteilerfrei.

Der Vollständigkeit halber sei noch angemerkt, dass der einzige Ring mit Charakteristik 1 der Ring ist, bei dem $1 = 0$ gilt, was erzwingt, dass 0 das einzige Element ist. ◯

Definition 3.1.15 Ideale und Faktorringe
Es sei R ein Ring.

a) Ein *Ideal* in R ist eine Teilmenge $I \subseteq R$, die bezüglich der Addition eine Untergruppe ist und die folgende Eigenschaft hat:

$$\forall x \in I, \ r \in R : \ xr \in I \ \text{und} \ rx \in I.$$

Wie vorhin gesehen sind Kerne von Ringhomomorphismen immer Ideale. Dass die Umkehrung auch gilt, liegt an der folgenden Konstruktion.

b) Es sei $I \subseteq R$ ein Ideal. Da die Addition kommutativ ist, ist I ein Normalteiler von $(R, +)$ und damit R/I eine kommutative Gruppe bezüglich der Addition

$$(r + I) + (\tilde{r} + I) = (r + \tilde{r}) + I.$$

Es ergibt sich leicht, dass auch die Vorschrift

$$(r + I) \cdot (\tilde{r} + I) := (r \cdot \tilde{r}) + I$$

eine assoziative Verknüpfung definiert; sie hat das neutrale Element $1 + I$. Für diese beiden Verknüpfungen auf R/I gelten dann auch die Distributivgesetze, also wird R/I auf diese Weise zu einem Ring, dem *Faktorring von R modulo I*.

Das verallgemeinert die Ringeigenschaft von $\mathbb{Z}/n\mathbb{Z}$ aus 3.1.2.

Die kanonische Projektion $\pi : R \to R/I$ ist ein surjektiver Ringhomomorphismus mit Kern I.

Bemerkung 3.1.16 Körper und ihre Ideale
Ein kommutativer Ring R ist genau dann ein Körper, wenn $R \neq \{0\}$ gilt und $\{0\}$ und R die einzigen Ideale in R sind.

Denn:

Wenn R ein Körper ist, dann ist insbesondere $R \neq \{0\}$ und für jedes von $\{0\}$ verschiedene Ideal I gibt es ein $x \in I$, $x \neq 0$, das jedoch invertierbar ist, also liegt auch jedes $y = (yx^{-1}) \cdot x$ in I, mithin $I = R$.

Wenn es umgekehrt kein Ideal außer $\{0\}$ und R gibt und $x \neq 0$ in R gewählt wird, dann ist das Ideal $Rx = \{rx \mid r \in R\}$ nicht $\{0\}$, also mangels Alternative R, und daher ist $1 \in Rx$, also $\exists r \in R : rx = 1$. Wegen der Komutativität ist dann auch $xr = 1$.

Insbesondere heißt das: Wenn R ein Körper ist, dann ist jeder Ringhomomorphismus von R in einen von $\{0\}$ verschiedenen Ring injektiv, denn der Kern enthält nicht die 1 und ist daher ein von R verschiedenes Ideal.

NB: Tatsächlich ist für das obige Argument die Kommutativität essentiell, denn sie sorgt dafür, dass Rx ein Ideal ist. Matrizenringe über Körpern haben ebenfalls die Eigenschaft, außer $\{0\}$ und sich selbst keine zweiseitigen Ideale zu besitzen.

Bemerkung 3.1.17 Homomorphiesatz
Für Ringhomomorphismen gilt nun ähnlich wie in der Situation von Gruppen ein Homomorphiesatz. Wir halten insbesondere die folgende Aussage fest:

Wenn $\Phi : R \to S$ ein Ringhomomorphismus ist und $I \subseteq \text{Kern}(\Phi)$ ein Ideal in R, dann *faktorisiert* Φ über die kanonische Projektion $\pi : R \to R/I$, das heißt: Es gibt einen Ringhomomorphismus $\tilde{\Phi} : R/I \to S$, sodass $\Phi = \tilde{\Phi} \circ \pi$.

$\tilde{\Phi}$ ist hierdurch eindeutig festgelegt, es gilt nämlich wegen der definierenden Gleichheit: $\forall r \in R : \tilde{\Phi}(r + I) = \Phi(r)$.

Ist hier sogar $I = \text{Kern}(\Phi)$ und Φ surjektiv, so liefert $\tilde{\Phi}$ einen Isomorphismus zwischen R/I und S.

Wir wenden uns an dieser Stelle wieder dem chinesischen Restsatz zu. Diesen haben wir schon in 2.7.4 kennen gelernt, aber sozusagen außerhalb seines natürlichen Habitats. Jetzt machen wir das noch einmal, manche würden sagen: Jetzt machen wir das richtig.

Satz 3.1.18 Chinesischer Restsatz
Es seien M, $N \in \mathbb{N}$ zwei teilerfremde natürliche Zahlen. Dann gibt es einen Isomorphismus von Ringen

$$\mathbb{Z}/(MN\mathbb{Z}) \to \mathbb{Z}/M\mathbb{Z} \times \mathbb{Z}/N\mathbb{Z}.$$

Hierbei wird rechter Hand komponentenweise addiert und multipliziert.

Beweis Wir verwenden den einzig möglichen – siehe 3.1.14 – Ringhomomorphismus

$$\Psi : \mathbb{Z} \to \mathbb{Z}/M\mathbb{Z} \times \mathbb{Z}/N\mathbb{Z}, \ k \mapsto (k + M\mathbb{Z}, \ k + N\mathbb{Z}).$$

Der Kern besteht aus allen Zahlen, die sowohl durch M als auch durch N teilbar sind, also – wegen der Teilerfremdheit – aus allen Vielfachen von MN. Er hat Index MN in $\mathbb{Z}$, und damit ist Ψ surjektiv. Nach dem Homomorphiesatz faktorisiert Ψ über einen injektiven Ringhomomorphismus von $\mathbb{Z}/(MN\mathbb{Z})$ nach $\mathbb{Z}/M\mathbb{Z} \times \mathbb{Z}/N\mathbb{Z}$, und dieser ist damit wegen der gleichen endlichen Mächtigkeit ein Isomorphismus von Ringen. ○

Bemerkung 3.1.19 Die Eulersche φ-Funktion
Es sei $N \in \mathbb{N}$ gegeben.

Aus 3.1.5 wissen wir, dass $a + \mathbb{Z}N$ genau dann in $R = \mathbb{Z}/N\mathbb{Z}$ invertierbar ist, wenn a und N teilerfremd sind.

Wir setzen

$$\varphi(N) = |(\mathbb{Z}/N\mathbb{Z})^\times| = |\{a \in \mathbb{N} \mid a \leq N, \ \mathrm{ggT}(a, N) = 1\}|.$$

Das ist die *Eulersche φ-Funktion*.

Nach dem Chinesischen Restsatz in Verbindung mit 3.1.6 gilt für teilerfremde M, N:

$$\varphi(MN) = \varphi(M) \cdot \varphi(N).$$

Das impliziert für $N = \prod_{p \in \mathbb{P}} p^{v_p(N)}$:

$$\varphi(N) = \prod_{p \in \mathbb{P}} \varphi(p^{v_p(N)}) = \prod_{p \in \mathbb{P}, \ p \mid N} (p-1) p^{v_p(N)-1} = N \cdot \prod_{p \in \mathbb{P}, \ p \mid N} \frac{p-1}{p}.$$

Bemerkung 3.1.20 Anwendung: RSA-Kryptographie
Für zwei verschiedene Primzahlen p, q sei $N = pq$.

Es gilt dann $\varphi(N) = (p - 1)(q - 1)$. Nun sei e eine natürliche Zahl, die zu $(p - 1)(q - 1)$ teilerfremd ist, und f eine natürliche Zahl mit

$$ef \equiv 1 \pmod{\varphi(N)}.$$

Für $x \in \mathbb{Z}/N\mathbb{Z}$ gilt dann

$$x^{ef} \equiv x \pmod{N},$$

denn sowohl p als auch q teilen wegen des kleinen Satzes von Fermat die Differenz $x^{ef} - x$.

Nun könnte ich, um geheime Botschaften empfangen zu können, die Zahlen N und e veröffentlichen (aber nicht f, p und q!) und alle bitten, mir Botschaften der Gestalt $x \in \mathbb{Z}/N\mathbb{Z}$ als x^e verschlüsselt zu schicken. Ich kann dies entschlüsseln, da ich f, meinen privaten Schlüssel, kenne. Wenn hierbei p und q groß genug sind, ist es für potentielle Angreifer langwierig, diese Primteiler aus N zu ermitteln und damit f zu bestimmen. So lange bleibt die Botschaft mein Geheimnis.

Dies ist das Grundprinzip der RSA-Kryptographie. Die Sicherheit steht und fällt mit der Schwierigkeit, große Zahlen schnell in Primfaktoren zu zerlegen.

Bemerkung 3.1.21 Algebraische Version des Chinesischen Restsatzes
Es seien R ein kommutativer Ring und I, J zwei Ideale in R, sodass $I + J = R$ gilt. Dann gibt es einen Isomorphismus

$$\Phi : R/(I \cap J) \to R/I \times R/J,$$

wobei rechter Hand komponentenweise addiert und multipliziert wird.

Beweis Der Ansatz geht über die naheliegende Abbildung

$$\hat{\Psi} : R \to R/I \times R/J, \quad r \mapsto (r + I, r + J).$$

Diese Abbildung ist surjektiv, denn es gibt $i_0 \in I$, $j_0 \in J$ mit $1 = i_0 + j_0$, und damit gilt für alle $a, b \in R$:

$$\begin{aligned} a + I &= (i_0 + j_0)a + I = j_0 a + I = (j_0 a + i_0 b) + I, \\ b + J &= \ldots = (j_0 a + i_0 b) + J, \end{aligned}$$

also $(a + I, b + J) = \hat{\Psi}(j_0 a + i_0 b)$.

Der Kern ist gerade $I \cap J$, und dann liefert der Homomorphiesatz, was wir brauchen. ◯

Dieser Beweis, dessen Argumentation für die Surjektivität anders läuft als das Abzählen im Beweis von 3.1.18 vorher, liefert tatsächlich ein Verfahren, ein Urbild für ein gegebenes Paar von Restklassen zu bestimmen, falls Kandidaten für i_0 und j_0 vorhanden sind. In der Situation von 3.1.18 macht dies der Euklidische Algorithmus für uns. Testen Sie das aus!

3.2 Moduln

Definition 3.2.1 *R*-**Modul**
Es sei R ein Ring. Ein *R-Modul* (oder auch *Modul über R*) ist eine abelsche Gruppe M (mit zumeist additiv geschriebener Verknüpfung) zusammen mit einer Abbildung

$$\cdot : R \times M \to M,$$

für die folgende Bedingungen erfüllt sind:

$$\begin{aligned}
\forall r, s \in R, \forall m \in M : & \quad (r+s) \cdot m = r \cdot m + s \cdot m \\
\forall r \in R, \forall m, n \in M : & \quad r \cdot (m+n) = r \cdot m + r \cdot n \\
\forall r, s \in R, \forall m \in M : & \quad (rs) \cdot m = r \cdot (s \cdot m) \\
\forall m \in M : & \quad 1 \cdot m = m.
\end{aligned}$$

Das sind die von Vektorräumen bekannten Bedingungen, aber jetzt ist der Skalarbereich ein Ring. Wieder gilt $0_R \cdot m = 0_M$ für alle $m \in M$, aber im Allgemeinen folgt nun aus $r \cdot m = 0_M$ nicht mehr, dass $r = 0_R$ oder $m = 0_M$.

Etwas präziser sollten wir unsere Moduln lieber Linksmoduln nennen. Für einen Rechtsmodul wäre $(rs)m = s(rm)$ gefordert, und am besten würden wir dann die Skalare rechts hinschreiben.

Beispiel 3.2.2 Schon gesehen

a) Es seien R ein Ring und $I \subseteq R$ ein Ideal. Dann wird I mit der auf $R \times I$ eingeschränkten Multiplikation ein R-Modul. So ist auch R selbst stets ein R-Modul.
b) Die Menge $\mathrm{Abb}(D, R)$ aller Abbildungen von einer Menge D nach R ist ein R-Modul mit der naheliegenden Addition und Multiplikation

$$(f+g)(d) := f(d) + g(d), \quad (r \cdot f)(d) := r \cdot (f(d)).$$

Ein Untermodul (siehe 3.2.4) darin ist zum Beispiel die Menge $\mathrm{Abb}(D, R)_0$ aller Abbildungen mit endlichem Träger, die also nur an endlich vielen Stellen einen von 0 verschiedenen Wert annehmen.
c) Ist $R \subseteq S$ ein Teilring von S, so wird S selbst auch zu einem R-Modul. Zum Beispiel ist $\mathbb{Q}$ ein $\mathbb{Z}$-Modul...
d) Jede abelsche Gruppe $(A, +)$ ist ein $\mathrm{End}(A)$-Modul.

Bemerkung 3.2.3 alternative Beschreibung
So wie eine Gruppenoperation von G auf M nach 2.6.2 eigentlich nichts anderes ist als ein Homomorphismus von G nach $\mathrm{Sym}(M)$, lassen sich auch Moduln anders beschreiben.

In der Tat: Wenn M ein Modul über einem Ring R ist, dann wird durch

$$\rho : R \to \mathrm{End}_{\mathrm{Gruppen}}(M), \quad \rho(r)(m) := r \cdot m,$$

ein Ringhomomorphismus von R in den Endomorphismenring der abelschen Gruppe M gegeben.

Ist umgekehrt M eine abelsche Gruppe und $\rho : R \to \text{End}(M)$ ein Ringhomomorphismus, so wird durch

$$\mu : R \times M \to M, \quad (r, m) \mapsto \rho(r)(m) =: r \cdot m,$$

eine R-Modulstruktur auf M festgelegt.

Insbesondere sehen wir aus Hilfssatz 3.1.14, dass jede abelsche Gruppe auf genau eine Art zu einem $\mathbb{Z}$-Modul gemacht werden kann.

Bemerkung 3.2.4 Untermoduln, Modulerzeugnis

a) Es seien M ein R-Modul und $U \subseteq M$ eine Teilmenge. Dann heißt U ein *Untermodul* von M, wenn U eine additive Untergruppe ist und unter der auf M gegebenen skalaren Multiplikation mit Elementen aus R invariant ist:

$$U \leq M \quad \text{und} \quad \forall r \in R, u \in U : ru \in U.$$

b) Für $T \subseteq M$ ist der Durchschnitt aller Untermoduln, die T enthalten, ein Untermodul. Er heißt *der von T erzeugte Untermodul* und wird notiert als

$$\langle T \rangle_{R-\text{Modul}} = \left\{ \sum_{i=1}^{d} r_i t_i \mid d \in \mathbb{N}_0, r_i \in R, t_i \in T \right\}.$$

c) Ist R ein kommutativer Ring, so sind die R-Untermoduln von R selbst genau die Ideale in R.

Bemerkung 3.2.5 Faktormoduln

Es ist naheliegend, wie der Begriff eines R-Modulhomomorphismus definiert werden muss: Sind M, N zwei R-Moduln, so ist das eine Abbildung $\Phi : M \to N$, sodass für alle $m, m' \in M$ und für alle $r \in R$ gilt:

$$\Phi(m + m') = \Phi(m) + \Phi(m') \quad \text{und} \quad \Phi(rm) = r\Phi(m).$$

Wie in der Linearen Algebra für Vektorräume gibt es auch hier Faktormoduln nach Untermoduln. Es gilt derselbe Homomorphiesatz wie in der Linearen Algebra und wie wir ihn prinzipiell auch schon für Gruppen und Ringe gesehen haben.

Vieles aus der Vektorraumwelt der Linearen Algebra sollte allerdings nicht unbesehen in die Welt der Moduln übernommen werden. Insbesondere gibt es für die meisten Moduln keine Basis – wie wir noch systematischer untersuchen werden.

3.3 Polynomringe und Algebren

Es gibt viele Ringe, die sich mit Gewinn als Moduln über anderen Ringen auffassen lassen. Wir wiederholen dazu erst einmal die Eigenschaften des Polynomrings.

Konstruktion 3.3.1 Polynomring
Es sei R ein kommutativer Ring. Aus der Linearen Algebra sollte der Polynomring $R[X]$ bekannt sein.
Wir schreiben

$$R[X] := \left\{ \sum_{i=0}^{d} r_i X^i \mid d \in \mathbb{N}_0, r_i \in R \right\}.$$

Wir schreiben formal $\sum_{i=0}^{\infty} r_i X^i$ für das Polynom und merken uns, dass alle bis auf endlich viele der r_i (die *Koeffizienten* von f) Null sein sollen. Zwei Polynome $\sum_{i=0}^{\infty} r_i X^i$ und $\sum_{i=0}^{\infty} s_i X^i$ sind genau dann gleich, wenn $\forall i \in \mathbb{N}_0 : r_i = s_i$.
Die Addition und Multiplikation von zwei Polynomen ist gegeben durch die Formeln

$$\left(\sum_i r_i X^i \right) + \left(\sum_i s_i X^i \right) := \sum_i (r_i + s_i) X^i$$

und

$$\left(\sum_i r_i X^i \right) \cdot \left(\sum_i s_i X^i \right) := \sum_i \left(\sum_{k=0}^{i} r_k s_{i-k} \right) X^i.$$

Dies macht $R[X]$ zu einem kommutativen Ring mit Einselement X^0.
Wir fassen R als Teilring von $R[X]$ auf, indem wir r mit $r \cdot X^0$ identifizieren.
Wenn $f = \sum_i r_i X^i \in R[X]$ ein von 0 verschiedenes Polynom ist, dann heißt das größte i mit $r_i \neq 0$ der *Grad von* f. Wir schreiben dafür häufig $\deg(f) = d$.
Der Koeffizient r_d heißt der *Leitkoeffizient* von f. Wir nennen f *normiert*, wenn der Leitkoeffizient 1 ist.
Dem Nullpolynom weisen wir formal den Grad $-\infty$ zu: $\deg(0) = -\infty$.
In den Formeln im nächsten Hilfssatz werden die Verknüpfungen $+$ und max auf $\mathbb{Z} \cup \{-\infty\}$ in der naheliegenden Weise verwendet.

Hilfssatz 3.3.2 Regeln für das Rechnen mit dem Grad
Es seien R ein kommutativer Ring und $f, g \in R[X]$.
Dann gelten die folgenden Regeln für die Grade:

- $\deg(f + g) \leq \max(\deg(f), \deg(g))$.
- $\deg(f \cdot g) \leq \deg(f) + \deg(g)$.
- $\deg(f \cdot g) = \deg(f) + \deg(g)$, *falls R nullteilerfrei ist.*

Wenn weiter R nullteilerfrei ist, dann gilt das auch für $R[X]$, und wir haben $(R[X])^\times = R^\times$.

Beweis Wenn f oder g das Nullpolynom ist, ist die Behauptung klar.

Es seien f und g beide nicht 0 und $m := \max(\deg(f), \deg(g))$. Dann lassen sich f und g schreiben als

$$f = \sum_{i=0}^{m} r_i X^i, \quad g = \sum_{i=0}^{m} s_i X^i,$$

und damit ist

$$f + g = \sum_{i=0}^{m} (r_i + s_i) X^i,$$

und wir brauchen keinen Summationsindex größer als m. Das zeigt die erste Ungleichung.

Nun seien $d = \deg(f)$, $e = \deg(g)$. Weiter schreiben wir

$$f = \sum_{i=0}^{d} r_i X^i, \quad g = \sum_{i=0}^{e} s_i X^i,$$

wobei r_d und s_e beide nicht Null sind. Dann ist

$$f \cdot g = \sum_{k=0}^{d+e} \left(\sum_{i=0}^{k} r_i s_{k-i} \right) X^k,$$

und das zeigt, dass $\deg(f \cdot g) \leq d + e$.

Der Koeffizient, der in fg vor X^{d+e} steht, ist $r_d s_e$.

Im Falle der Nullteilerfreiheit von R ist dieses Produkt nicht 0 und daher der Grad additiv sowie $R[X]$ nullteilerfrei. Einheiten in $R[X]$ müssen dann Grad 0 haben, also in R liegen und dort invertierbar sein. ○

Hilfssatz 3.3.3 Polynomdivision
Es seien R ein kommutativer Ring und $f, g \in R[X]$ zwei Polynome. Weiter sei $g \neq 0$ mit einer Einheit als Leitkoeffizient.

Dann gibt es Polynome $h, r \in R[X]$, sodass $f = gh + r$ gilt und $\deg(r) < \deg(g)$.

Beweis Wenn der Grad von f kleiner ist als der von g, so setzen wir $h = 0$ und $r = f$.

Ansonsten argumentieren wir per Induktion über den Grad von f. Ist dieser nämlich mindestens so groß wie der von g, so bilden wir für $c \in R$ und $d \in \mathbb{N}_0$ das Polynom

$$\tilde{f} = f - cX^d g,$$

sodass dessen Grad kleiner ist als der von f. Dabei ist $d := \deg(f) - \deg(g)$, sodass der Grad von $X^d g$ gleich dem von f ist, und c ist der Leitkoeffizeint von f geteilt durch den von g – letzterer ist ja eine Einheit, und die Division ist legitim!

3.3 Polynomringe und Algebren

Induktiv gibt es $\tilde{h}$ und $\tilde{r}$, sodass $\tilde{f} - \tilde{h}g = \tilde{r}$, aber dann ist auch

$$f - (\tilde{h} + cX^d)g = \tilde{r} =: r.$$

Das beendet den Beweis. ○

Bemerkung 3.3.4 Division mit Rest
Wir sagen hier, dass f bei Division durch g den Rest r lässt. Bitte bemerken Sie die Analogie zur Division mit Rest im Fall von ganzen Zahlen.
  Wenn R ein Körper ist, ist die Zusatzbedingung an $g \neq 0$ immer erfüllt.

Definition 3.3.5 Algebren
Es sei R ein kommutativer Ring. Eine *Algebra* über R, kurz auch *R-Algebra*, ist ein Ring A zusammen mit einem Ringhomomorphismus $\sigma : R \to A$, sodass für alle Elemente $r \in R, a \in A$ die Gleichheit

$$\sigma(r) \cdot a = a \cdot \sigma(r)$$

gilt. Wir sagen dann auch, dass $\sigma(r)$ mit a *kommutiert*.
  Die Abbildung σ wird der *Strukturmorphismus* von A genannt.
  Die Vorschrift $(r, a) \mapsto \sigma(r) \cdot a$ macht dann aus A einen R-Modul, und die Multiplikation in A ist R-bilinear.
  Oft werden wir σ in der Notation unterdrücken, vor allem, wenn es injektiv ist und wir R als Teilring von A auffassen können.

Beispiel 3.3.6 endliche Körper
Wir wissen aus 3.1.14, dass es für jeden Ring A genau einen Homomorphismus von $\mathbb{Z}$ nach A gibt. Dieser macht A zu einer $\mathbb{Z}$-Algebra. Wenn A ein endlicher Körper ist, wissen wir zudem, dass seine Charakteristik eine Primzahl p ist, und daher ist A sogar eine $\mathbb{F}_p = \mathbb{Z}/p\mathbb{Z}$-Algebra, also insbesondere auch ein Vektorraum über $\mathbb{F}_p$. Da A als endlich vorausgesetzt ist, gibt es eine endliche $\mathbb{F}_p$-Basis von A, und er ist als Vektorraum zu $\mathbb{F}_p^d$ isomorph, $d = \dim_{\mathbb{F}_p}(A)$.
  Daher hat ein endlicher Körper stets eine Primzahlpotenz als Elementzahl. Wir werden später sehen, dass es umgekehrt zu jeder Primzahlpotenz, die nicht 1 ist, einen Körper mit dieser Anzahl an Elementen gibt.

Beispiel 3.3.7 Zentrum, Polynome und der Matrizenring

a) Es sei A ein beliebiger Ring. Der Teilring

$$Z(A) := \{r \in A \mid \forall a \in A : ra = ar\}$$

heißt das *Zentrum* von A. $Z(A)$ ist der größte Teilring R, für den A durch die Inklusion von R nach A zu einer R-Algebra gemacht wird.

b) Für jeden kommutativen Ring R ist der Polynomring $R[X]$ eine R-Algebra vermöge
$$\sigma : R \to R[X], \quad r \mapsto r = rX^0.$$

c) Für jeden kommutativen Ring R und jede natürliche Zahl n erhält die Menge $M_n(R) = R^{n \times n}$ aller $n \times n$-Matrizen eine Struktur als R-Algebra, indem Addition und Multiplikation so eingeführt werden wie in der Linearen Algebra üblich und $\sigma(r) := r \cdot I_n$ den Strukturmorphismus definiert, wobei I_n die Einheitsmatrix ist.

d) Vorsicht: Im Ring $M_2(\mathbb{R})$ gibt es den Teilring
$$C := \{ \begin{pmatrix} x & -y \\ y & x \end{pmatrix} \mid x, y \in \mathbb{R} \},$$

der bekanntlich zum Körper der komplexen Zahlen isomorph ist. Aber $M_2(\mathbb{R})$ ist keine C-Algebra, da C nicht im Zentrum des Matrizenringes liegt. Wir erhalten durch Links- bzw. Rechtsmultplikation mit Elementen aus C zwei C-Modulstrukturen auf $M_2(\mathbb{R})$, die nicht gleich sind.

Definition 3.3.8 Homomorphismen zwischen R-Algebren
Es sei R ein kommutativer Ring.

Ein *Homomorphismus zwischen zwei R-Algebren* A und B (mit Strukturmorphismen σ, τ) ist ein Ringhomomorphismus $\Phi : A \to B$, der die Strukturmorphismen respektiert, d. h.
$$\Phi \circ \sigma = \tau.$$
Er ist gleichzeitig ein Ring- und ein R-Modulhomomorphismus.

Wir schreiben für die Menge aller dieser Homomorphismen
$$\mathrm{Hom}_{R-\mathrm{Alg}}(A, B).$$

Analog zu früher gibt es die Gruppe aller R-Algebrenautomorphismen
$$\mathrm{Aut}_{R-\mathrm{Alg}}(A) =: \mathrm{Aut}(A|R),$$

die *Automorphismengruppe von A über* R. Ihre Elemente sind bijektive R-Algebrenhomomorphismen von A nach A.

Beispiel 3.3.9 Zweierlei Realitäten

a) Es gibt genau zwei $\mathbb{R}$-Algebrenautomorphismen von $\mathbb{C}$, nämlich die Identität und die komplexe Konjugation. Denn auf $\mathbb{R}$ ist so ein Automorphismus φ nach Definition die Identität und wir müssen nur noch entscheiden, was er mit der imaginären Einheit i macht. Hier gilt aber $\varphi(\mathrm{i})^2 = \varphi(\mathrm{i}^2) = \varphi(-1) = -1$, also $\varphi(\mathrm{i}) = \pm \mathrm{i}$.

3.3 Polynomringe und Algebren

b) Der einzige Endomorphismus von $\mathbb{R}$ als $\mathbb{Q}$-Algebra ist die Identität.
Denn: Sei σ so ein Endomorphismus. Er ist die Identität auf $\mathbb{Q}$, da er die 1 festlässt und $\mathbb{Q}$-linear ist. Weiterhin bildet er positive Elemente auf positive Elemente ab, denn das sind genau die Elemente, aus denen in $\mathbb{R}$ eine Quadratwurzel gezogen werden kann, und das muss der Endomorphismus respektieren. Das impliziert, dass der Endomorphismus (der ja insbesondere additiv ist) die Anordnung auf $\mathbb{R}$ erhält:
$$\forall x, y \in \mathbb{R} : x < y \Rightarrow \sigma(x) < \sigma(y).$$
Nun seien $\alpha \in \mathbb{R}$ eine Zahl und
$$r_1 < r_2 < r_3 < \cdots < \alpha < \cdots < s_3 < s_2 < s_1$$
zwei rationale Folgen (r_i), (s_i), die von unten beziehungsweise oben gegen α konvergieren.
Dann folgt
$$\forall i : r_i = \sigma(r_i) < \sigma(\alpha) < \sigma(s_i) = s_i,$$
und da α eindeutig durch diese Folgen charakterisiert ist (archimedisches Axiom!), folgt $\alpha = \sigma(\alpha)$.
Nachtrag: In Wirklichkeit folgt die $\mathbb{Q}$-Linearität schon daraus, dass σ ein Endomorphismus des Ringes $\mathbb{R}$ ist, wir hätten sie zeigen können, statt sie vorauszusetzen.
Eine interessante Konsequenz dieser Aussage ist, dass jede bijektive Abbildung der reellen affinen Ebene $\mathbb{R}^2$ in sich selbst, die (affine) Geraden auf (affine) Geraden abbildet, bereits eine Affinität ist, also eine Abbildung der Gestalt $x \mapsto Ax + b$, $A \in \mathrm{GL}_2(\mathbb{R})$, $b \in \mathbb{R}^2$.
Solch eine Abbildung lässt sich nämlich durch Komposition mit einer geeigneten Affinität so abändern, dass sie den Nullpunkt und die Punkte $\binom{1}{0}$ und $\binom{0}{1}$ fixiert, und dann eine Abbildung der x-Achse auf sich selbst induziert, also eine Abbildung $\binom{x}{0} \mapsto \binom{\sigma(x)}{0}$. Zudem wird jede horizontale Gerade auf eine horizontale Gerade abgebildet und jede vertikale auf eine vertikale. Es folgt dann auch $\binom{0}{y} \mapsto \binom{0}{\sigma(y)}$ und schließlich stellt sich dann mit geometrischen Argumenten heraus, dass σ ein Endomorphismus von $\mathbb{R}$ ist, also die Identität, und das zeigt die Behauptung. Das Wechselspiel zwischen Kollineationen von ebenen Geometrien und Ringhomomorphismen ist ein interessantes Teilgebiet der Inzidenzgeometrie, viel mehr dazu und zu weiteren Wechselwirkungen findet sich in [Art57].
c) Trotz a) und b) gibt es überabzählbar viele Automorphismen von $\mathbb{C}$ als $\mathbb{Q}$-Algebra, aber bis auf die besagten zwei aus Punkt a) machen die mit $\mathbb{R}$ nichts, was man sich vorstellen kann oder auch nur will.

Beispiel 3.3.10 Ein wichtiger Algebrenhomomorphismus
Es seien R ein kommutativer Ring und A eine R-Algebra mit Strukturmorphismus σ. Für ein Polynom $f = \sum r_i X^i \in R[X]$ und festes $a \in A$ definieren wir
$$f(a) := \sum \sigma(r_i) a^i.$$

Dabei ist wieder $a^0 = 1$ und rekursiv $a^{i+1} = a \cdot a^i$.

Dann ist die Abbildung

$$E_a : R[X] \longrightarrow A, \quad f \mapsto E_a(f) := f(a),$$

die *Einsetzabbildung bei* a. (Man nennt diese auch die Auswertungsabbildung.) E_a ist ein R-Algebrenhomomorphismus, denn: Es gilt $E_a(1) = 1$, da $a^0 = 1$ gesetzt wurde. Weiter gilt für Polynome $f = \sum_{i=0}^{m} r_i X^i$, $g = \sum_{i=0}^{m} s_i X^i$:

$$\begin{aligned} E_a(f+g) &= \sum_{i=0}^{m}(r_i + s_i)a^i = \sum_{i=0}^{m} r_i a^i + \sum_{i=0}^{m} s_i a^i \\ &= E_a(f) + E_a(g). \\ E_a(f \cdot g) &= \sum_{k=0}^{2m}\sum_{i=0}^{k}(r_i \cdot s_{k-i})a^k = \sum_{i=0}^{m} r_i a^i \cdot \sum_{i=0}^{m} s_i a^i \\ &= E_a(f) \cdot E_a(g). \end{aligned}$$

Dabei haben wir in der Notation den Strukturmorphismus σ unterdrückt und benutzen, dass die Elemente aus R mit allen Elementen aus A kommutieren; schließlich brauchen wir $a^i s_{k-i} = s_{k-i} a^i$ beim Umsortieren.

Das Bild von E_a wird meistens mit $R[a]$ bezeichnet. Es ist

$$R[a] = \left\{ \sum_{i=0}^{d} r_i a^i \mid d \in \mathbb{N}, \; r_0, \ldots, r_d \in R \right\}.$$

Dies ist ein kommutativer Teilring von A, und zwar die kleinste Unteralgebra, die a enthält. Dabei ist eine Unteralgebra natürlich ein Teilring von A, der gleichzeitig ein R-Untermodul ist.

Analog bezeichnet $R[a_1, \ldots, a_n]$ die kleinste Unteralgebra von A, die $a_1, \ldots, a_n$ enthält.

Vorsicht: Dies ist meistens kein Bild eines Polynomrings (in mehreren Variablen) mehr, denn Polynomringe sind kommutativ.

Beispiel 3.3.11 Nullstellen eines Polynoms

a) Es seien K ein Körper und $f \in K[X]$ ein Polynom vom Grad $d > 0$.
Ein Element $a \in K$ heißt eine *Nullstelle* von f, wenn $f(a) = 0$.
Hilfssatz 3.3.3 liefert uns ein Polynom $h \in K[X]$, sodass der Grad von $f - (X - a)h$ kleiner ist als der von $X - a$, also kleiner als 1. Damit ist $f - (X - a)h$ konstant, und weil a eine Nullstelle von f und von $X - a$ ist, ist diese Konstante 0. Also gilt $f = (X - a)h$.
Rekursiv folgt daraus, dass f höchstens d Nullstellen in K haben kann, denn wegen der Nullteilerfreiheit von K muss eine Nullstelle von f entweder a oder eine Nullselle von h sein.

Wir haben hier insbesondere eine Teilbarkeitsregel für die Division durch $(X - a)$ im Polynomring $K[X]$. Speziell für $a = 1$ sagt sie, dass $f = \sum_{i=0}^{d} c_i X^i$ genau dann durch $(X - 1)$ teilbar ist, wenn $f(1) = \sum_{i=0}^{d} c_i$ durch $X - 1$ teilbar ist, also 0 ist – vergleichen Sie das mit der Regel in 1.1.5 für ganze Zahlen! Die Grundzahl g dort wird hier durch X ersetzt, die Ziffern dort sind hier die Koeffizienten.

b) Es sei R ein kommutativer Ring und A eine R-Algebra. Weiter sei $f \in R[X]$ ein Polynom. Analog zu a) sprechen wir auch von Nullstellen von f in A, denn wir können Elemente aus A in f einsetzen und 0 herausbekommen. Nun sei $(f) \subseteq R[X]$ das von f erzeugte Ideal, also die Menge aller Vielfachen von f. Dann entspricht $\text{Hom}_{R-Alg}(R[X]/(f), A)$ bijektiv den Nullstellen von f in A. Denn die Homomorphismen von $R[X]/(f)$ nach A entsprechen per Homomorphiesatz bijektiv den Algebrenhomomorphismen Φ von $R[X]$ nach A, die f im Kern enthalten. Die letzte Bedingung sagt gerade, dass $f(\Phi(X)) = 0$. Also muss für solch einen Homomorphismus $\Phi(X)$ eine Nullstelle von f in A sein.

c) Machen wir das noch deutlicher für Endomorphismen von $A := K[X]/(f)$, wenn K ein Körper ist.
Die Endomorphismen von A entsprechen bijektiv den Nullstellen von f in A. Wenn A insbesondere selbst ein Körper ist, gibt es da wegen a) nur endlich viele, höchstens so viele wie der Grad von f erlaubt. Das werden wir später im Abschnitt über Galoistheorie noch einmal aufgreifen. Automorphismen werden in diesem Gebiet der Algebra benutzt, um Einsichten in die Arithmetik von $K[X]/(f)$ zu gewinnen.
Als Spezialfall sei auf $K = \mathbb{R}$, $f = X^2 + 1$ hingewiesen. Hier erzeugt f den Kern der surjektiven Auswertungsabbildung

$$\mathbb{R}[X] \to \mathbb{C}, h \mapsto h(i),$$

also ist $\mathbb{R}[X]/(f)$ isomorph zu $\mathbb{C}$. Wir wissen bereits aus 3.3.9 a), dass es hier nur 2 Automorphismen als $\mathbb{R}$-Algebra gibt.

Folgerung 3.3.12 Einheitengruppen in Körpern
Es sei K ein Körper und $G \leq K^\times$ eine endliche Untergruppe der Einheitengruppe. Dann ist G nach 2.7.4 das direkte Produkt der Sylowgruppen in G. Wenn für eine Primzahl p die p-Sylowgruppe G_p genau p^e Elemente hat, dann ist jedes davon nach dem Satz von Lagrange 2.2.12 eine Nullstelle von $X^{p^e} - 1$. Wäre G_p nicht zyklisch, dann hätte jedes Element einen echten Teiler von p^e als Ordnung, wäre also sogar eine Nullstelle von $X^{p^{e-1}} - 1$. Also hätte dieses Polynom mehr Nullstellen als der Grad erlaubt – ein Widerspruch! Folglich ist G_p zyklisch für jede Primzahl p und damit nach der Diskussion in 2.7.4 auch G selbst zyklisch.

Das merken wir uns: Eine endliche Untergruppe von $K^\times$ ist immer zyklisch.

Beispiel 3.3.13 Der Körper mit 17 Elementen
In $\mathbb{F}_{17} = \mathbb{Z}/17\mathbb{Z}$ gibt es 16 Einheiten, also hat nach dem Satz von Lagrange jede Einheit eine Zweierpotenz als Ordnung. Die Ordnung von 2 ist 8, da $2^8 = 256 =$

$15 \cdot 17 + 1$. Die Ordnung von 3 ist jedoch 16, denn kleinere Zweierpotenzen scheiden aus (Kongruenzen nehmen wir modulo 17):

$$3^1 = 3, \ 3^2 = 9, 3^4 = 81 \equiv -4, \ 3^8 \equiv (-4)^2 \equiv -1, \ 3^{16} \equiv (-1)^2 = 1.$$

Folgerung 3.3.14 Polynomringe & Co.
Es sei $\mathbb{Z}[X]$ der Polynomring über $\mathbb{Z}$ in einer Variablen. Jeder Ring A wird auf genau eine Art zu einer $\mathbb{Z}$-Algebra, durch den eindeutig bestimmten Ringhomomorphismus von $\mathbb{Z}$ nach A. Die $\mathbb{Z}$-Algebrenhomomorphismen von $\mathbb{Z}[X]$ nach A werden also durch Vorgabe eines beliebigen Elements $a \in A$ als Bild von X festgesetzt. Soweit haben wir das mit den Einsetzabbildungen schon in 3.3.10 gesehen.

Wenn hingegen $\mathbb{Z}[X, Y] = \mathbb{Z}[X][Y]$ ein Polynomring in zwei Variablen ist, dann haben wir eine Bijektion (das sollten Sie zur Übung nachrechnen)

$$\mathrm{Hom}(\mathbb{Z}[X, Y], A) \ni \Phi \mapsto (\Phi(X), \Phi(Y)) \in \{(a, b) \in A^2 \mid ab = ba\}.$$

Ist schließlich $Q = \mathbb{Z}[X, Y]/I$ für das von $XY - 1$ erzeugte Ideal I, so sagt uns der Homomorphiesatz mit dem, was wir gerade über den Polynomring gelernt haben, dass

$$\mathrm{Hom}(Q, A) \ni \Phi \mapsto (\Phi(X + I), \Phi(Y + I)) \begin{aligned} &\in \{(a, b) \in A^2 \mid ab = ba = 1\} \\ &= \{(a, a^{-1}) \mid a \in A^\times\} \end{aligned}$$

eine Bijektion ist. Die Homomorphismen von Q nach A entsprechen bijektiv den Einheiten von A.

Bemerkung 3.3.15 Algebraische Geometrie
Gegenstand der algebraischen Geometrie sind gemeinsame Nullstellen mehrerer fester Polynome in mehreren Veränderlichen. Wir bleiben der Einfachheit halber bei einem Polynom $F(X, Y, Z) \in K[X, Y, Z] = ((K[X])[Y])[Z]$ mit drei Variablen X, Y, Z.

Denken Sie etwa an $K = \mathbb{R}$, $F = X^2 + Y^2 + Z^2 - 1$. Die Nullstellenmenge dieses Polynoms ist die Einheitssphäre $S^2 \subset \mathbb{R}^3$.

Die K-Algebrenhomomorphismen von $A := K[X, Y, Z]/(F)$ (hier ist (F) wieder das von F erzeugte Ideal) nach K sind durch die Bilder der Restklassen der Variablen X, Y, Z gegeben, nennen wir sie $x, y, z \in K$, und die erlaubten Wahlen für $(x, y, z) \in K^3$ sind genau die Nullstellen von F. Homomorphismen codieren also geometrische Punkte – oder umgekehrt! Aus diesem Wechselspiel ergeben sich viele Phänomene der algebraischen Geometrie. Ein einführendes Lehrbuch hierzu ist [Pla20], wo auch weitere Literatur genannt wird.

3.3 Polynomringe und Algebren

Bemerkung 3.3.16 Potenzreihen
Für jede natürliche Zahl n gibt es nur endlich viele Möglichkeiten, sie als Summe zweier natürlicher Zahlen zu schreiben. Daher liefert für zwei Abbildungen $f, g : \mathbb{N}_0 \to R$ (R ein kommutativer Ring) die Vorschrift

$$(f * g)(n) := \sum_{\substack{k,l \in \mathbb{N}_0 \\ k+l=n}} f(k)g(l)$$

wieder eine neue Abbildung von $\mathbb{N}_0$ nach R.

Diese Abbildung als Multiplikation und die übliche Addition von Folgen als Addition machen aus der Menge aller Abbildungen von $\mathbb{N}_0$ nach R einen Ring, den Ring $R[[X]]$ der *formalen Potenzreihen*.

Für eine Folge $(a_0, a_1, a_2, \dots)$ schreiben wir auch gerne formal $\sum_{i=0}^{\infty} a_i X^i$ und erhalten die aus der Analysis bekannten Regeln für die Addition und Multiplikation von Potenzreihen. Der konstante Term ist a_0.

Wenn $R = K$ ein Körper ist und $a_0 \neq 0$, dann ist $\sum_{i=0}^{\infty} a_i X^i$ invertierbar – die Koeffizienten der inversen Potenzreihe lassen sich rekursiv berechnen. Alternativ und im Spezialfall $a_0 = 1$ können wir auch so argumentieren: Es gilt $f = 1 - Xh$ für eine Potenzreihe h, und in der Reihe

$$\sum_{k=0}^{\infty} (Xh)^k$$

tragen bei der Potenz X^l nur die Summanden $(Xh)^k$, $0 \le k \le l$ zum Koeffizienten bei, die Summe ist also „lokal endlich" und liefert damit etwas Sinnvolles in $K[[X]]$. Dass dies dann zu f invers ist, folgt wie in der geometrischen Reihe mit einer Teleskopsumme:

$$(1 - Xh) \cdot \sum_{k=0}^{\infty} (Xh)^k = 1.$$

Konstruktion 3.3.17 Monoidringe
Es sei $(M, \bullet)$ ein Monoid mit neutralem Element e_M. Dann betrachten wir für einen kommutativen Ring R die Menge A aller Abbildungen von M nach R mit endlichem Träger. Das ist ein R-Modul. Die Indikatorfunktionen (Kronecker-Delta) δ_m, $m \in M$, die wir durch

$$\delta_m : M \to R, \ \delta_m(x) = \begin{cases} 1, & x = m, \\ 0, & \text{sonst,} \end{cases}$$

festlegen, sind eine Basis von A, denn

$$\forall f \in A : f = \sum_{m \in M} f(m) \delta_m$$

ist die eindeutig bestimmte Möglichkeit, f als R-Linearkombination der δ_m zu schreiben.

Wie definieren nun $\delta_m * \delta_n := \delta_{m \bullet n}$ und setzen dies R-bilinear nach A fort, was konkret heißt:

$$(f * g)(x) = \sum_{m,n:\ m \bullet n = x} f(m)g(n).$$

Da f und g endlichen Träger haben, steht hier in Wirklichkeit eine endliche Summe.

Die übliche Addition von Abbildungen und die als *Faltung* bezeichnete Verknüpfung $*$ machen aus A eine R-Algebra, was wir hier nicht vorrechnen. Sie heißt der *Monoidring* $R[M]$ von M über R.

Oft wird $m \in M$ mit δ_m identifiziert (d. h. die Notation wird vereinfacht) und wir finden $(M, \bullet)$ als Untermonoid von $(R[M], *)$.

Wenn B eine R-Algebra ist und $\varphi : (M, \bullet) \to (B, \cdot)$ ein Monoidhomomorphismus, dann gibt es genau einen Homomorphismus von R-Algebren

$$\Phi : R[M] \to B \text{ mit } \forall m \in M : \Phi(\delta_m) = \varphi(m),$$

nämlich

$$\Phi(f) = \sum_{m \in M} f(m)\varphi(m).$$

Das ist – vor allem, wenn M sogar eine Gruppe ist – ein wichtiges Konzept in der Theorie der linearen Darstellungen. Wir sprechen dann vom Gruppenring oder der Gruppenalgebra. Mehr dazu findet sich zum Beispiel in [Ste12].

Beispiel 3.3.18 Noch mal die Polynome

a) Im Spezialfall $(M, \bullet) = (\mathbb{N}_0, +)$ ist der Monoidring über R genau der Polynomring. Hier heißen die Basiselemente aber typischer Weise X^m statt δ_m, sodass bei der Multiplikation die Exponenten brav addiert werden.

Wenn $(M, \bullet)$ das freie kommutative Monoid über einer Menge S ist – siehe 2.5.9 –, dann ist der Monoidring von M über R ein Polynomring, in dem es zu jedem Element aus s eine Variable gibt. Er wird von diesen Variablen erzeugt, die wir X_s, $s \in S$, nennen, und erfüllt wieder eine universelle Abbildungseigenschaft: Für jede kommutative R-Algebra A und jede Abbildung f von S ins kommutative Monoid $(A, \cdot)$ gibt es genau einen Monoidhomomorphismus von $(M, \bullet)$ nach $(A, \cdot)$, der diese Abbildung fortsetzt, und daher gibt es genau einen R-Algebrenhomomorphismus von $R[M]$ nach A, der die Variable X_s auf $f(s)$ schickt. In 7.1.11 brauchen wir so etwas für die Existenz eines algebraischen Abschlusses.

b) Ist M die zyklische Gruppe $\mathbb{Z}/N\mathbb{Z}$, so ist der Monoidring $R[M]$ isomorph zum Faktorring $R[X]/(X^N - 1)$.

3.3 Polynomringe und Algebren

Wenn wir hier speziell den Fall $R = \mathbb{C}$ anschauen, dann zerfällt $X^N - 1$ in Linearfaktoren:
$$X^N - 1 = \prod_{k=0}^{N-1} (X - \zeta^k), \quad \zeta = \exp(2\pi i/N).$$

Da $X^N - 1$ den Kern des Homomorphismus
$$\Phi : \mathbb{C}[X] \to \mathbb{C}^N, \quad f \mapsto (f(\zeta^k))_{k=0}^{N-1}$$

erzeugt, wobei auf $\mathbb{C}^N$ komponentenweise addiert und multipliziert wird, können wir hier also $\mathbb{C}[M]$ sogar als Ring mit $\mathbb{C}^N$ identifizieren. Wir merken an, dass hier eigentlich die Identifikation $\mathbb{C}^N \cong \prod_{k=0}^{N-1} \mathbb{C}[X]/(X - \zeta^k)$ benutzt wird, also letztlich auch der Chinesische Restsatz wirkt.

Ein $\mathbb{C}[M]$-Modul ist hier ein $\mathbb{C}$-Vektorraum V mit einem Automorphismus ρ, der $\rho^N = \mathrm{id}_V$ erfüllt. Dieser lässt sich dann algebraisch in Eigenräume von ρ zerlegen. Wegen (geometrische Reihe!)

$$0 = \rho^N - \mathrm{id}_V = (\zeta^{-k}\rho - \mathrm{id}_V)(\mathrm{id}_V + \zeta^{-k}\rho + \zeta^{-2k}\rho^2 + \ldots + \zeta^{-(N-1)k})$$

ist der Eigenraum von ρ zu ζ gerade das Bild von

$$\mathrm{id}_V + \zeta^{-k}\rho + \zeta^{-2k}\rho^2 + \ldots + \zeta^{-(N-1)k}\rho^{N-1}.$$

Dies ist eine algebraische Version der Fourieranalysis. Diese Art der Zerlegung findet eine Verallgemeinerung in der Darstellungstheorie endlicher Gruppen, weshalb diese bisweilen auch nicht-abelsche Fourieranalysis genannt wird, vor allem in der englischen Literatur.

4 Drei Exkurse

4.1 Aufbau des Zahlensystems II

In diesem Abschnitt wird dokumentiert, wie sich aus dem Ring der ganzen Zahlen der Körper der rationalen Zahlen gewinnen lässt. Zentral hierfür ist, dass $\mathbb{Z}$ ein Integritätsbereich ist (Definition 3.1.9), und ein allgemeinerer Ansatz ist ohne großen Aufwand möglich. Insbesondere finden wir auch den Körper der rationalen Funktionen in der Algebra, sowie – ausgehend vom Ring der Potenzreihen – den Ring der formalen Laurentreihen.

Konstruktion 4.1.1 Der Quotientenkörper
Es sei R ein Integritätsbereich.
   Frage: Gibt es einen „kleinsten" Körper, der R als Teilring enthält?
   Präziser: Gibt es einen Körper Q, der R als Teilring enthält und folgende Eigenschaft (Q) hat?
   (Q) Ist K irgendein Körper und $\Phi : R \to K$ ein injektiver Ringhomomorphismus, so lässt sich Φ zu einem Ringhomomorphismus $\tilde{\Phi} : Q \to K$ fortsetzen.
   Wenn es solch einen Körper gibt, dann ist er bis auf Isomorphismus eindeutig.
   Wir konstruieren ihn im Folgenden und nennen ihn den *Quotientenkörper* von R.

Um eine Idee für die Konstruktion zu entwickeln, nehmen wir erst einmal an, wir wüssten schon, dass R in einem Körper F enthalten ist.
   Dann sind alle Elemente $x \in R \smallsetminus \{0\}$ in F invertierbar und

$$Q := \left\{ \frac{z}{n} \mid z, n \in R, \ n \neq 0 \right\}$$

ist selbst ein Teilkörper von F. Hier schreiben wir in F $\frac{z}{n} := n^{-1}z$.

Ist $\Phi : R \to K$ wie in der Aussage des Satzes, dann können wir auf Q die Abbildung $\tilde\Phi$ definieren durch
$$\tilde\Phi(z/n) = \Phi(z)/\Phi(n).$$
Dies ist wohldefiniert, insbesondere auch, da $\Phi(n) \neq 0$ gilt für $n \neq 0$: Φ ist ja injektiv.

Merken wir uns: In F gilt $\frac{z}{n} = \frac{z'}{n'} \iff zn' = z'n$.

Das ist der Strohhalm, an dem wir uns nun bei der Konstruktion von Q festhalten, ohne auf F Bezug zu nehmen. Insbesondere werden wir gleich neu definieren, was $\frac{z}{n}$ sein soll.

Dazu betrachten wir auf $M := R \times (R \smallsetminus \{0\})$ die Relation
$$(z, n) \sim (\tilde z, \tilde n) \iff \tilde n z = n \tilde z.$$
Da R nullteilerfrei ist, ist dies eine Äquivalenzrelation. Die Äquivalenzklasse von (z, n) bezeichnen wir mit $\frac{z}{n}$ und setzen
$$Q := \left\{ \frac{z}{n} \mid (z, n) \in M \right\}.$$
Es lässt sich leicht nachrechnen, dass dies ein Ring ist, wenn wir
$$\frac{z}{n} + \frac{y}{m} := \frac{zm + yn}{mn} \quad \text{und} \quad \frac{z}{n} \cdot \frac{y}{m} := \frac{zy}{mn}$$
setzen. Dabei brauchen wir immer wieder die Nullteilerfreiheit und die Kommutativität von R.

Das Nullelement von Q ist $\frac{0}{1} = \frac{0}{n}$, das Einselement ist $\frac{1}{1} = \frac{n}{n}$ (für alle $n \neq 0$), und im Fall $z \neq 0$ ist zu $\frac{z}{n}$ der Bruch $\frac{n}{z}$ invers (bezüglich der Multiplikation). Damit ist Q ein Körper.

Streng genommen enthält er R nicht, aber die Abbildung
$$\iota : R \to Q, \quad \iota(r) = \frac{r}{1},$$
ist ein injektiver Ringhomomorphismus, und wir identifizieren R mit $\iota(R)$.

Das beendet unsere Konstruktion.

Bemerkung 4.1.2 Rationale Zahlen, rationale Funktionen

a) Für $R = \mathbb{Z}$ liefert diese Konstruktion gerade den Körper $\mathbb{Q}$ der rationalen Zahlen.
b) Angewandt auf den Polynomring $k[X]$ in einer Variablen über dem Körper k liefert er den Körper der *rationalen Funktionen*
$$k(X) := \left\{ \frac{f}{g} \mid f, g \in k[X], g \neq 0 \right\}.$$

Diese „Funktionen" sind nicht mehr auf ganz k definiert, sie haben Definitionslücken, die hier *Polstellen* genannt werden – ein Begriff, der auch in der Funktionentheorie und der algebraischen Geometrie eine Rolle spielt.

c) Eine ähnliche Konstruktion funktioniert auch für kommutative Ringe R, die nicht unbedingt nullteilerfrei sind. Wenn $S \subseteq R$ ein *multiplikatives System* ist, d. h. $1 \in S$ und $\forall s, t \in S : st \in S$, dann gibt es auf $R \times S$ die Äquivalenzrelation

$$(z, s) \sim (\tilde{z}, \tilde{s}) \iff \exists t \in S : t(\tilde{s}z - s\tilde{z}) = 0.$$

Dieses zusätzliche t fängt die mangelnde Nullteilerfreiheit beim Nachweis der Transitivität auf, vgl. 2.8.4.

Ansonsten gelten für die Äquivalenzklassen dieselben Rechenregeln wie oben und wir erhalten einen Ring, der üblicherweise mit $S^{-1}R$ notiert wird.

Dieser Prozess der *Lokalisierung* – manchmal auch Nenneraufnahme genannt – ist in der Algebraischen Geometrie und in der Algebraischen Zahlentheorie von großer Bedeutung.

Für nullteilerfreie Ringe ist eben $S = R \smallsetminus \{0\}$ multiplikativ, und damit ordnet sich unser Spezialfall des Quotientenkörpers in diese allgemeinere Situation ein.

d) Natürlich können wir auch Integritätsbereiche bei kleineren Mengen lokalisieren. Da erhalten wir für $0 \notin S$ Teilringe des Quotientenkörpers, die nur die Elemente aus S als Nenner haben.

So ist etwa $\mathbb{Z}\left[\frac{1}{2}\right] = \left\{\frac{z}{2^n} \mid z \in \mathbb{Z}, n \in \mathbb{N}_0\right\}$ die Lokalisierung von $\mathbb{Z}$ bei $S = \{2^n \mid n \in \mathbb{N}_0\}$, und $\mathbb{Z}_{(2)} := \left\{\frac{z}{n} \mid z, n \in \mathbb{Z}, n \text{ ungerade}\right\}$ die Lokalisierung von $\mathbb{Z}$ bei $S = \mathbb{Z} \smallsetminus 2\mathbb{Z}$.

4.2 Arithmetische Funktionen

Definition 4.2.1 Arithmetische Funktionen
Eine *arithmetische Funktion* ist eine Abbildung $\alpha : \mathbb{N} \to \mathbb{C}$.

Die Menge $\mathcal{A} = \text{Abb}(\mathbb{N}, \mathbb{C})$ aller arithmetischen Funktionen ist mit der üblichen Addition und skalaren Multiplikation ein komplexer Vektorraum.

Wir definieren eine weitere Verknüpfung – die *Faltung* – durch

$$* : \mathcal{A} \times \mathcal{A} \to \mathcal{A}, (\alpha * \beta)(n) := \sum_{d \mid n} \alpha(d) \cdot \beta(n/d).$$

Wichtig ist hierbei natürlich, dass jedes $n \in \mathbb{N}$ nur endlich viele Teiler hat, die Summe in der Definition also endlich ist. Wenn wir – analog zu 3.3.17 – für $n \in \mathbb{N}$ $\delta_n \in \mathcal{A}$ als Indikatorfunktion von $\{n\}$ festlegen, dann lässt $f \in \mathcal{A}$ sich formal als $f = \sum_{n \in \mathbb{N}} f(n) \cdot \delta_n$ schreiben. Es gilt $\delta_m * \delta_n = \delta_{mn}$. Insbesondere ist $\delta_m = \prod_{p \in \mathbb{P}} \delta_p^{v_p(m)}$, und wenn wir lieber X_p statt δ_p schreiben, ist nach einer Erinnerung an Bemerkung 3.3.16b) die Sichtweise erlaubt, $\mathcal{A}$ als Ring von Potenzreihen in den Variablen X_p, $p \in \mathbb{P}$, zu betrachten, und zwar mit der üblichen Multiplikation (so üblich diese Potenzreihen mit unendlich vielen Variablen eben sind).

Damit wird $(\mathcal{A}, +, *)$ ein kommutativer Ring. Das Einselement ist die Abbildung δ_1.

Eine arithmetische Funktion α heißt *strikt multiplikativ*, falls $\alpha(1) = 1$ gilt und $\forall m, n \in \mathbb{N} : \alpha(mn) = \alpha(m)\alpha(n)$.

Sie heißt *multiplikativ*, falls $\alpha(1) = 1$ gilt und

$$\forall m, n \in \mathbb{N} : \mathrm{ggT}(m, n) = 1 \Rightarrow \alpha(mn) = \alpha(m) \cdot \alpha(n).$$

Wenn wir uns α als Potenzreihe f in den Variablen X_p vorstellen, so heißt Multiplikativität anders buchstabiert: f ist ein Produkt

$$f = \prod_{p \in \mathbb{P}} f_p(X_p)$$

von Potenzreihen $f_p(X_p)$ in jeweils einer Variablen mit konstantem Term 1.

Bemerkung 4.2.2 Einheiten und Dirichletreihen

a) Die Einheiten in $\mathcal{A}$ sind genau die Folgen α mit $\alpha(1) \neq 0$. Das ist notwendig, da für die inverse Funktion β ja $1 = (\alpha * \beta)(1) = \alpha(1) \cdot \beta(1)$ zu gelten hat. Hinreichend ist es, weil die Inverse β sich dann rekursiv durch

$$\beta(1) = \alpha(1)^{-1}, \quad \beta(n) = -\alpha(1)^{-1} \cdot \left(\sum_{1 < d \mid n} \alpha(d) \cdot \beta(n/d) \right), \quad \text{falls } n > 1,$$

berechnen lässt.

b) Die multiplikativen arithmetischen Funktionen bilden eine Untergruppe von $\mathcal{A}^\times$. Tatsächlich ist die Funktion δ_1 multiplikativ. Den Rest sehen wir elegant über die Potenzreiheninterpretation, denn eine Potenzreihe mit konstantem Term 1 ist invertierbar und die Inverse hat konstanten Term 1. Die unendlichen Produkte sind ja alle lokal endlich, sodass an jedem Monom nur endlich viele Koeffizienten beteiligt sind.

Insbesondere hat zum Beispiel die (sogar strikt) multiplikative konstante arithmetische Funktion $\eta(n) = 1$ eine Inverse. Sie ist gegeben durch

$$\mu(n) = \begin{cases} 0, & \text{falls } n \text{ nicht quadratfrei,} \\ (-1)^k, & \text{falls } n = p_1 \cdot \ldots \cdot p_k, \ p_i \in \mathbb{P} \text{ paarweise verschieden.} \end{cases}$$

und heißt die Möbius[1]sche μ-Funktion. Diese ist übrigens nicht mehr strikt multiplikativ!

---

[1] August Ferdinand Möbius, 1790–1868.

4.2 Arithmetische Funktionen

Auch hier ließe sich das Potenzreihenargument bemühen: η entspricht

$$\prod_{p\in\mathbb{P}}\left(\sum_{k=0}^{\infty} X_p^k\right),$$

die Inverse η ergibt sich aus der geometrischen Reihe als

$$\prod_{p\in\mathbb{P}}(1 - X_p).$$

Speziell gilt für $\psi_1, \psi_2 \in \mathcal{A}$:

$$\psi_1 = \eta * \psi_2 \iff \psi_2 = \mu * \psi_1.$$

Diese Formel heißt die Möbius-Inversionsformel. Konkreter sagt sie:

$$\left[\forall n \in \mathbb{N} : \psi_1(n) = \sum_{d|n} \psi_2(d)\right] \Leftrightarrow \left[\forall n \in \mathbb{N} : \psi_2(n) = \sum_{d|n} \mu(n/d)\psi_1(d)\right].$$

In Bemerkung 7.3.5 werden wir das auf interessante Weise zum Zählen irreduzibler Polynome benutzen.

c) Die Eulersche φ-Funktion ist multiplikativ (siehe 3.1.19), aber nicht strikt multiplikativ : $\forall p \in \mathbb{P} : \varphi(p^2) = p^2 - p \neq (p-1)^2 = \varphi(p)^2$.

d) Für eine arithmetische Funktion $\alpha = (\alpha(n))_{n\in\mathbb{N}}$ bezeichnen wir mit

$$D(\alpha, s) := \sum_{n\in\mathbb{N}} \frac{\alpha(n)}{n^s}$$

die zugehörige *formale Dirichletreihe*. Falls $D(\alpha, \sigma)$ für ein $\sigma \in \mathbb{R}$ konvergiert, so konvergiert $D(\alpha, s)$ auch für alle $s > \sigma$, und für alle $s > \sigma + 1$ konvergiert sie sogar absolut. In Wirklichkeit gilt das sogar für alle komplexen s mit $\mathrm{Re}(s) > \sigma + 1$. Deswegen kann dann Funktionentheorie mit Gewinn eingesetzt werden. Beispiel: Die *Riemannsche Zetafunktion* $\zeta(s) := \sum_{n=1}^{\infty} n^{-s}$ konvergiert – und dann sogar absolut – genau dann, wenn $\mathrm{Re}(s) > 1$.

e) Für zwei arithmetische Funktionen α, β gilt formal

$$D(\alpha, s) \cdot D(\beta, s) = \sum_{m,n\in\mathbb{N}} \frac{\alpha(n) \cdot \beta(m)}{n^s m^s} = D(\alpha * \beta, s).$$

Diese Gleichheit gilt „wirklich" für diejenigen Werte von s, wo die Dirichletreihen absolut konvergieren.

Zum Beispiel ist $1/\zeta(s) = \sum_{n=1}^{\infty} \mu(n) n^{-s}$ für $\mathrm{Re}(s) > 1$.

f) Für eine multiplikative arithmetische Funktion α und eine Primzahl p sei

$$\alpha_p(n) = \begin{cases} \alpha(n), & \text{falls } n = p^k, \ k \in \mathbb{N}_0, \\ 0, & \text{sonst.} \end{cases}$$

Das ist der *p-Anteil* von α, und es gilt

$$\alpha = *_{p \in \mathbb{P}} \alpha_p.$$

Das liegt wieder am Fundamentalsatz der Arithmetik. Für jedes n sind nur endlich viele Primfaktoren beteiligt, und deshalb ist das scheinbar unendliche Faltungsprodukt rechter Hand in Wirklichkeit endlich.
Teil e) impliziert dann – auf zunächst formaler Ebene –

$$D(\alpha, s) = \prod_{p \in \mathbb{P}} D(\alpha_p, s) = \prod_{p \in \mathbb{P}} \sum_{k=0}^{\infty} \frac{\alpha(p^k)}{p^{ks}}.$$

Diese Gleichheit stimmt im Fall der absoluten Konvergenz tatsächlich für die Funktion $D(\alpha)$. Statt $D(\alpha_p, s)$ ist es gebräuchlicher, $D_p(\alpha, s)$ zu schreiben. Diese Funktion heißt dann ein *Euler-Faktor* von $D(\alpha, s)$.
Die Euler-Faktoren sind auf der Seite der Dirichletreihen das Pendant zu den Faktoren $f_p(X_p)$: $D_p(\alpha, s) = f_p(p^{-s})$.
So hat etwa die Riemannsche Zetafunktion die Darstellung

$$\zeta(s) = \prod_{p \in \mathbb{P}} \sum_{k=0}^{\infty} p^{-ks} = \prod_{p \in \mathbb{P}} \frac{1}{1 - p^{-s}},$$

was noch einmal zeigt, dass dazu die Funktion

$$\prod_{p \in \mathbb{P}} (1 - p^{-s}) = \sum_{n=1}^{\infty} \mu(n) n^{-s}$$

invers ist.

Multiplikative arithmetische Funktionen spielen eine bedeutsame Rolle in der analytischen Zahlentheorie, da ihr Verhalten stark mit dem Fundamentalsatz der Arithmetik verbunden ist. Mehr dazu findet sich etwa in [Bun08] und [Zag81].

4.3 Quadratische Reste

Bemerkung 4.3.1 Die Quadrategruppe
Es sei F ein endlicher Körper mit q Elementen und Charakteristik $p > 2$. Dann heißt ein Element $a \in F^\times$ ein *Quadrat* in F, wenn ein $b \in F$ existiert mit $b^2 = a$.

Die Menge der Quadrate ist also das Bild der Abbildung

$$Q : F^\times \to F^\times, \ b \mapsto b^2.$$

Diese Abbildung ist ein Gruppenhomomorphismus. Der Kern von Q besteht aus allen Elementen, deren Quadrat 1 ist, also aus ± 1. Da die Charakteristik nicht 2 ist, sind das 2 verschiedene Elemente. Jedes Element im Bild hat also laut Homomorphiesatz genau zwei Urbilder und $Q(F^\times) \cong F^\times/\{\pm 1\}$ hat genau $\frac{q-1}{2}$ Elemente.

Definition 4.3.2 Legendre[2]-Symbol
Es sei $p \geq 3$ eine Primzahl. Für $a \in \mathbb{Z}$ sei

$$\left(\frac{a}{p}\right) = \begin{cases} 0, & \text{falls } p \mid a, \\ 1, & \text{falls } \exists x \in \mathbb{Z} \setminus p\mathbb{Z} : a \equiv x^2 \pmod{p}, \\ -1, & \text{sonst.} \end{cases}$$

Das ist das klassische *Legendre-Symbol von a modulo p*.

Es ist klar, dass $\left(\frac{a}{p}\right)$ nur von der Restklasse von a modulo p abhängt, und manchmal wird das Legendre-Symbol auch genau so benutzt.

Auch die Zahlen 0 und ± 1 rechter Hand werden entweder als ganze Zahlen oder als Elemente in $\mathbb{F}_p$ aufgefasst. Weil dieser Körper ungerade Charakteristik hat, sind das auch in $\mathbb{F}_p$ drei verschiedene Elemente.

Hilfssatz 4.3.3 Von Euler

a) Es sei p eine ungerade Primzahl und $a \in \mathbb{Z}$. Dann gilt

$$\left(\frac{a}{p}\right) \equiv a^{\frac{p-1}{2}} \pmod{p}.$$

b) $\forall a, b \in \mathbb{Z} : \left(\frac{a}{p}\right) \cdot \left(\frac{b}{p}\right) = \left(\frac{ab}{p}\right).$

---

[2] Adrien-Marie Legendre, 1752–1833.

Beweis
Um a) zu zeigen, sehen wir erst ein, dass genau für $a \equiv 0 \pmod{p}$ auch $a^{\frac{p-1}{2}} \equiv 0 \pmod{p}$ gilt, also nur der Fall $a \not\equiv 0 \pmod{p}$ interessant ist.

Die Abbildung $\mathbb{F}_p^\times \ni a \mapsto a^{\frac{p-1}{2}} \in \mathbb{F}_p^\times$ ist ein Gruppenhomomorphismus, dessen Bild in $\{\pm 1\}$ liegt, da nach Fermat $a^{p-1} = 1$ gilt.

Der Kern ist nicht alles, da sonst das Polynom $X^{\frac{p-1}{2}} - 1$ in $\mathbb{F}_p$ $p-1$ Nullstellen hat, was nach 3.3.11 nicht möglich ist. Der Kern enthält also $(p-1)/2$ Elemente, und wieder wegen Fermat liegen alle Quadrate darin, von denen es aber nach 4.3.1 ebenfalls $\frac{p-1}{2}$ viele gibt. Daher sind genau die Quadrate im Kern, die Nichtquadrate werden auf -1 abgebildet.

Die Aussage b) ist eine unmittelbare Konsequenz hieraus. ◯

Folgerung 4.3.4 Vorauseilende Ergänzung
Der erste Ergänzungssatz zum quadratischen Reziprozitätsgesetz 4.3.8 ist gerade der folgende Spezialfall von Eulers Formel, der für jede ungerade Primzahl sagt:

$$\left(\frac{-1}{p}\right) = (-1)^{\frac{p-1}{2}} = \begin{cases} 1, & \text{falls } p \equiv 1 \pmod{4}, \\ -1, & \text{falls } p \equiv 3 \pmod{4}. \end{cases}$$

Dies rundet die Diskussion in 3.1.11 ab, wo wir schon benutzt haben, dass höchstens für die Primzahlen $p \neq 2$, die modulo 4 zu 1 kongruent sind, eine Quadratwurzel von -1 in $\mathbb{F}_p$ existiert. Wir wissen jetzt, dass dies ein „genau dann, wenn" ist.

Definition 4.3.5 Halbheiten

a) Es sei p eine ungerade Primzahl. Ein *Halbsystem* modulo p ist eine Teilmenge $H \subseteq \mathbb{F}_p^\times$, sodass

$$H \cap (-H) = \emptyset \text{ und } \mathbb{F}_p^\times = H \cup (-H).$$

Zum Beispiel bilden die Restklassen von $1, 2, \ldots, \frac{p-1}{2}$ ein Halbsystem modulo p.

b) Es sei H ein Halbsystem modulo p und $a \in F^\times$. Dann heißt

$$f(a, H) := \#\{h \in H \mid ah \notin H\}$$

die *Fehlstandszahl von a bezüglich H*.

Zum Beispiel sehen wir für beliebiges H die Fehlstandszahlen

$$f(1, H) = 0, \ f(-1, H) = \frac{p-1}{2}.$$

4.3 Quadratische Reste

Etwas substanzieller ist das folgende Beispiel: Mit dem Halbsystem aus a) gilt für $a = 2 + p\mathbb{Z}$

$$f(a, H) = \#\{x \in H \mid 2x \notin H\} = \begin{cases} \frac{p-1}{4}, & \text{falls } p \equiv 1 \pmod{4}, \\ \frac{p+1}{4}, & \text{falls } p \equiv 3 \pmod{4}. \end{cases}$$

Hilfssatz 4.3.6 Von Gauß
Es seien p eine ungerade Primzahl, $F = \mathbb{F}_p$ und $H \subset F^\times$ ein Halbsystem in F sowie $a \in F^\times$.
Dann gilt

$$\left(\frac{a}{p}\right) = (-1)^{f(a,H)}.$$

Beweis Für $h \in H$ sei $\sigma(h) \in \{\pm 1\}$ das Vorzeichen, für das $\sigma(h) \cdot ah \in H$ gilt. Es ist also $\sigma(h) = 1$, wenn $ah \in H$ liegt, und sonst ist es -1. Es gibt also $f(a, H)$ Werte für $h \in H$ mit $\sigma(h) = -1$.

Daher haben wir wegen 4.3.3

$$\left(\frac{a}{p}\right) \prod_{h \in H} h = a^{\frac{p-1}{2}} \prod_{h \in H} h = \prod_{h \in H} ah = \prod_{h \in H} \sigma(h) h = (-1)^{f(a,H)} \prod_{h \in H} h.$$

Das zeigt die Behauptung. ○

Bemerkung 4.3.7 Zweite Ergänzung
Das Beispielmaterial aus 4.3.5 b) zeigt, dass für eine Primzahl $p \geq 3$ gilt:

$$\left(\frac{2}{p}\right) = (-1)^{\frac{p^2-1}{8}} = \begin{cases} 1, & \text{falls } p \equiv \pm 1 \pmod{8}, \\ -1, & \text{falls } p \equiv \pm 3 \pmod{8}. \end{cases}$$

Denn genau für die p aus der ersten Zeile ist $f(2, H)$ gerade.

Diese Identität heißt der *zweite Ergänzungssatz zum quadratischen Reziprozitätsgesetz*.

Beispielsweise ist 2 quadratischer Rest modulo 7, denn 7 teilt $3^2 - 2 = 7$. Es ist kein quadratischer Rest modulo 5 (die Quadrate sind hier 1 und 4). Modulo 17 hingegen schon, denn 17 teilt $6^2 - 2 = 34$.

Wir können den zweiten Ergänzungssatz auf die Frage nach der Existenz von Primzahlen in Restklassen anwenden: Für $N \geq 3$ ist $M := ((N!)^2 - 2)/2 > 1$ ungerade. Modulo jedem Primfaktor p von M ist 2 ein quadratischer Rest, denn $(N!)^2 \equiv 2 \pmod{p}$. Nach dem zweiten Ergänzungsgesetz gilt demnach $p \equiv \pm 1 \pmod{8}$. Da zudem $p > N$ gilt und N beliebig groß vorgegeben werden kann, gibt es unendlich viele solcher Primzahlen.

Satz 4.3.8 Das quadratische Reziprozitätsgesetz
Es seien $p \neq \ell$ zwei ungerade Primzahlen. Dann gilt

$$\left(\frac{p}{\ell}\right) \cdot \left(\frac{\ell}{p}\right) = (-1)^{\frac{p-1}{2} \cdot \frac{\ell-1}{2}}.$$

Beweis
Wir arbeiten mit dem Halbsystem $H = \left\{1, 2, 3, \ldots, \frac{p-1}{2}\right\}$ modulo p. Für die Fehlstandszahl $f := f(\ell, H)$ gilt dann $\left(\frac{\ell}{p}\right) = (-1)^f$. Dabei ist

$$f = \#\left\{x \in \left\{1, \ldots, \frac{p-1}{2}\right\} \subseteq \mathbb{Z} \mid \exists y \in \mathbb{Z} : -\frac{p}{2} < \ell x - py < 0\right\}.$$

Beh.: Für solch ein y gilt immer $1 \leq y \leq \frac{\ell-1}{2}$.
Denn: $0 < y$ ist klar, und andererseits gilt

$$py < \ell x + \frac{p}{2} < \frac{p}{2}(\ell + 1);$$

Division durch p ergibt $y < \frac{\ell+1}{2}$, und weil ℓ ungerade ist, muss $y \leq \frac{\ell-1}{2}$ gelten.
Wir können also symmetrischer schreiben

$$f = \#\left\{(x, y) \in \mathbb{Z}^2 \mid 1 \leq x \leq \frac{p-1}{2}, 1 \leq y \leq \frac{\ell-1}{2} : -\frac{p}{2} < \ell x - py < 0\right\}.$$

Analog gilt

$$\left(\frac{p}{\ell}\right) = (-1)^{f'},$$

wobei

$$f' = \#\left\{(x, y) \in \mathbb{Z}^2 \mid 1 \leq x \leq \frac{p-1}{2}, 1 \leq y \leq \frac{\ell-1}{2} : 0 < \ell x - py < \frac{\ell}{2}\right\}.$$

Dann wissen wir wegen Gauß:

$$\left(\frac{\ell}{p}\right) \cdot \left(\frac{p}{\ell}\right) = (-1)^{f+f'}.$$

Nun ist aber

$$f + f' = \#S,$$

für die Menge

$$S := \left\{(x, y) \in \mathbb{Z}^2 \mid 1 \leq x \leq \frac{p-1}{2}, 1 \leq y \leq \frac{\ell-1}{2} \text{ mit } -\frac{p}{2} < \ell x - py < \frac{\ell}{2}\right\}.$$

4.3 Quadratische Reste

Zu zeigen bleibt noch, dass $f + f'$ dieselbe Parität hat wie $\frac{p-1}{2} \cdot \frac{\ell-1}{2}$.

Um das einzusehen, benutzen wir die Abbildung

$$\sigma : S \to S, \quad \sigma(x, y) = \left(\frac{p+1}{2} - x, \frac{\ell+1}{2} - y \right).$$

Das ist die Einschränkung der Punktspiegelung am Punkt $(\frac{p+1}{4}, \frac{\ell+1}{4})$ auf die Menge S. Daher gilt $\sigma^2 = \text{id}_S$, und $\#S$ hat dieselbe Parität, wie die Anzahl der Fixpunkte von σ – alle anderen Punkte lassen sich in disjunkten Zweiergrüppchen $\{P, \sigma(P)\}$ gruppieren (Bahnbilanzformel!).

Der einzig mögliche Fixpunkt ist aber $(\frac{p+1}{4}, \frac{\ell+1}{4})$, und der liegt genau dann in S, wenn sowohl p als auch ℓ modulo 4 zu 3 kongruent sind.

Daher ist $\#S$ ungerade genau dann, wenn $p \equiv \ell \equiv 3 \pmod{4}$, und das zeigt die Behauptung. ○

Bemerkung 4.3.9 Tratsch

a) Die Einsichten aus 4.3.4 und 4.3.7 heißen die beiden Ergänzungen zum quadratischen Reziprozitätsgesetz.

b) Schon Legendre hatte das Reziprozitätsgesetz gesehen, aber mit Hilfsmitteln bewiesen, die zu seiner Zeit noch nicht legal zur Verfügung standen, also nicht bewiesen waren. Insbesondere benutzte er den Dirichletschen Primzahlsatz 1.3.9a). Erst Gauß fertigte gleich mehrere Beweise des Reziprozitätsgesetzes an, die schon zum Entstehungszeitpunkt streng gültig waren.

c) Ausgehend vom quadratischen Reziprozitätsgesetz wurden noch andere Reziprozitätsgesetze entwickelt. Zum Einen lassen sich statt des Ringes $\mathbb{Z}$ natürlich auch andere Ringe verwenden.

Zum Anderen lassen sich – wenn der Ring schon größer ist – auch kubische Potenzreste untersuchen, zum Beispiel in $\mathbb{Z}\left[\frac{1+\sqrt{-3}}{2}\right]$, oder biquadratische Potenzreste, z. B. in $\mathbb{Z}[i]$.

Es entstand eine ganze Industrie, die Reziprozitätsgesetze fabrizierte, bis hin zum krönenden Abschluss: dem Artinschen Reziprozitätsgesetz in der abelschen Klassenkörpertheorie. Einen guten Eindruck davon vermittelt [Lem00].

In gewisser Weise erhält unser letzter Satz erst von solch einem höheren Standpunkt aus eine Existenzberechtigung.

Erst einmal nehmen wir den Satz als eine Möglichkeit, zusammen mit den multiplikativen Eigenschaften und den Ergänzungssätzen Legendre-Symbole zu berechnen.

Meistens benutzen wir ihn in der Form

$$\left(\frac{p}{\ell} \right) = \left(\frac{\ell}{p} \right) \cdot (-1)^{\frac{p-1}{2} \cdot \frac{\ell-1}{2}}.$$

Beispiel 4.3.10 Zahlenbeispiele

a)
$$\left(\frac{111}{41}\right) = \left(\frac{3}{41}\right) \cdot \left(\frac{37}{41}\right) = \left(\frac{41}{3}\right) \cdot \left(\frac{41}{37}\right) = \left(\frac{2}{3}\right) \cdot \left(\frac{4}{37}\right) = -1.$$

$$\left(\frac{113}{41}\right) = \left(\frac{31}{41}\right) = \left(\frac{10}{31}\right) = \left(\frac{2}{31}\right) \cdot \left(\frac{5}{31}\right) = (-1)^{\frac{31^2-1}{8}} \cdot \left(\frac{31}{5}\right) = 1.$$

Tatsächlich ist $20^2 - 113 = 7 \cdot 41$.

b) Für eine ungerade Primzahl $p \neq 5$ ist 5 modulo p genau dann ein Quadrat, wenn p modulo 5 ein Quadrat ist, also genau dann, wenn $p \equiv 1$ oder -1 modulo 5 gilt, also $p \in \{11, 19, 29, 31, 41, 59, 61, \ldots\}$.

c) Für eine Primzahl $p > 3$ ist 3 modulo p genau dann ein Quadrat, wenn p modulo 3 ein Quadrat und außerdem 1 modulo 4 ist, oder wenn p modulo 3 kein Quadrat aber dafür selbst kongruent 3 modulo 4 ist. In einem gesagt: 3 ist modulo p ein Quadrat genau dann, wenn p modulo 12 zu ± 1 kongruent ist: $p \in \{11, 13, 23, 37, 47, 59, 61, \ldots\}$.

Tatsächlich ist 3 hier kongruent zu $25, 16, 49, \ldots$

5 Teilbarkeitslehre und Primelemente

Nun wollen wir den Begriff der Teilbarkeit auf ein etwas abstrakteres Niveau heben.

5.1 Teilbarkeit

Definition 5.1.1 Nochmals die Teilbarkeit
Es sei R ein kommutativer Ring. Dann heißt $a \in R$ ein *Teiler* von $b \in R$, falls ein $c \in R$ existiert, sodass $b = c \cdot a$. Wir schreiben dann wieder $a \mid b$ oder manchmal auch $a \mid_R b$; auf den Ring kommt es ja ganz wesentlich mit an. Wieder nennen wir dann b ein Vielfaches von a.

Für natürliche Zahlen ergibt das den alten Begriff, wenn wir $\mathbb{Z}$ als $\mathbb{N}$ enthaltenden Ring verwenden.

Für beliebiges R ist der zweite Faktor c jetzt nicht mehr eindeutig. In der Welt der natürlichen Zahlen war das so, und es bleibt so, wenn wir voraussetzen, dass R nullteilerfrei ist und $a \neq 0$ gilt. Denn dann folgt aus $ac_1 = ac_2$, dass $a(c_1 - c_2) = 0$, also $c_1 = c_2$.

Nullteilerfreiheit ist für Teilbarkeitseigenschaften in Ringen also oft eine gute Voraussetzung.

Definition 5.1.2 Assoziiertheit
Es sei R ein kommutativer Ring. Zwei Elemente $a, b \in R$ heißen *assoziiert*, falls eine Einheit (siehe Definition 3.1.5) $u \in R^\times$ existiert, sodass $b = a \cdot u$.

Für $R = \mathbb{Z}$ heißt das einfach, dass die zwei Zahlen bis aufs Vorzeichen übereinstimmen.

Assoziiert zu sein ist eine Äquivalenzrelation auf R. Die Äquivalenzklasse von a heißt seine *Assoziiertenklasse* und ist genau $a \cdot R^\times$. Das ist die Bahn von a unter der Operation der Einheitengruppe $R^\times$ durch Multiplikation auf R.

Wir sagen auch, die Assoziiertenklasse von a teile die von b, wenn a ein Teiler von b ist. Es ist klar, dass diese Begriffsbildung nicht von der Wahl der Repräsentanten der Assoziiertenklassen abhängt, denn zwei solche Repräsentanten unterscheiden sich ja nur um eine Einheit, und Einheiten teilen alles.

Bemerkung 5.1.3 Eine Ordnungsrelation
Wenn R kommutativ und nullteilerfrei ist, dann wird durch die Teilbarkeit eine Ordnungsrelation auf der Menge der Assoziiertenklassen festgelegt:

$$aR^\times \preceq bR^\times \iff a \mid b.$$

Transitivität ist klar, dazu bedarf es noch nicht der Nullteilerfreiheit.

Interessanter ist es zu zeigen, dass zwei Assoziiertenklassen $aR^\times$ und $bR^\times$ übereinstimmen, wenn sie sich gegenseitig teilen. Das ist klar, wenn eine der beiden Klassen nur aus der Null besteht. Für $a \neq 0$ geht es so: a und b teilen sich gegenseitig, es gibt also $c, d \in R$, sodass

$$a = bc \text{ und } b = ad.$$

Daraus folgt $a = acd$, und da R nullteilerfrei ist, folgt aus $a(1 - cd) = 0$, dass $1 - cd = 0$. Daher ist $cd = 1$, und auch $dc = 1$, da R kommutativ ist. Es sind also c und d Einheiten in R und folglich a und b assoziiert.

Definition 5.1.4 Noch einmal der ggT
Es seien R ein kommutativer und nullteilerfreier Ring und $a, b \in R$.

a) Das Element $g \in R$ heißt ein *größter gemeinsamer Teiler* von a und b, wenn g ein gemeinsamer Teiler ist und jeder gemeinsame Teiler von a und b auch g teilt. NB: Das Adjektiv „größter" bezieht sich also auf die Ordnungsrelation aus 5.1.3. Um von **dem** ggT sprechen zu können, muss damit eigentlich die Assoziiertenklasse (eines beliebigen ggT) gemeint sein, wenn es nicht eine gute Wahl von Vertretern dieser Assoziiertenklassen gibt. Im Falle $R = \mathbb{Z}$ gibt es in einer Assoziiertenklasse $\{a, -a\}$ immer die naheliegende Wahl, als Vertreter das nichtnegative Element zu wählen.
Wegen 1.1.3 stimmen für natürliche Zahlen die größten gemeinsamen Teiler nach alter und neuer Definition überein.
Im Polynomring über einem Körper verwenden wir gerne normierte Polynome als Vertreter der von $\{0\}$ verschiedenen Assoziiertenklassen.
b) a und b heißen *teilerfremd*, wenn die einzigen gemeinsamen Teiler die Einheiten in R sind.

Beispiel 5.1.5 Ein paar ggT
Es sei R ein kommutativer und nullteilerfreier Ring.

a) Der ggT von $a \in R$ und einer Einheit $u \in R^\times$ ist immer die Assoziiertenklasse von 1, also $R^\times$: nur Einheiten teilen Einheiten.

b) Der ggT von $a \in R$ und 0 ist immer $a \cdot R^\times$: alles teilt 0.
c) In $R = \mathbb{Z}[X]$ ist der ggT von X und 2 gleich 1. Es gibt kein nichtkonstantes Polynom, das 2 teilen würde, also muss der ggT eine Konstante sein, und die einzigen Teiler von 2 (in $\mathbb{Z}$), die auch X teilen, sind ± 1.
d) In $R = \mathbb{Z}[\sqrt{-5}] = \{x + y\sqrt{-5} \mid x, y \in \mathbb{Z}\}$ sind 2 und $1 + \sqrt{-5}$ beides Teiler von $2(1 + \sqrt{-5})$ und von $6 = 2 \cdot 3 = (1 + \sqrt{-5})(1 - \sqrt{-5})$. Wir verwenden gleich, dass durch $\sigma(x + y\sqrt{-5}) = x - y\sqrt{-5}$ ein Automorphismus von R definiert wird. Es gilt $(x + y\sqrt{-5}) \cdot \sigma(x + y\sqrt{-5}) = x^2 + 5y^2 \in \mathbb{Z}$.
Ein ggT von 6 und $2(1 + \sqrt{-5})$ müsste laut Definition insbesondere ein Vielfaches von 2 und damit von der Form $2(x + y\sqrt{-5})$ sein, wobei $x + y\sqrt{-5}$ ein gemeinsamer Teiler von 3 und von $1 + \sqrt{-5}$ sein müsste. Dann wäre jedoch die ganze Zahl $x^2 + 5y^2$ ein Teiler von $9 = 3 \cdot \sigma(3)$ und von $6 = (1 + \sqrt{-5}) \cdot \sigma(1 + \sqrt{-5})$, also von 3. Das zieht jedoch $y = 0$ nach sich, da sonst $x^2 + 5y^2 \geq 5$ und damit $x = \pm 1$. Ein ggT wäre also 2. Jedoch teilt $1 + \sqrt{-5}$ nicht 2 (in R), da sonst – noch einmal benutze ich den Automorphismus – 6 ein Teiler von 4 in $\mathbb{Z}$ sein müsste.
Daher besitzen 6 und $2 + 2\sqrt{-5}$ in R keinen größten gemeinsamen Teiler in R. Dies ist umso frappierender, als 3 und $1 + \sqrt{-5}$ den ggT 1 haben.

Hilfssatz 5.1.6 Die Idealisierung
Es sei R ein nullteilerfreier kommutativer Ring. Weiter seien $a, b \in R$.

a) Ist d ein gemeinsamer Teiler von a und b, so teilt d auch jede Linearkombination $ax + by$, $x, y \in R$.
b) Wenn es ein $g \in R$ gibt, sodass

$$\{ax + by \mid x, y \in R\} = Rg := \{rg \mid r \in R\}$$

gilt, dann ist g ein größter gemeinsamer Teiler von a und b.

Beweis

a) Das ist klar: Aus $a = rd, b = sd, r, s \in R$ folgt $ax + by = (rx + sy)d$.
b) Es ist g ein Teiler von a und b, da beide zur linker Hand definierten Menge gehören. Zum Beispiel ist $a = a \cdot 1 + b \cdot 0$.
Andererseits gehört g selber auch zu dieser Menge, und in a) hatten wir gesehen, dass jeder gemeinsame Teiler von a und b daher auch g teilt. Definitionsgemäß ist also g ein ggT von a und b. ○

Definition 5.1.7 Wieder ein Ideal

a) Es sei R ein kommutativer Ring, $a, b \in R$. Die Menge $\{ax + by \mid x, y \in R\}$, die gerade eben im Zuge der Teilbarkeit eine Rolle spielte, ist dann ein Ideal in R (siehe Definition 3.1.15).

Tatsächlich kommt der Name „Ideal" daher, dass Ideale als „Idealisierung" des Begriffs des ggT zum ersten Mal das Licht der Welt erblickten.[1]

b) Ein Ideal $I \subseteq R$ heißt ein *Hauptideal,* falls ein $g \in I$ existiert, sodass $I = Rg$ gilt. Falls der Ring klar ist, werden wir oft $(g) := Rg$ schreiben und haben das zum Beispiel auch in 3.3.15 schon getan. Das ist die Menge aller Vielfachen von g in R.

Ein Element g mit $I = (g)$ heißt dann ein *Erzeuger* von I.

Allgemeiner notieren wir für $M \subset R$ das kleinste Ideal, das M enthält, mit (M). M ist ein Erzeugendensystem des R-Moduls (M).

Wir können nun die in 1.1.1 angemerkte Gepflogenheit, den ggT von zwei Zahlen a, b als (a, b) zu notieren, lesen als: die Zahl ggT(a, b) erzeugt das Ideal (a, b).

c) Ein nullteilerfreier kommutativer Ring R, in dem jedes Ideal ein Hauptideal ist, heißt ein *Hauptidealring.* Die Nullteilerfreiheit ist ein wesentlicher Bestandteil dieser Definition!

Nach 5.1.6 haben in einem Hauptidealring zwei Elemente stets einen größten gemeinsamen Teiler, und dieser lässt sich als Linearkombination der beiden Elemente schreiben. Seine Assoziiertenklasse ist wohlbestimmt.

Beispiel 5.1.8 Hauptsache Ideal

Der Ring der ganzen Zahlen ist ein Hauptidealring, denn schon jede Untergruppe ist von einem Element erzeugt, wie wir in 2.2.5 gesehen haben.

Auch in $\mathbb{Z}/N\mathbb{Z}$ ist jedes Ideal ein Hauptideal, aber nur für $|N| \in \{0\} \cup \mathbb{P}$ ist dieser Ring ein Hauptidealring, da er sonst nicht nullteilerfrei ist.

In den wenigsten Ringen ist jedes Ideal ein Hauptideal.

In $R = \mathbb{Z}[X]$ ist

$$I := \left\{ \sum_{j=0}^{d} a_j X^j \mid d \in \mathbb{N}_0,\ a_j \in \mathbb{Z},\ a_0 \text{ gerade} \right\}$$

das von 2 und X erzeugte Ideal. Es ist kein Hauptideal, da ein Erzeuger ein gemeinsamer Teiler von 2 und X sein müsste – beide liegen in I –, in I liegt aber kein gemeinsamer Teiler, denn diese sind ja nur ± 1 (siehe 5.1.5 c)).

Im Ring $\mathcal{C}$ der stetigen reellwertigen Funktionen auf $\mathbb{R}$ ist das Ideal

$$I := \{ f \in \mathcal{C} \mid f(0) = 0 \}$$

kein Hauptideal.

Um das einzusehen, nehmen wir an, es gebe einen Erzeuger g. Diese Funktion g hat dann außer 0 keine Nullstelle, denn die Identität $x \mapsto x$ liegt in I und ist daher ein Vielfaches von g. Da g stetig und im Ursprung 0 ist, ist auch die Funktion

$$\tilde{g}(x) := \begin{cases} g(x), & \text{falls } x \geq 0, \\ -g(x), & \text{falls } x < 0 \end{cases}$$

---

[1] Nämlich bei Ernst Eduard Kummer, 1810–1893.

5.1 Teilbarkeit

in I. Es gibt also eine stetige Funktion $f \in \mathcal{C}$, sodass $\tilde{g}(x) = f(x) \cdot g(x)$ für alle x gilt. Daher ist $f(x) = 1$ für positives x und $f(x) = -1$ für negatives x. Mithin kann f nicht auf ganz $\mathbb{R}$ stetig sein und $\tilde{g} \in I$ liegt nicht im von g erzeugten Ideal. Das bringt unsere Annahme zu Fall.

Nebenbei sei darauf hingewiesen, dass das von der Funktion $f(x) = x$ in $\mathcal{C}$ erzeugte Ideal genau aus den stetigen Funktionen besteht, die im Nullpunkt verschwinden und dort auch differenzierbar sind.

Hilfssatz 5.1.9 Assoziiertenklassen und Ideale
Es sei R ein Hauptidealring. Dann gelten:

a) *Zwei Elemente $g, h \in R$ sind genau dann Erzeuger desselben Hauptideals, also $Rg = Rh$, wenn sie assoziiert sind.*
b) *In jeder nichtleeren Teilmenge $S \subseteq R$ gibt es ein Element m, das bezüglich Teilbarkeit minimal ist[2].*

Beweis

a) ist wegen 5.1.3 klar, denn beide Bedingungen sind in nullteilerfreien Ringen dazu äquivalent, dass g und h sich gegenseitig teilen.
b) ist etwas trickreicher. Wir schließen durch einen Widerspruchsbeweis und nehmen dazu an, die Aussage sei falsch.
Es sei $s_1 \in S$ irgendein Element. Nach Annahme ist es nicht minimal, das heißt, es gibt einen Teiler $s_2 \in S$ von s_1, der nicht zu s_1 assoziiert ist. Sukzessive so fortfahrend wählen wir Elemente $s_i \in S$, sodass jeweils s_{i+1} ein Teiler von s_i ist, aber nicht umgekehrt.
Dann erhalten wir – wegen der Teilbarkeitsbedingung – eine echt aufsteigende Kette von Idealen
$$Rs_1 \subset Rs_2 \subset Rs_3 \subset \ldots$$
Die Vereinigung $I = \cup_{i \in \mathbb{N}} Rs_i$ dieser Ideale ist auch ein Ideal von R, denn:

- $0 \in I$
- $\forall a, b \in I : \exists i \in \mathbb{N} : a, b \in Rs_i$, und daher gilt auch $a + b \in Rs_i \subseteq I$.
- $\forall a \in I, r \in R : \exists i \in \mathbb{N} : a \in Rs_i$ und daher gilt $ra \in Rs_i \subseteq I$.

Da R ein Hauptidealring ist, gibt es ein $g \in I$ mit $I = Rg$. Dieses g liegt aber schon in einem der Rs_i, und es folgt
$$Rg \subseteq Rs_i \subseteq Rg, \text{ also } Rg = Rs_i.$$

---

[2] Das soll heißen, dass alle $s \in S$, die m teilen, zu m assoziiert sind, ist also eigentlich eine Bedingung an die Assoziiertenklassen $sR^\times$, $s \in S$.

Es folgt für alle $k \geq i$:

$$Rs_i \subseteq Rs_k \subseteq Rg = Rs_i,$$

also $Rs_k = Rs_i$. Daher ist die Kette – entgegen der Konstruktion – nicht echt aufsteigend. Dies liefert den gewünschten Widerspruch. ◯

Wir beschreiben jetzt eine große Klasse von Hauptidealringen.

Definition 5.1.10 Euklidischer Ring
Es sei R ein nullteilerfreier kommutativer Ring. Weiter sei $\gamma : R \to \mathbb{N}_0$ eine Abbildung.

Dann heißt (R, γ) ein *euklidischer Ring*, falls $[\gamma(r) = 0 \iff r = 0]$ und vor allem Folgendes gilt: Für alle $a, b \in R, b \neq 0$, gibt es $c \in R$, sodass

$$\gamma(a - bc) < \gamma(b).$$

Man hat hier also eine quantitative Version einer Division mit Rest, und dies führt zu ähnlichen Möglichkeiten wie bei den ganzen Zahlen.

Bemerkung 5.1.11 Euklid und die Hauptideale
Jeder euklidische Ring (R, γ) ist ein Hauptidealring. Ist nämlich $I \subseteq R$ ein Ideal, so ist entweder $I = \{0\} = R \cdot 0$ – ein Hauptideal – oder es gibt ein $g \in I$, sodass

$$\gamma(g) = \min\{\gamma(x) \mid x \in I, x \neq 0\}.$$

Es ist klar, dass dieses g jedes $a \in I$ teilen muss, denn g ist nicht 0, also existiert ein $c \in R$ mit $\gamma(a - cg) < \gamma(g)$, was nach Wahl von g ja $\gamma(a - cg) = 0$ erzwingt, denn $a - cg \in I$. Dann ist aber $a = cg$.

Es folgt nach 5.1.6, dass in einem euklidischen Ring je zwei Elemente immer einen ggT haben. Dieser lässt sich wie in 1.1.7 berechnen, wenn dort die k_i so gewählt werden, dass $\gamma(a_{i-1} - k_i a_i) < \gamma(a_i)$ gilt, was geradezu nach Definition der euklidischen Ringe möglich ist.

Es ist übrigens im Allgemeinen sehr schwer zu entscheiden, ob ein gegebener Hauptidealring durch Wahl einer Abbildung γ von R nach $\mathbb{N}_0$ zu einem euklidischen Ring gemacht werden kann. Wenn sich so ein γ aufdrängt, dann ist alles gut. Aber wenn man keines sieht, könnte es dennoch eines geben. Das zu widerlegen ist schwer, denn die Abbildung γ unterliegt keinen weitreichenden strukturellen Einschränkungen, sodass ein Ansatz sich gar nicht aufdrängt.

Es gibt jedenfalls Hauptidealringe, die nicht euklidisch sind. Unsere Beispiele gehören jedoch nicht dazu.

5.1 Teilbarkeit

Beispiel 5.1.12 Einige euklidische Ringe

a) $\mathbb{Z}$ ist bezüglich $\gamma(z) = |z|$ euklidisch. Das haben wir im Prinzip gerade beim euklidischen Algorithmus ausgeschlachtet.
b) Ist K ein Körper, so ist der Polynomring $K[X]$ euklidisch, wenn wir

$$\gamma(0) = 0, \text{ und sonst } \gamma(f) = \deg(f) + 1$$

setzen. Das liegt an den Regeln der Polynomdivision aus Hilfssatz 3.3.3. Insbesondere ist $K[X]$ ein Hauptidealring.
c) Der Ring der ganzen Gaußschen Zahlen $\mathbb{Z}[i] = \{x + yi \mid x, y \in \mathbb{Z}\} \subseteq \mathbb{C}$ ist bezüglich $\gamma(z) := |z|^2$ euklidisch. Wenn nämlich $a, b \in \mathbb{Z}[i]$ liegen und $b \neq 0$, so betrachte $\frac{a}{b} = x + yi \in \mathbb{C}$ mit rationalen Zahlen x, y. Schreibe $x = m + r$, $y = n + s$, $m, n \in \mathbb{Z}$, $|s|, |r| \leq \frac{1}{2}$.
Dann ist $a - (m + ni)b = (r + si)b$ ein Element in $\mathbb{Z}[i]$ mit

$$|a - (m + ni)b|^2 = |(r + si)b|^2 = (r^2 + s^2)|b|^2 < |b|^2.$$

d) In 5.1.5d) haben wir gesehen, dass im Ring $\mathbb{Z}[\sqrt{-5}]$ Elemente ohne ggT existieren, also ist dies kein Hauptidealring und erst recht nicht euklidisch. Tatsächlich ist das von 2 und $1 + \sqrt{-5}$ erzeugte Ideal kein Hauptideal.

Bemerkung 5.1.13 Chinesischer Restsatz

a) Es seien R ein Hauptidealring und r, s in R zwei teilerfremde Elemente, also so beschaffen, dass $1 = rx + sy$ für geeignete $x, y \in R$.
Dann erfüllen die Ideale $I = Rr$ und $J = Rs$ die Voraussetzung des Chinesischen Restsatzes 3.1.21, und wir finden

$$R/(Rrs) \cong R/(Rr) \times R/(Rs).$$

Unsere Konstruktion des Isomorphismus zeigt insbesondere, dass es für je zwei $a, b \in R$ ein $x \in R$ gibt, für das simultan

$$x \equiv a \pmod{Rr} \text{ und } x \equiv b \pmod{Rs}$$

gilt.
Dies lässt sich natürlich für endlich viele (paarweise teilerfremde) Elemente verallgemeinern.
b) Zum Beispiel sagt der Chinesische Restsatz für $R = K[X]$, K ein Körper, dass sich für je n paarweise verschiedene Elemente $x_1, \ldots, x_n \in K$ und jede Vorgabe von Elementen $a_1, \ldots, a_n \in K$ ein Polynom f finden lässt mit

$$f(x_i) = a_i, \ 1 \leq i \leq n.$$

Dieses ist eine Lösung der simultanen Kongruenzbedingung

$$f \equiv a_i \pmod{(X - x_i)}, \ 1 \leq i \leq n,$$

die es nach unserem Satz geben muss, denn die Polynome $(X - x_i)$ sind paarweise teilerfremd – die Differenz ist jeweils eine von Null verschiedene Konstante. Einen Spezialfall davon haben wir schon in 3.3.18 b) bei der Arbeit beobachtet. Ein Polynom, das die obigen Kongruenzen simultan erfüllt, lässt sich auch mit der Lagrange-Interpolation explizit machen:

$$f(X) = \sum_{i=1}^{n} \prod_{j \neq i} \frac{X - x_j}{x_i - x_j} \cdot a_i.$$

Der Chinesischen Restsatz gestattet auch die Vorgabe feinerer Bedingungen (Nullstellenordnungen oder allgemeiner Werte von Ableitungen und noch mehr), die sich dann nicht mehr ganz so elementar allgemein erfüllen lassen.

5.2 Arithmetik in Hauptidealringen

Definition 5.2.1 Irreduzibel oder prim?
Es sei R ein kommutativer Ring.
Ein Element $m \in R$ heißt *irreduzibel*, wenn $m \notin R^\times$ und für alle $a, b \in R$ gilt:

$$m = ab \Rightarrow a \in R^\times \text{ oder } b \in R^\times.$$

Ein Element $p \in R$ heißt ein *Primelement*, wenn $p \notin R^\times$ und wenn für alle $a, b \in R$ gilt:

$$p \text{ teilt } ab \Rightarrow p \text{ teilt } a \text{ oder } p \text{ teilt } b.$$

Warnhinweis: In der Literatur wird häufig 0 als Primelement nicht zugelassen. Ich halte das für inkonsequent und werde dies in diesem Buch anders handhaben. Der Grund dafür ist vor allem in 5.2.10 zu finden.

Irreduzibilität eines Elementes $m \in R$ heißt also, dass seine Assoziiertenklasse $mR^\times$ in R unter den von $R^\times$ verschiedenen Klassen bezüglich der Ordnungsrelation der Teilbarkeit minimal ist: Jeder Teiler von m ist entweder eine Einheit oder zu m assoziiert. Die Rechnung unter d) in 5.1.5 zeigt unter anderem, dass 2 in $\mathbb{Z}[\sqrt{-5}]$ irreduzibel ist.

Für die Primzahlen gilt jetzt: Sie sind – laut Vergleich der Definitionen – gerade die positiven irreduziblen Elemente im Ring $\mathbb{Z}$, und laut 1.2.2 auch genau die positiven Primelemente in $\mathbb{Z}$.

Das Nullelement eines Ringes R ist niemals irreduzibel, denn entweder 0 ist eine Einheit oder $0 = 0 \cdot 0$ liefert einen Widerspruch zur Irreduzibilität.

Null ist prim genau dann, wenn R nullteilerfrei ist.

5.2 Arithmetik in Hauptidealringen

Hilfssatz 5.2.2 Prim oder irreduzibel?
Es sei R ein nullteilerfreier kommutativer Ring.

a) Ein von 0 verschiedenes Primelement in R ist immer irreduzibel.
b) Wenn R ein Hauptidealring ist, dann ist ein irreduzibles Element in R immer auch prim.

Beweis

a) Es sei $0 \neq p \in R$ prim. Weiter seien $a, b \in R$ zwei Elemente mit $p = ab$. Da p prim ist, muss es a oder b teilen. Ohne Einschränkung sei dies a, sodass a und p sich gegenseitig teilen. Die Rechnung aus 5.1.3 zeigt dann, dass b eine Einheit ist.

b) Nun seien R ein Hauptidealring und $m \in R$ irreduzibel. Weiter seien $a, b \in R$ Elemente, sodass m ein Teiler von ab ist: $ab = mt$, $t \in R$. Wir kopieren den Beweis aus 1.2.2: Wenn m kein Teiler von a ist, dann sind a und m teilerfremd, denn die einzigen Teiler von m sind Einheiten und zu m assoziierte Elemente. Aber auch alle zu m assoziierten Elemente können a nicht teilen. Also ist 1 ein ggT von a und m, und nach 5.1.6 lässt 1 sich schreiben als

$$1 = ac + md, \quad c, d \in R \text{ geeignet.}$$

Multiplikation mit b macht daraus wieder

$$b = abc + mbd = m(tc + bd),$$

also ist m ein Teiler von b und damit m prim. ○

Beispiel 5.2.3 Irreduzible Polynome
Sei K ein Körper und $R = K[X]$. Dann ist ein Polynom $f \in K[X]$ genau dann irreduzibel, wenn es nicht konstant ist und sich nur in der Form

$$f = c \cdot (f/c), \quad c \in K^\times,$$

in Faktoren aus $K[X]$ zerlegen lässt, also nicht konstant ist und keine Zerlegung als Produkt zweier Teiler besitzt, die beide kleineren Grad haben.

Daher sind lineare Polynome immer irreduzibel.

Quadratische Polynome oder solche von Grad 3 sind genau dann irreduzibel, wenn sie in K keine Nullstelle haben.

Ab Grad 4 ist es schwieriger zu entscheiden, ob ein Polynom irreduzibel ist. Wir kommen für einige interessante Körper in 5.4 noch einmal darauf zu sprechen.

Jetzt können wir den Fundamentalsatz der Arithmetik in die Welt der Hauptidealringe übertragen. Die in $\mathbb{N}$ geltende Eindeutigkeit muss einem Akt der Willkür weichen – wir müssen erst aus jeder Assoziiertenklassen von Primelementen einen Vertreter wählen.

Satz 5.2.4 Primzerlegung in Hauptidealringen
Es sei R ein Hauptidealring. Weiter sei $\mathbb{P}_R$ ein Vertretersystem der Assoziiertenklassen der von 0 verschiedenen Primelemente.

Dann ist jedes $r \in R \setminus \{0\}$ assoziiert zu einem Produkt von endlich vielen Elementen in $\mathbb{P}_R$.

Sind weiter $s, t \in \mathbb{N}_0$ und $p_1, \ldots, p_s, q_1, \ldots q_t \in \mathbb{P}_R$ derart, dass Einheiten $u, v \in R^\times$ existieren mit

$$r = u \cdot p_1 \cdot \ldots \cdot p_s = v \cdot q_1 \cdot \ldots \cdot q_t,$$

so gelten $u = v$, $s = t$ und – bis auf eine Vertauschung der Reihenfolge der Faktoren – $p_i = q_i$ für alle $1 \leq i \leq s$.

Beweis Die Eindeutigkeit geht im Prinzip genauso wie im Fall $R = \mathbb{Z}$, also im Beweis von 1.2.4, und dazu sage ich jetzt nichts weiter.

Die Existenz der Zerlegung haben wir schon vorbereitet.

Wir nehmen an, die Aussage des Satzes sei falsch, und betrachten die Menge S aller Elemente $0 \neq r \in R$, die nicht zu einem Produkt von Elementen aus $\mathbb{P}_R$ assoziiert sind. Diese Menge ist dann nicht leer, und es gibt nach 5.1.9 ein minimales Element $m \in S$.

Natürlich ist dieses m weder eine Einheit noch ein Primelement, da es sonst zu einem leeren (siehe 1.2.3) oder einelementigen Produkt von Elementen in $\mathbb{P}_R$ assoziiert wäre. Demnach gibt es eine Zerlegung $m = ab$ in zwei echte Faktoren, das heißt, beide sind nicht zu m assoziiert. Dann sind a und b definitionsgemäß nicht in S. Genau hier geht die Bedingung $m \neq 0$ ein.

Es gibt also eine Zerlegung

$$a = u \cdot p_1 \cdot \ldots \cdot p_k, \quad b = v \cdot q_1 \cdot \ldots \cdot q_l$$

mit Primelementen $p_i, q_j \in \mathbb{P}_R$ und Einheiten u, v und es folgt

$$m = uv \cdot p_1 \cdot \ldots \cdot p_k \cdot q_1 \cdot \ldots \cdot q_l$$

entgegen der Annahme. Damit ist diese zum Widerspruch geführt. ○

Beispiel 5.2.5 Primelemente in $\mathbb{Z}[i]$
Der Ring $\mathbb{Z}[i]$ der ganzen Gaußschen Zahlen ist ein Hauptidealring, siehe 5.1.12. Es ist also interessant, eine Übersicht über die Primelemente hier zu bekommen. Hierzu benutzen wir die komplexe Konjugation:

$$\overline{x + y\mathrm{i}} = x - y\mathrm{i}$$

sowie die *Normabbildung* $N : \mathbb{Z}[i] \to \mathbb{N}_0$, $N(z) := |z|^2 = z \cdot \bar{z}$. Diese Abbildung ist insbesondere multiplikativ:

$$N(zw) = zw \cdot \overline{zw} = z \cdot \bar{z} \cdot w \cdot \bar{w} = N(z) \cdot N(w).$$

5.2 Arithmetik in Hauptidealringen

Wenn nun $\pi \in \mathbb{Z}[i]$ ein von Null verschiedenes Primelement ist, dann teilt es also $N(\pi) = \pi \cdot \overline{\pi}$, und dies ist eine natürliche Zahl. Da diese ein Produkt von natürlichen Primzahlen ist, muss π bereits eine dieser Primzahlen teilen, da es ein Primelement ist. Die von 0 verschiedenen Primelemente in $\mathbb{Z}[i]$ finden sich also gerade als Primteiler der natürlichen Primzahlen.

Es sei π ein Teiler der Primzahl p. Dann gilt

$$N(\pi) | N(p) = p^2,$$

und wir haben zwei Möglichkeiten: $N(\pi) = p$ oder $N(\pi) = p^2$.

NB: $N(\pi) = 1$ würde heißen, dass $\pi\overline{\pi} = 1$, und dann wäre π eine Einheit, was für Primelemente verboten ist.

Weiter sei nun $\pi = a + bi$, $a, b \in \mathbb{Z}$. Dann ist $N(\pi) = a^2 + b^2$, und wir kommen letztlich zur Frage, wann eine Primzahl $p \in \mathbb{P}$ sich in $\mathbb{Z}$ als Summe von zwei Quadratzahlen schreiben lässt.

Fall 1: $p = 2$.

Hier gilt $2 = -i(1 + i)^2$, und der einzige Primteiler von 2 in $\mathbb{Z}[i]$ ist die Assoziiertenklasse von $1 + i$. 2 ist assoziiert zum Quadrat eines Primelements.

Fall 2: p lässt bei Division durch 4 Rest 3.

Wäre hier p die Norm eines Primelements $a + bi$, so folgte aus $p = a^2 + b^2$, dass ohne Einschränkung a gerade und b ungerade ist (ansonsten wäre die Summe der Quadrate gerade), und $a = 2s, b = 2t + 1$ liefert

$$a^2 + b^2 = 4(s^2 + t^2 + t) + 1.$$

Daher hat jeder Primteiler π von p die Norm p^2, und aus

$$p = z \cdot \pi$$

folgt $p^2 = N(p) = N(z) \cdot N(\pi) = N(z) \cdot p^2$, also $z\overline{z} = N(z) = 1$, und z ist eine Einheit. Das heißt, dass p selbst prim ist in $\mathbb{Z}[i]$.

Fall 3: p lässt bei Division durch 4 Rest 1.

Hier sehen wir schnell Beispiele:

$$5 = 2^2 + 1^2, \ 13 = 3^2 + 2^2, \ 17 = 4^2 + 1^2, \ 29 = 5^2 + 2^2,$$

aber keine Gegenbeispiele. Wegen 4.3.4, gibt es ein $u \in \{0, \ldots, p-1\}$, sodass $u^2 + 1$ ein Vielfaches von p ist. Da $u^2 + 1 < p^2$ gilt, folgt:

$$\exists u, k \in \{1, \ldots, p-1\} : kp = u^2 + 1 = (u - i) \cdot (u + i).$$

Ein Primteiler π von p in $\mathbb{Z}[i]$ teilt daher auch $u + i$ oder $u - i$, und daher hat π als Norm einen Teiler von kp. Da aber nach den vorhergehenden

Überlegungen die Norm von π ein Teiler von p^2 sein muss, ist die Norm ein gemeinsamer Teiler von kp und p^2, also p, denn $k < p$.
In diesem Fall hat also p zwei nicht assoziierte Primteiler

$$a \pm \mathrm{i} b, \ a, b \in \mathbb{N}, \ a^2 + b^2 = p.$$

Folgerung 5.2.6 Summen zweier Quadrate
Eine natürliche Zahl n ist genau dann als Summe zweier Quadrate von ganzen Zahlen schreibbar, wenn ihr quadratfreier Anteil (siehe 1.3.4) keinen Primteiler hat, der bei Division durch 4 Rest 3 lässt.

Beweis Die Zahl n ist genau dann Summe zweier Quadrate, wenn sie die Norm eines Elements $a + b\mathrm{i} \in \mathbb{Z}[\mathrm{i}] \smallsetminus \{0\}$ ist.
Nun schreiben wir $a + b\mathrm{i}$ als Produkt von Primelementen in $\mathbb{Z}[\mathrm{i}]$ und sehen mit 5.2.5, dass das Betragsquadrat eines Primfaktors entweder 2 oder eine Primzahl $p = 4k + 1$ oder das Quadrat einer Primzahl $p = 4k + 3$ ist. Das zeigt die Notwendigkeit der Bedingung.
Da die erlaubten quadratfreien Zahlen allesamt Normen von Elementen in $\mathbb{Z}[\mathrm{i}]$ sind, ist die Bedingung auch hinreichend. ◯

So ist 209 zwar kongruent zu 1 modulo 8, aber da $209 = 11 \cdot 19$ gilt, bleibt die Suche nach $a, b \in \mathbb{Z}$ mit $209 = a^2 + b^2$ vergebens.
Interessant ist hierbei, dass ein Problem, dass zunächst additive Natur hat – Summen zweier Quadrate in $\mathbb{Z}$ – in eine multiplikative Fragestellung umgewandelt wird, indem wir anstelle von $\mathbb{Z}$ einen anderen Ring betrachten.

Bemerkung 5.2.7 Zwei Dirichletreihen
Dieser Exkurs stellt exemplarisch vor, wie die Frage der Existenz von Primzahlen in Restklassen in eine analytische Fragestellung verwandelt und dann gelöst wird. Das wird letztlich beim Beweis der Dirichletschen Primzahlsatzes verallgemeinert, der uns in 1.3.9 ohne Beweis vorgestellt wurde.
Wir haben schon die Riemannsche Zetafunktion gesehen:

$$\zeta(s) = \sum_{n=1}^{\infty} \frac{1}{n^s} = \prod_{p \in \mathbb{P}} \frac{1}{1 - p^{-s}}, \ s > 1.$$

Für den Ring $R = \mathbb{Z}[\mathrm{i}]$ gibt es auch eine Zetafunktion, einen Spezialfall für die Klasse Dedekindscher Zetafunktionen, nämlich

$$\zeta_R(s) := \sum_{r \neq 0}^{*} \frac{1}{N(r)^s} = \prod_{\pi \text{ prim}}^{*} \frac{1}{1 - N(\pi)^{-s}}, \ s > 1,$$

wobei die Summen und Produkte mit Sternchen bedeuten, dass über Assoziiertenklassen summiert (oder multipliziert) wird.

5.2 Arithmetik in Hauptidealringen

(Im Allgemeinen werden hier Assoziiertenklassen durch Ideale ersetzt, aber wir haben ja einen Hauptidealring...)

Als Vertreter der Assoziiertenklassen wählen wir hier die Elemente im ersten Quadranten mit Realteil > 0. Jedes Element aus $R \smallsetminus \{0\}$ lässt sich durch Multiplikation mit einer Potenz von i in diese Menge drehen.

Die Produktformel bringt auch für R einfach den Fundamentalsatz der Arithmetik zum Ausdruck.

In 5.2.5 haben wir gelernt, wie die Primelemente in R mit den Primzahlen zusammenhängen. Wir können daher das Produkt für ζ_R auch schreiben als

$$\zeta_R(s) = \frac{1}{1 - 2^{-s}} \cdot \prod_{p \in \mathbb{P}_1} \left(\frac{1}{1 - p^{-s}}\right)^2 \cdot \prod_{p \in \mathbb{P}_3} \left(\frac{1}{1 - p^{-2s}}\right),$$

wobei $\mathbb{P}_j$ aus den Primzahlen besteht, die modulo 4 zu j kongruent sind.

Das kommt daher, dass 2 genau einen Primteiler (von Norm 2) in R hat, die Primzahlen $p = 4k + 3$ in R prim bleiben, aber Norm p^2 bekommen, und die Primzahlen $p = 4k + 1$ in R in zwei nicht assoziierte Primfaktoren zerfallen, die beide Norm p haben.

Ein Argument von Dirichlet zeigt, dass sowohl $(s - 1) \cdot \zeta(s)$ als auch $(s - 1) \cdot \zeta_R(s)$ für $s \searrow 1$ gegen eine von Null verschiedene Zahl streben.

Genauer gilt im Fall der Riemannschen Zetafunktion für $s > 1$:

$$\zeta(s) = \sum_{k=1}^{\infty} \frac{1}{k^s} \geq \int_1^{\infty} \frac{1}{x^s} \, dx = \frac{1}{s - 1}.$$

Analog finden wir nach unten

$$\zeta(s) = \sum_{k=1}^{\infty} \frac{1}{k^s} \leq 1 + \int_1^{\infty} \frac{1}{x^s} \, dx = 1 + \frac{1}{s - 1},$$

also insgesamt

$$\lim_{s \searrow 1} (s - 1)\zeta(s) = 1.$$

Etwas aufwendiger wird das für ζ_R, das wir erst einmal etwas konkreter als

$$\zeta_R(s) = \frac{1}{4} \sum_{(0,0) \neq (m,n) \in \mathbb{Z}^2} \frac{1}{(m^2 + n^2)^s}$$

umschreiben. Der Faktor $\frac{1}{4}$ kommt daher, dass jede von $\{0\}$ verschiedene Assoziiertenklasse vier Elemente hat und wir über alle Elemente von $R \smallsetminus \{0\}$ summieren. Das benutzen wir, um die Summanden abzuschätzen.

Wir schreiben die Zahlen $m^2 + n^2$ der Größe nach sortiert auf, und zwar jede so oft, wie sie auftaucht:
$$0 < \gamma_1 \leq \gamma_2 \leq \gamma_3 \ldots$$
und erhalten
$$\zeta_R(s) = \frac{1}{4} \sum_{k=1}^{\infty} \frac{1}{\gamma_k^s}.$$
Um jeden Punkt $(m, n) \in \mathbb{Z}^2$ denken wir uns nun ein achsenparalleles Quadrat mit Kantenlänge 1 und Mittelpunkt (m, n). Dieses liegt ganz im Kreis mit Mittelpunkt 0 und Radius r, sobald $r \geq \sqrt{m^2 + n^2} + \frac{\sqrt{2}}{2}$.

Umgekehrt liegt der Kreis mit Mittelpunkt 0 und Radius r ganz in der Vereinigung dieser Quadrate für alle Punkte (m, n) mit $\sqrt{m^2 + n^2} \leq r + \frac{\sqrt{2}}{2}$.

Es folgt
$$\pi \cdot \left(r - \frac{\sqrt{2}}{2}\right)^2 \leq \#\{(m, n) \mid m^2 + n^2 \leq r^2\} \leq \pi \cdot \left(r + \frac{\sqrt{2}}{2}\right)^2.$$

Das zeigt (verwende dazu $r^2 = \gamma_k$), dass $\lim_{k \to \infty} k/\gamma_k = \pi$.

Dies wiederum impliziert erstens, dass $\zeta_R(s)$ für $s > 1$ konvergiert und zweitens, dass
$$\lim_{s \searrow 1} (s - 1)\zeta_R(s) = \frac{\pi}{4}.$$
Nun erinnern wir uns an die Produktformel
$$\zeta_R(s) = \frac{1}{1 - 2^{-s}} \cdot \prod_{p \in \mathbb{P}_1} \frac{1}{(1 - p^{-s})^2} \cdot \prod_{p \in \mathbb{P}_3} \frac{1}{1 - p^{-2s}}.$$
Wäre dabei $\mathbb{P}_1$ endlich, so wäre
$$\zeta_R(s) = \zeta(2s) \cdot \frac{1 - 2^{-2s}}{1 - 2^{-s}} \cdot \prod_{p \in \mathbb{P}_1} \frac{1 - p^{-2s}}{(1 - p^{-s})^2}$$
ein endliches Produkt, und die Faktoren sind sogar für $s > \frac{1}{2}$ definiert. Es folgt
$$\lim_{s \searrow 1} (s - 1)\zeta_R(s) = 0,$$
ein Widerspruch.

Analog führt die Annahme, $\mathbb{P}_3$ sei endlich, wegen
$$\zeta_R(s) = \zeta(s)^2 \cdot (1 - 2^{-s}) \cdot \prod_{p \in \mathbb{P}_3} \frac{1 - p^{-s}}{1 - p^{-2s}}$$

zur Folgerung, dass
$$\lim_{s \searrow 1}(s-1)\zeta_R(s) = \infty,$$
was auch ein Widerspruch wäre.

Es müssen also sowohl $\mathbb{P}_1$ als auch $\mathbb{P}_3$ unendlich sein.

Bemerkung 5.2.8 Restklassenkörper

a) Es sei R ein Hauptidealring, aber kein Körper. Für welche Ideale Rg ist der Restklassenring R/Rg ein Körper? Das ist genau dann der Fall, wenn g irreduzibel ist, denn genau dann ist $R/Rg \neq \{0\}$ und jedes $a \notin Rg$ modulo g invertierbar. Wir sprechen dann vom *Restklassenkörper*.

b) Für eine Primzahl p bezeichnen wir mit $\mathbb{F}_p = \mathbb{Z}/p\mathbb{Z}$ den Körper mit p Elementen.

Da eine Primzahl $\equiv 3 \pmod 4$ in $\mathbb{Z}[i]$ prim ist, ist auch $\mathbb{Z}[i]/(p)$ ein Körper, aber er hat jetzt p^2 Elemente.

Wenn p ungerade ist und $a \in \mathbb{F}_p^{\times}$ kein Quadrat, dann ist $X^2 - a \in \mathbb{F}_p[X]$ irreduzibel, und $\mathbb{F}_p[X]/(X^2 - a)$ ist ein Körper mit Kardinalität p^2.

Allgemeiner gilt (siehe 7.3.4), dass es für jede Primzahl p und jedes $n \in \mathbb{N}$ ein irreduzibles Polynom $f \in \mathbb{F}_p[X]$ vom Grad n gibt. Dessen Restklassenkörper $\mathbb{F}_p[X]/(f)$ hat dann Kardinalität p^n.

c) Wenn K ein Körper ist und f ein nicht konstantes Polynom in $K[X]$, dann lässt sich ein größerer Körper konstruieren, in dem f eine Nullstelle hat. Wähle dazu einen irreduziblen Faktor m von f und setze $L := K[X]/(m)$, wobei $(m) := mK[X]$ das von m erzeugte Ideal ist. L ist wegen a) ein Körper, und die Restklasse von X ist eine Nullstelle von m (schließlich ist ja $m(X) = m \in (m) = 0_L$:-)) und damit natürlich auch von f.

Bemerkung 5.2.9 Unendlich viele irreduzible Polynome

Sei K ein Körper.

Dann gibt es unendlich viele normierte, irreduzible Polynome in $K[X]$.

Denn: Es gibt mindestens ein solches Polynom: X.

Seien nun $m \in \mathbb{N}$ und $p_1, p_2, \ldots, p_m \in K[X]$ irreduzibel und normiert, dann ist $f := (p_1 \cdot \ldots \cdot p_m) + 1$ ein nicht konstantes, normiertes Polynom. Es wird nach dem Fundamentalsatz von mindestens einem irreduziblen und ohne Einschränkung normierten Element P geteilt. Dann ist P von jedem p_i, $1 \leq i \leq m$, verschieden, da es irreduzibel ist und daher kein Teiler von $1 = f - (p_1 \cdot \ldots \cdot p_m)$ sein kann.

Also gibt es neben $p_1, \ldots, p_m$ noch mindestens ein weiteres irreduzibles normiertes Polynom, egal wie groß wir m wählen.

Euklid hätte sich bestimmt über diesen Beweis gefreut. Er lässt sich aber nicht auf beliebige Hauptidealringe übertragen, denn die Addition von 1 könnte aus dem Produkt eine Einheit machen.

Definition/Bemerkung 5.2.10 Primideal
Es sei R ein kommutativer Ring.

Ein Ideal $I \subseteq R$ heißt ein *maximales Ideal*, wenn $I \neq R$ und wenn zwischen I und R kein weiteres Ideal liegt.

Äquivalent dazu ist, dass R/I ein Körper ist, denn offensichtlich ist die Maximalität von I dazu äquivalent, dass es in R/I nur die zwei Ideale $\{0\}$ und R/I gibt, und dann greift die frühere Beobachtung 3.1.16.

Ein Ideal $I \subseteq R$ heißt *Primideal*, falls $I \neq R$ und für alle $x, y \in R$ gilt:

$$xy \in I \Rightarrow x \in I \text{ oder } y \in I.$$

Bei Hauptidealringen, die keine Körper sind, fallen die von $\{0\}$ verschiedenen Primideale mit den maximalen Idealen zusammen, da beide von von Null verschiedenen Primelementen, also irreduziblen Elementen, erzeugt werden.

Im Allgemeinen ist I genau dann eine Primideal, wenn R/I ein Integritätsbereich ist, was zeigt, dass jedes maximale Ideal ein Primideal ist.

Ein Hauptideal ist genau dann ein Primideal, wenn es von einem Primelement erzeugt wird – damit das ohne Wenn und Aber stimmt, habe ich mich entschlossen, die Null als Primelement zuzulassen.

Für Zwecke der modernen algebraischen Geometrie ist der Begriff des Primideals von zentraler Wichtigkeit: Primideale sind Punkte in Schemata, und Schemata ersetzen die klassischen Varietäten (aber hier bleibe ich etwas vage).

Bei Hauptidealringen ist jedes Primideal $P \neq (0)$ bereits maximal. Bei anderen Ringen wird das oft nicht so sein. In $R := \mathbb{Z}[X]$ etwa – vergleichen Sie das mit 5.1.7b) – gibt es die echt aufsteigende Primidealkette

$$(0) \subset (2) \subset (2, X).$$

5.3 Gleichungssysteme

Definition 5.3.1 Basen
Es sei R ein kommutativer Ring und M ein R-Modul. Dann heißt $B \subseteq M$ eine *(R-)Basis* von M, wenn sich jedes $m \in M$ auf eindeutig bestimmte Art als

$$m = \sum_{b \in B} \lambda_b \cdot b, \; \lambda_b \in R, \; \text{fast alle } \lambda_b = 0$$

schreiben lässt. Dabei heißt *fast alle* genauer: alle bis auf endlich viele.

Wir werden zumeist endliche Basen B betrachten, und dann ist dieser Zusatz gegenstandslos.

Wenn M eine Basis B hat, heißt M auch ein *freier R-Modul*.

Ist dann N irgendein R-Modul und $\varphi : B \to N$ eine Abbildung, so lässt sich diese auf genau eine Art zu einem R-Modulhomomorphismus $\Phi : M \to N$ fortsetzen: Das ist genau wie die lineare Fortsetzung in der Linearen Algebra.

5.3 Gleichungssysteme

Im Fall $R = \mathbb{Z}$ ist auch die Bezeichnung *freie abelsche Gruppe* statt freier $\mathbb{Z}$-Modul gebräuchlich. Abelsche Gruppen sind ja genau die $\mathbb{Z}$-Moduln.

Bemerkung 5.3.2 Ohne jede Basis

a) Jede Basis eines freien R-Moduls ist insbesondere über R linear unabhängig (definiert wie in der Linearen Algebra), denn sonst könnten wir die 0 auf zwei verschiedene Arten als Linearkombination schreiben.
b) Nicht jeder Modul hat eine Basis. Zum Beispiel hat $\mathbb{Q}$ als $\mathbb{Z}$-Modul betrachtet keine Basis: je zwei rationale Zahlen sind über $\mathbb{Z}$ linear abhängig und eine genügt nicht zum Erzeugen.
c) Die positiven rationalen Zahlen sind eine Gruppe bezüglich der Multiplikation. Als Gruppe wird sie von den Primzahlen erzeugt, die – wegen der Eindeutigkeit der Primfaktorzerlegung – eine Basis von $(\mathbb{Q}_{>0}, \cdot)$ als $\mathbb{Z}$-Modul bilden.
d) Es ist nicht immer so, dass ein minimales Erzeugendensystem eines Moduls eine Basis sein muss, selbst wenn es eine solche gibt; auch eine maximale, linear unabhängige Teilmenge ist nicht immer eine Basis. Es gibt keinen einfachen Basisergänzungssatz wie in der Linearen Algebra.
Die richtige Definition steht nun mal in 5.3.1.
e) Wenn R nullteilerfrei mit Quotientenkörper K ist, dann hat eine R-Basis B von R^n immer n Elemente, denn die Standardbasis und B sind dann beide auch K-Basen von K^n.
Da jeder freie R-Modul M mit einer endlichen Basis zu einem Standardmodul R^n isomorph ist, ist daher die Anzahl der Elemente einer Basis eine Invariante von M. Sie heißt der *Rang* von M.

Hilfssatz 5.3.3 …und dann doch!
Es seien R ein Hauptidealring, $n \in \mathbb{N}_0$ und $M \subseteq R^n$ ein Untermodul.
Dann hat M eine Basis aus höchstens n Elementen.

Beweis Wir machen vollständige Induktion nach n und identifizieren R^n mit $\{(x_i) \in R^{n+1} \mid x_{n+1} = 0\}$.

Für $n = 0$ ist nichts zu zeigen (die leere Menge ist eine Basis von R^0), und für $n = 1$ ist die Aussage auch klar, denn entweder M ist $\{0\}$ oder nicht, und im zweiten Fall besteht M aus allen Vielfachen eines Erzeugers a_0 des Ideals M. Also ist (wegen der Nullteilerfreiheit von R) $\{a_0\}$ eine Basis von M.

Nun sei die Behauptung wahr für n und M ein Untermodul von R^{n+1}.
Weiter sei

$$\Phi : R^{n+1} \to R, \quad \Phi((z_1, \ldots, z_{n+1})^\top) = z_{n+1}.$$

Das Bild $\Phi(M)$ ist ein Untermodul von R, also ein Ideal. Wir unterscheiden zwei Fälle:

Fall 1: $\Phi(M) = \{0\}$. Dann ist M „in Wirklichkeit" ein Untermodul von $R^n \cong R^n \times \{0\} \subset R^{n+1}$, und wir können die Induktionsannahme direkt für M benutzen.
Fall 2: $\Phi(M) \neq \{0\}$. Sei dann x_0 ein Erzeuger des Ideals $\Phi(M)$.

Wähle ein $b_0 \in M$, sodass $\Phi(b_0) = x_0$.
Nun sei $K := \mathrm{Kern}(\Phi) \cap M = \{m \in M \mid \Phi(m) = 0\} \subseteq R^n \times \{0\} \cong R^n$. Nach Induktionvoraussetzung besitzt K eine R-Basis B aus höchstens n Elementen.
Dann gilt für $m \in M$:

$$m = \frac{\Phi(m)}{x_0} b_0 + (m - \frac{\Phi(m)}{x_0} b_0) = \frac{\Phi(m)}{x_0} b_0 + \sum_{b \in B} \lambda_b \cdot b$$

für geeignete $\lambda_b \in R, b \in B$. Es ist klar, dass die Vorfaktoren hierbei eindeutig bestimmt sind (der Vorfaktor vor b_0 ergibt sich aus $\Phi(m) = \lambda_{b_0} \Phi(b_0)$, der Rest, weil B linear unabhängig ist).
Also ist $B \cup \{b_0\}$ eine Basis von M und hat höchstens $n+1$ Elemente. ◯

Hilfssatz 5.3.4 Unimodulare Matrizen
Es sei R ein Integritätsbereich und $M \in R^{n \times n}$ gegeben. Dann sind äquivalent:

i) Die Spalten von M bilden eine R-Basis von R^n.
ii) Es gibt eine zu M inverse Matrix mit Einträgen in R.
iii) $\det(M) \in R^\times$.

Matrizen, für die eine dieser Aussagen stimmt, heißen unimodulare Matrizen.

Beweis
Für den Umgang mit Determinanten können wir immer benutzen, dass sich alles im Quotientenkörper von R abspielt, sodass wir Sätze der Linearen Algebra verwenden können. Wir zeigen drei Implikationen:
$i) \Rightarrow ii)$ Wenn die Spalten von M eine Basis von R^n bilden, dann lassen sich die Standardbasisvektoren als ganzzahlige Linearkombinationen dieser Spalten schreiben, das heißt es gibt $v_1, \ldots, v_n \in R^n$ mit $Mv_i = e_i$. Die Matrix N mit Spalten $v_1, \ldots, v_n$ ist also zu M invers und hat Einträge in R.
$ii) \Rightarrow iii)$ Aus $MN = I_n, M, N \in R^{n \times n}$, folgt

$$\det(M) \cdot \det(N) = \det(I_n) = 1,$$

also sind $\det(M)$ und $\det(N)$ Einheiten in R. Hierbei ist I_n wieder die Einheitsmatrix.
$iii) \Rightarrow i)$ Sei nun $\det(M) \in R^\times$. Das charakteristische Polynom

$$\mathrm{CP}_M(X) = \det(XI_n - M) = \sum_{i=0}^{n} a_i X^i$$

ist ein normiertes ganzzahliges Polynom mit konstantem Term $a_0 = (-1)^n \det(M) \in R^\times$.

5.3 Gleichungssysteme

Der Satz von Cayley-Hamilton[3] sagt dann, dass

$$\sum_{i=0}^{n} a_i M^i = 0,$$

und daraus folgt

$$M \cdot \left(\sum_{i=1}^{n} a_i M^{i-1}\right) = \sum_{i=1}^{n} a_i M^i = -a_0.$$

Die Matrix $-(a_0)^{-1} \sum_{i=1}^{n} a_i M^{i-1} \in R^{n \times n}$ ist dann invers zu M, und damit sind insbesondere die Standardbasisvektoren von R^n in der von den Spalten von M erzeugten Untergruppe von R^n. Diese Spalten erzeugen also R^n, und da sie linear unabhängig sind, bilden sie eine Basis. $\bigcirc$

Definition 5.3.5 Inhalt eines Elementes
Es sei R ein Hauptidealring und $v \in R^n$. Dann heißt der ggT der Einträge von v auch der *Inhalt* von v, kurz $\mathrm{Inh}(v)$.

Wenn v Inhalt 1 hat, dann heißt v auch ein *primitives Element* von R^n.

Hilfssatz 5.3.6 Basisergänzung
Es sei R ein Hauptidealring. Ein Element $v \in R^n$ ist genau dann ein Element einer Basis von R^n, wenn $\mathrm{Inh}(v) = 1$.

Beweis Es sei $v \in B$, B eine Basis von R^n. Da dann $\mathrm{Inh}(v)$ ein Teiler der Determinante der unimodularen Matrix ist, deren Spalten die Elemente von B sind, ist $\mathrm{Inh}(v) = 1$.

Sei umgekehrt $\mathrm{Inh}(v) = 1$. Dann ist 1 eine Linearkombination der Einträge von v, denn R ist Hauptidealring, also

$$\exists w \in R^n : w^\top \cdot v = 1.$$

Analog zum Vorgehen im Beweis von 5.3.3 sei

$$K := \{u \in R^n \mid w^\top \cdot u = 0\}.$$

Dann findet sich wegen $x - (w^\top \cdot x) \cdot v \in K$ für alle $x \in R^n$

$$R^n = R \cdot v + K,$$

und $R \cdot v \cap K = \{0\}$. Die Hinzunahme von v zu einer Basis von K liefert eine Basis von R^n. $\bigcirc$

---

[3] William Rowan Hamilton, 1805–1865; dieser Satz gilt für beliebige kommutative Ringe.

Satz 5.3.7 Elementarteilersatz
Es seien R ein Hauptidealring und F ein freier R-Modul vom Rang n sowie $U \subseteq F$ ein Untermodul vom Rang r.

Dann gibt es eine Basis $\{b_1, \ldots, b_n\}$ von F und Elemente $e_1, e_2, \ldots, e_r \in R$ sodass

$$\{e_1 b_1, e_2 b_2, \ldots, e_r b_r\}$$

eine Basis von U ist und für alle $1 \leq i \leq r-1$ stets e_i ein Teiler von e_{i+1} ist.

NB: Dies ist ein ganz passabler Ersatz für den Basisergänzungssatz.

Beweis Ohne Einschränkung dürfen wir $F = R^n$ annehmen.

Wir machen wieder vollständige Induktion, dieses Mal aber nach r. Für $r = 0$ ist nichts zu zeigen.

Für $r = 1$ sei c ein Basiselement von U und $e = \text{Inh}(c)$. Dann ist $b_1 := \frac{1}{e} \cdot c$ ein Vektor vom Inhalt 1. Nach dem eben Gesehenen lässt er sich also zu einer Basis von R^n ergänzen. Das ist in diesem Fall bereits die Behauptung.

Es sei $r \geq 2$. Dann gibt es wegen 5.1.9 ein $c_1 \in U$ derart, dass $\text{Inh}(c_1)$ unter den Inhalten der Elemente von $U \smallsetminus \{0\}$ bezüglich Teilbarkeit minimal ist. Das heißt: Ist e_1 der Inhalt von c_1, dann gibt es kein $u \in U$, dessen Inhalt ein echter Teiler von e_1 ist.

Wir wählen ein $w \in R^n$ mit $w^\top \cdot c_1 = e_1$. Das Element $b_1 := \frac{1}{e_1} c_1$ ist primitiv in R^n, und mit

$$K := \{u \in R^n \mid w^\top \cdot u = 0\}$$

gilt

$$U = U \cap R^n = U \cap (R \cdot b_1 + K) = R \cdot c_1 + (U \cap K).$$

Nach Induktionsvoraussetzung gibt es eine Basis $\{b_2, \ldots, b_n\}$ von K und Elemente $e_2 \mid e_3 \mid \cdots \mid e_r$, sodass

$$c_2 := e_2 b_2, \ldots, c_r := e_r b_r$$

eine Basis von $K \cap U$ bilden – dies ist ja auch ein Untermodul des freien Moduls K, und der Rang ist kleiner als der von U.

Noch zu zeigen ist nun, dass e_1 ein Teiler von e_2 ist.

Wähle dazu $v \in R^n$ mit $v^\top \cdot c_2 = e_2$. Das geht, da b_2 ja primitiv ist und daher e_2 der Inhalt von $c_2 = e_2 b_2$ ist.

Andererseits ist e_1 ein Teiler von $e_1 \cdot v^\top \cdot b_1 = v^\top \cdot c_1$, und wir ersetzen v durch

$$\tilde{v} := v - \frac{v^\top \cdot c_1}{e_1} w.$$

Für w und $\tilde{v}$ gilt nun sogar

$$w^\top c_1 = e_1, \quad w^\top c_2 = 0, \quad \tilde{v}^\top c_1 = 0, \quad \tilde{v}^\top c_2 = e_2.$$

Wir schreiben $\mathrm{ggT}(e_1, e_2) = se_1 + te_2$ für geeignete $s, t \in R$. Dann folgt

$$\mathrm{Inh}(sc_1 + tc_2) \mid (w + \tilde{v})^\top (sc_1 + tc_2) = se_1 + te_2 = \mathrm{ggT}(e_1, e_2) \mid e_1.$$

Da aber e_1 unter den Inhalten der Elemente von U minimal gewählt war, folgt $\mathrm{Inh}(sc_1 + tc_2) = e_1$. Wir dürfen also die Teilereigenschaft in dieser Kette durch Assoziiertheit ersetzen, erhalten $e_1 = \mathrm{ggT}(e_1, e_2)$ und e_1 teilt e_2. ○

Bemerkung 5.3.8 Elementarteiler
Die Elemente $e_1, \ldots, e_r$ aus dem Satz sind (bis auf Assoziiertheit) eindeutig durch U festgelegt; das soll hier nicht allgemein vorgeführt werden. Sie heißen die *Elementarteiler* von U in F.

Der erste Elementarteiler e_1 teilt wegen $e_1 \mid e_i$ alle Elemente $e_i b_i$, $1 \le i \le r$, in F. Diese aber erzeugen U, und deshalb teilt e_1 alle Elemente von $U \subseteq F$, das heißt: $U \subseteq e_1 F$. Aber kein echtes Vielfaches von e_1 teilt $e_1 b_1$. Daher ist e_1 eindeutig bestimmt als der größte gemeinsame Teiler aller Elemente von U (in F).

Im Fall $r = n$ ist e_r durch die folgende Bedingung charakterisiert: $e_r \cdot F \subseteq U$ und für keinen echten Teiler d von e_r gilt $dF \subseteq U$.

Der Elementarteilersatz hat auch folgende Formulierung:

Satz 5.3.9 Die Matrixversion
Es sei R ein Hauptidealring und $M \in R^{n \times m}$ eine Matrix von Rang r. Dann gibt es unimodulare Matrizen $S \in \mathrm{GL}_n(R)$ und $T \in \mathrm{GL}_m(R)$, sodass

$$S^{-1}MT = \begin{pmatrix} D & 0 \\ 0 & 0 \end{pmatrix}, \quad D = \mathrm{diag}(e_1, \ldots, e_r), \quad e_1 \mid e_2 \mid \cdots \mid e_r \neq 0.$$

Die Nullen hier stehen für Nullmatrizen der jeweils passenden Größe, und diag *bezeichnet eine Diagonalmatrix mit den angegebenen Elementen auf der Diagonale.*

Beweis Wir betrachten die Abbildung $\Phi : R^m \to R^n$, die durch Multiplikation mit M gegeben ist. Ihr Bild ist ein Untermodul $U \subseteq R^n$, und hier gibt es also eine Basis $\{b_1, \ldots, b_n\} \subset R^n$ sowie die zugehörigen Elementarteiler $e_1 \mid e_2 \mid \cdots \mid e_r$, sodass $e_i b_i$, $1 \le i \le r$, eine Basis von U ist. Wir schreiben diese Basiselemente in dieser Reihenfolge in eine Matrix S, welche dann natürlich unimodular ist.

Wir wählen Elemente $v_i \in R^m$ mit $M \cdot v_i = e_i b_i$, $1 \le i \le r$. Da die Bilder dieser Elemente eine Basis von U sind, gilt – analog wie wir das schon für Linearformen zweimal benutzt haben –

$$R^m = Rv_1 + \cdots + Rv_r + \mathrm{Kern}(\Phi).$$

Weiter sind $v_1, \ldots, v_r$ linear unabhängig, und nur ihre triviale Linearkombination liegt im Kern von Φ. Wenn wir nun noch eine Basis $\{v_{r+1}, \ldots, v_m\}$ vom Kern von Φ wählen, dann ist $T = (v_1\ v_2\ \ldots\ v_m)$ unimodular und es gilt

$$MT = (e_1 b_1\ e_2 b_2\ \ldots e_r b_r\ 0 \ldots\ 0) = SE,$$

wobei E die Elementarteilermatrix auf der rechten Seite der Behauptung ist. ◯

Bemerkung 5.3.10 Lineare Gleichungssysteme
Die hier erreichte Normalform für M heißt die *Smith-Normalform*[4].

Sie hat für die Theorie der linearen Gleichungssysteme über R eine ähnliche Bedeutung wie die Gauß-Normalform im Fall von Körpern.

Ist $Mx = b$ zu lösen, so lösen wir stattdessen

$$S^{-1}MTy = S^{-1}b,$$

und rechnen diesen Lösungsraum zurück mithilfe T^{-1}. Dabei ist $S^{-1}MTy = S^{-1}b$ genau dann ganzzahlig lösbar, wenn für die Einträge von $S^{-1}b = (\beta_1, \ldots, \beta_n)^\top$ gilt, dass $\beta_i = 0$ für $i \geq r+1$ und $e_i \mid \beta_i$ für $1 \leq i \leq r$.

Für ganzzahlige Lineare Gleichungssysteme wissen wir also prinzipiell ganz gut Bescheid, was die Lösungstheorie angeht.

Beispiel 5.3.11 Mal eines mit Zahlen
Es sei $R = \mathbb{Z}$. Was sind die Elementarteiler der Matrix

$$M := \begin{pmatrix} 1 & 2 & 3 \\ 4 & 5 & 6 \\ 7 & 8 & 9 \end{pmatrix}?$$

Klar, der Rang ist 2 und das Bild der Multiplikation mit M wird von den ersten beiden Spalten erzeugt, denn die dritte ist das Doppelte der zweiten Minus die erste Spalte. Die erste hat Inhalt 1 und taugt von daher als erster Basisvektor b_1, und $e_1 = 1$. Nun muss der zweite Erzeuger so abgeändert werden, wie es Satz 5.3.7 verlangt, das heißt, wir müssen erst eine Spalte $w \in \mathbb{Z}^3$ finden mit $w^\top \cdot b_1 = 1$. Hier können wir zum Beispiel den ersten Standardbasisvektor benutzen. Wir müssen dann die zweite Spalte s_2 von M so um ein Vielfaches von $c_1 := b_1$ abändern, dass der neu erhaltene Vektor mit $w^\top$ Produkt 0 hat. Konkret:

$$c_2 := s_2 - (w^\top \cdot s_2) \cdot c_1 = (0 \ -3 \ -6)^\top.$$

Dann setzen wir

$$b_2 := \begin{pmatrix} 0 \\ -1 \\ -2 \end{pmatrix}$$

und erhalten $e_2 = 3$. Wir ergänzen b_1, b_2 durch $b_3 := (0 \ 0 \ 1)^\top$ zu einer Basis von $\mathbb{Z}^3$. Andererseits ist $c_1 = M \cdot (1 \ 0 \ 0)^\top$ und $c_2 = M \cdot (-2 \ 1 \ 0)^\top$, und der Kern der

---
[4] Henry John Stephen Smith, 1826–1883.

5.3 Gleichungssysteme

Multiplikation mit M wird von $(1 \ -2 \ 1)^\top$ erzeugt, womit wir die drei Spalten der anderen unimodularen Matrix erhalten. Wir sehen:

$$M \cdot \begin{pmatrix} 1 & -2 & 1 \\ 0 & 1 & -2 \\ 0 & 0 & 1 \end{pmatrix} = \begin{pmatrix} 1 & 0 & 0 \\ 4 & -1 & 0 \\ 7 & -2 & 1 \end{pmatrix} \cdot \begin{pmatrix} 1 & 0 & 0 \\ 0 & 3 & 0 \\ 0 & 0 & 0 \end{pmatrix}.$$

Als Folgerung aus dem Elementarteilersatz ergibt sich die folgende Aussage:

Folgerung 5.3.12 Struktursatz für endlich erzeugte abelsche Gruppen
Jede endlich erzeugte abelsche Gruppe A ist ein direktes Produkt von zyklischen Gruppen.
  Genauer gibt es natürliche Zahlen $e_1 \mid e_2 \mid \ldots \mid e_s$ und $r \in \mathbb{N}_0$, sodass

$$A \cong \mathbb{Z}/(e_1) \times \ldots \times \mathbb{Z}/(e_s) \times \mathbb{Z}^r.$$

Bemerkung Das r heißt auch hier der *Rang von A*. Es ist also der Rang des „freien Anteils" von A. Der freie Anteil liegt nicht als Gruppe insgesamt fest, er ist isomorph zum Quotienten von A nach der Untergruppe, die aus allen Elementen endlicher Ordnung besteht, der *Torsionsuntergruppe*.

Beweis Es seien A eine endlich erzeugte abelsche Gruppe und S ein endliches Erzeugendensystem von A. Die Anzahl der Erzeuger sei n.
  Dann gibt es einen surjektiven Homomorphismus von $\mathbb{Z}^n$ nach A, der die Standardbasis von $\mathbb{Z}^n$ auf S schickt. Es sei U der Kern dieses Homomorphismus. Dann ist A isomorph zu $\mathbb{Z}^n/U$, und wir müssen nur noch zeigen, dass diese Faktorgruppe direktes Produkt von zyklischen Gruppen ist. Dazu seien $e_1, \ldots, e_s$ die Elementarteiler von U in $\mathbb{Z}^n$ und $b_1, \ldots, b_n$ eine Basis von $\mathbb{Z}^n$ wie im Elementarteilersatz. Es folgt

$$\mathbb{Z}^n/U \cong \mathbb{Z}^n/D\mathbb{Z}^n, \quad D = \mathrm{diag}(e_1, e_2, \ldots, e_s, 0, \ldots 0).$$

Per Induktion nach n ergibt sich

$$\mathbb{Z}^n/U \cong \mathbb{Z}/e_1\mathbb{Z} \times \cdots \times \mathbb{Z}/e_s\mathbb{Z} \times \mathbb{Z} \times \cdots \times \mathbb{Z}. \qquad \bigcirc$$

Bemerkung 5.3.13 Jordansche Normalform
Es sei R ein Hauptidealring. Jeder endlich erzeugte R-Modul ist dann eine direkte Summe von *zyklischen Moduln,* also solchen der Gestalt $R/(g)$ für ein $g \in R$. Das wird genauso bewiesen wie 5.3.12.
  Ist insbesondere $R = K[X]$ ein Polynomring über einem Körper und $M = K^n$, so wird M durch Wahl einer Matrix $A \in K^{n \times n}$ zu einem R-Modul:

$$f(X) \cdot v := f(A) \cdot v.$$

Das ergibt sich aus dem Einsetzhomomorphismus, siehe 3.3.10.
Daher gibt es endlich viele normierte Polynome $f_1, \ldots, f_r$ mit

$$M \cong K[X]/(f_1) \times \cdots \times K[X]/(f_r).$$

Dabei ist $f_1 \cdot \ldots \cdot f_r$ das charakteristische Polynom von A und f_r das Minimalpolynom, wenn wir wie – im Elementarteilersatz sichergestellt – die Teilereigenschaft $f_i \mid f_{i+1}$, $1 \leq i \leq r-1$, verlangen.

Wenn schließlich f_r in Linearfaktoren zerfällt, dann können wir auf jeden Faktor noch den Chinesischen Restsatz anwenden und erhalten letztlich nach geeigneter Basiswahl den Satz von der Jordanschen Normalform.

Bemerkung 5.3.14 Nichtlinear?
Nun wissen wir über lineare Gleichungssysteme über $\mathbb{Z}$ ganz gut Bescheid.

Von Interesse sind aber sehr oft auch nicht lineare Probleme: Seien $P_1, \ldots, P_m \in \mathbb{Z}[X_1, \ldots, X_n]$ Polynome. Was wissen wir über die Menge der ganzzahligen Lösungen des Gleichungssystems

$$P_i(x_1, \ldots, x_n) = 0, \ 1 \leq i \leq m?$$

Solch ein System ganzzahliger Polynomgleichungen heißt eine *Diophantische*[5] *Gleichung*. Im Allgemeinen ist es sehr schwer, sinnvolle Aussagen über die Struktur des Lösungsraums eines solchen Gleichungssystems zu machen. Einige Fragen hierbei sind:

- Gibt es überhaupt eine Lösung?
- Gibt es unendlich viele ganzzahlige Lösungen?
- Wie viele ganzzahlige Lösungen $(x_j)_{j=1}^n$ mit $\max\{|x_j| \mid 1 \leq j \leq n\} \leq N$ gibt es?
- Lässt sich die letzte Frage wenigstens asymptotisch in den Griff bekommen?

Natürlich kann es keine ganzzahlige Lösung geben, wenn es nicht einmal eine reelle gibt. Das lässt sich bisweilen mit Methoden der Analysis ausschließen. Zum Beispiel hat die Gleichung

$$x^2 + y^2 = -5$$

keine Lösung in $\mathbb{Z}^2$.

Aber nicht immer, wenn es eine reelle Lösung gibt, muss es eine ganzzahlige geben, wie etwa bei der Gleichung $x^2 + y^2 = 3$. Deren Unlösbarkeit in $\mathbb{Z}$ sehen wir durch Ausprobieren, denn x, y müssten betragsmäßig kleiner als 2 sein.

Es gibt neben dem Körper der reellen Zahlen noch eine Reihe weiterer Körper, die *p-adischen Zahlen* (wobei p die Primzahlen durchläuft), die oftmals auch benutzt

---

[5] Diophantos von Alexandria, ca. 250.

werden können, um die Existenz einer rationalen Lösung von Polynomgleichungen auszuschließen. Sie fassen in gewisser Weise Regelmäßigkeiten des Rechnens in Restklassenringen $\mathbb{Z}/(p^n)$ zusammen, wobei p eine feste Primzahl ist und n alle natürlichen Zahlen durchläuft.

Bemerkung 5.3.15 Schinzels Hypothese
Ein prominentes Beispiel für die Verquickung von Diophantischen Problemen und Fragen nach der Verteilung der Primzahlen ist *Schinzels[6] Hypothese*. Sie sagt Folgendes aus:

Sind $P_1, \ldots, P_m \in \mathbb{Z}[X]$ irreduzible Polynome in einer Variablen mit positiven Leitkoeffizienten, sodass keine Primzahl p alle Werte

$$P_1(k) \cdot \ldots \cdot P_m(k), \ k \in \mathbb{Z}$$

teilt, dann gibt es unendlich viele $k \in \mathbb{Z}$, sodass alle Werte

$$P_1(k), \ldots, P_m(k)$$

Primzahlen sind.

Zum Beispiel die Primzahlzwillingsvermutung ($P_1 = X$, $P_2 = X + 2$) ist ein Spezialfall hiervon. Oder auch (für $m = 1$) die bisher unbewiesene Vermutung, es gebe unendlich viele Primzahlen der Form $k^2 + 1$.

Der populärste Fall, in dem Schinzels Hypothese bewiesenermaßen zutrifft, ist der eines Polynoms der Gestalt $aX + b$ für teilerfremde natürliche Zahlen a, b. Dann ist Schinzels Hypothese gerade die Aussage, die laut Dirichlets Primzahlsatz zutrifft: es gibt unendlich viele Primzahlen, die bei Division durch a Rest b lassen.

Es gibt auch eine genau quantifizierte Version von Schinzels Hypothese.

Beispiel 5.3.16 Pythagoräische[7] Tripel
Eine vielfach studierte diophantische Gleichung soll hier exemplarisch diskutiert werden: Die Gleichung $x^2 + y^2 = z^2$.

Ein *pythagoräisches Tripel* ist ein von $(0, 0, 0)$ verschiedenes Tripel $(a, b, c) \in \mathbb{Z}^3$ mit

$$a^2 + b^2 = c^2.$$

Da die Vorzeichen von a, b, c keine Rolle spielen, können wir auch nach $a, b, c \in \mathbb{N}_0$ suchen. Da mit (a, b, c) auch $(a/g, b/g, c/g)$ ein pythagoräisches Tripel ist, wenn $g = \mathrm{ggT}(a, b, c)$ gilt, dürfen wir a, b, c als teilerfremd voraussetzen, sogar als paarweise teilerfremd, denn ein gemeinsamer Primteiler von zwei beteiligten Zahlen müsste auch die dritte teilen.

---

[6] Andrzej Schinzel, 1937–2021.
[7] Pythagoras von Samos, ca. 580–500 v. Chr.

Wenn a, b beide ungerade sind, dann lässt $a^2 + b^2$ bei Division durch 4 Rest 2. Das geht also nicht, denn ein gerades Quadrat ist immer durch 4 teilbar. Wir dürfen annehmen, dass a ungerade und b gerade ist.

Die pythagoräischen Tripel entsprechen via

$$(a, b, c) \mapsto (a/c, b/c)$$

den rationalen Punkten auf dem Einheitskreis. Diese lassen sich – ausgehend vom Punkt $(1, 0)$ als der zweite der Schnittpunkte von Geraden der Gestalt

$$y = m(x - 1),\ m \in \mathbb{Q},$$

mit dem Kreis schreiben. Wenn wir $m = \frac{z}{n}$ mit teilerfremden z, n schreiben und alles ausrechnen, was zu rechnen ist, ergibt sich die folgende Gestalt von pythagoräischen Tripeln:

Entweder zn ist gerade, dann ist

$$a = z^2 - n^2, b = 2zn, c = z^2 + n^2.$$

Oder zn ist ungerade, dann ist die teilerfremde Lösung (a, b, c) gegeben durch

$$a = (z^2 - n^2)/2, b = zn, c = (z^2 + n^2)/2.$$

Aber nun ist a gerade und b ungerade, also haben die beiden nur die Rollen getauscht.

Jedes primitive pythagoräische Tripel mit ungeradem a ist von der ersten Gestalt, wobei $n < z$ teilerfremde natürliche Zahlen sind, eine davon gerade, die andere ungerade.

Beispiele: (3,4,5), (5,12,13), (7,24,25) sind pythagoräische Tripel.

Wenn wir statt der Quadriken kubische Polynome ansehen, landen wir schnell bei den elliptischen Kurven, die ein Treffpunkt von Algebraischer Geometrie, Zahlentheorie, Funktionentheorie und auch Kryptographie sind. Eine knappe Einführung in deren zahlentheoretische Behandlung findet sich in [Cas91].

5.4 Irreduzible Polynome

Hier wollen wir uns noch einiges über irreduzible Polynome überlegen. Wir fangen mit einem Hilfssatz an.

Hilfssatz 5.4.1 Eisensteinkriterium[8]
Es seien R ein kommutativer nullteilerfreier Ring und $P \subseteq R$ ein Primideal.

---

[8] Ferdinand Gotthold Max Eisenstein, 1823–1852.

5.4 Irreduzible Polynome

Weiter sei $f = \sum_{i=0}^{d} r_i X^i \in R[X]$ ein nichtkonstantes Polynom, dessen Leitkoeffizient r_d nicht in P liegt, alle anderen Koeffizienten aber schon. Schließlich sei der konstante Term r_0 kein Produkt von zwei Elementen aus P.

Dann ist f kein Produkt von zwei Faktoren in $R[X]$, die kleineren Grad haben.

Beweis Wir nehmen im Gegenteil an, f sei ein Produkt von zwei Faktoren g und h kleineren Grades. Insbesondere ist dann der Grad von f mindestens 2. Wir schreiben

$$g = \sum s_j X^j, \quad h = \sum t_k X^k.$$

Aus $gh = f$ folgt $s_0 t_0 = r_0 \in P$. Da P ein Primideal ist, ist einer der Faktoren in P. Da r_0 kein Produkt von zwei Faktoren aus P ist, ist genau einer der Faktoren in P. Ohne Einschränkung sei $s_0 \in P$, $t_0 \notin P$.

Als Nächstes bekommen wir $s_0 t_1 + s_1 t_0 = r_1 \in P$. Daher ist $s_1 t_0 \in P$, und wegen $t_0 \notin P$ folgt $s_1 \in P$.

Wir machen rekursiv so weiter und sehen, dass für $l < d$ mit

$$s_l t_0 = r_l - (s_0 t_l + s_1 t_{l-1} + \cdots + s_{l-1} t_1) \in P$$

stets folgt, dass auch $s_l \in P$. Daher liegt der Leitkoeffizient von g in P, denn der Grad von g ist kleiner als d. Da wegen der Nullteilerfreiheit von R der Leitkoeffizient von f das Produkt der Leitkoeffizienten von g und h ist, liegt auch dieser in P, was explizit ausgeschlossen war.

Das führt unsere Annahme zum Widerspruch. ◯

Beispiel 5.4.2 Ganzzahliges, zum Beispiel Kreisteilungspolynome
Insbesondere für $R = \mathbb{Z}$ ist dieses Kriterium sehr hilfreich. Zum Beispiel fallen Polynome wie $X^n - p$, $p \in \mathbb{P}$, darunter.

Wir sehen daran, dass es über $\mathbb{Z}$ irreduzible Polynome beliebig hohen Grades gibt.

Ein wichtiges Beispiel ist für eine Primzahl p das Polynom

$$\Phi_p(X) = \frac{X^p - 1}{X - 1} = X^{p-1} + X^{p-2} + \ldots + X + 1 \in \mathbb{Z}[X].$$

Es ist kein Eisensteinpolynom, aber eine Variablensubstitution macht hieraus das Polynom

$$g(X) := \Phi_p(X+1) = \frac{(X+1)^p - 1}{X+1-1} = \sum_{k=1}^{p} \binom{p}{k} X^{k-1},$$

das die Voraussetzungen des Eisensteinkriteriums für die Primzahl p erfüllt. Daher ist g irreduzibel. Eine Zerlegung von $\Phi_p(X)$ als $h_1(X) \cdot h_2(X)$ liefert dann eine Zerlegung $g(X) = h_1(X+1) \cdot h_2(X+1)$, weswegen einer der beiden Faktoren konstant gleich 1 oder -1 sein muss.

Demnach ist Φ_p in $\mathbb{Z}[X]$ irreduzibel. Dieses Polynom heißt das p-te Kreisteilungspolynom, seine Nullstellen sind genau die p-ten Einheitswurzeln. Es wird später bei der Frage eine Rolle spielen, welche regelmäßigen p-Ecke sich mit Zirkel und Lineal konstruieren lassen.

Was uns noch fehlt, ist die Erkenntnis, wann solche Polynome auch über $\mathbb{Q}$ irreduzibel sind, denn dann können wir auch viele Körpererweiterungen von $\mathbb{Q}$ konstruieren.

Dazu brauchen wir noch einmal den Begriff des Inhalts.

Definition 5.4.3 Noch einmal der Inhalt
Es sei R ein Hauptidealring. Der *Inhalt* Inh(f) eines Polynoms $f \in R[X]$, $f \neq 0$, ist definiert als der Inhalt seiner Koeffizienten 5.3.5, also ein Erzeuger des Ideals, das von den Koeffizienten von f erzeugt wird. Wie schon früher ist auch diesmal der Inhalt nur bis auf Assoziiertheit definiert. Wenn die Koeffizienten teilerfremd sind, sagen wir immer: Der Inhalt ist 1.

Ein normiertes Polynom in $R[X]$ zum Beispiel hat Inhalt 1.

Ist K der Quotientenkörper von R und $f \in K[X] \smallsetminus \{0\}$ ein Polynom, so gibt es ein $0 \neq r \in R$ mit $rf \in R[X]$. Wir definieren den Inhalt von f dann als

$$\text{Inh}(f) := r^{-1}\text{Inh}(rf).$$

Das ist ein Erzeuger des R-Untermoduls von K, der von den Koeffizienten von f erzeugt wird.

Für $R = \mathbb{Z}$ ist der Inhalt von $f = \frac{3}{7}X^2 + X - 5$ genau $\frac{1}{7}$, denn $7f$ ist ganzzahlig und hat teilerfremde Koeffizienten.

Bemerkung 5.4.4 Inhalt 1
Wenn $f \in K[X]$ Inhalt 1 hat, dann liegt es schon in $R[X]$.

Für jedes $f \in K[X]$, $f \neq 0$, ist

$$\text{Inh}(f)^{-1} \cdot f \in R[X]$$

ein Polynom von Inhalt 1.

Hilfssatz 5.4.5 Lemma von Gauß
Es seien R ein Hauptidealring mit Quotientenkörper K und $f, g \in K[X]$ von Null verschieden. Dann gilt

$$\text{Inh}(fg) = \text{Inh}(f) \cdot \text{Inh}(g).$$

Beweis Wegen der eben gemachten Bemerkung können wir annehmen, dass f, g Inhalt 1 haben, also Koeffizienten in R, die teilerfremd sind.

Wir müssen zeigen, dass kein irreduzibles Element p von R alle Koeffizienten von fg teilt.

5.4 Irreduzible Polynome

Dazu schauen wir uns die Polynome modulo p an, rechnen also im nullteilerfreien Ring $R/(p)[X] = R[X]/(pR[X])$, wo die Klassen von f und g beide nicht 0 sind, also auch ihr Produkt nicht. Das wollten wir einsehen. ◯

Eine wichtige Folgerung hieraus ist der folgende Hilfssatz.

Hilfssatz 5.4.6 Ein Irreduzibilitätskriterium
Es sei R ein Hauptidealring mit Quotientenkörper K und $f \in R[X]$ ein nichtkonstantes Polynom, das in $R[X]$ kein Produkt von Faktoren kleineren Grades ist.
Dann ist f in $K[X]$ irreduzibel.

Beweis Es sei $f = gh$ mit $g, h \in K[X]$. Dann gilt wegen 5.4.5

$$\frac{1}{\operatorname{Inh}(f)} f = \frac{1}{\operatorname{Inh}(gh)} gh = \frac{1}{\operatorname{Inh}(g)} g \cdot \frac{1}{\operatorname{Inh}(h)} h,$$

und das ist eine Zerlegung der linken Seite in zwei Faktoren aus $R[X]$.
Daher ist auch

$$f = \frac{\operatorname{Inh}(f)}{\operatorname{Inh}(g)} g \cdot \frac{1}{\operatorname{Inh}(h)} h$$

eine Zerlegung von f in zwei Faktoren aus $R[X]$. Nach Voraussetzung erzwingt dies, dass g oder h denselben Grad hat wie f, und das andere Polynom ist konstant, also eine Einheit in $K[X]$. ◯

Beispiel 5.4.7 Rationale Polynome und ein Fun Fact

a) Wie versprochen sehen wir jetzt irreduzible rationale Polynome beliebig hohen Grades, nämlich solche der Gestalt

$$X^d + p \cdot f(X),$$

wobei p eine Primzahl ist und $f \in \mathbb{Z}[X]$ ein Polynom vom Grad $< d$, dessen konstanter Term nicht durch p teilbar ist.
Wegen 5.4.1 sind diese über $\mathbb{Z}$ nicht in Faktoren vom Grad $< d$ zerlegbar, und daher auch über $\mathbb{Q}$ irreduzibel.

b) Wir sehen aber auch, dass es keinen Hauptidealring R gibt, der echter Teilring von $\mathbb{R}$ ist und $\mathbb{R}$ als Quotientenkörper hat. Denn dann wäre für ein irreduzibles Element $p \in R$ das Polynom $X^3 - p$ über R und daher über $\mathbb{R}$ irreduzibel – ein Widerspruch zum Zwischenwertsatz!

Bemerkung 5.4.8 Faktorielle Ringe
Vieles von dem, was wir in diesem Abschnitt über Hauptidealringe gelernt haben, geht ganz ähnlich für so genannte *faktorielle Ringe*.
Das sind kommutative, nullteilerfreie Ringe R, in denen jedes Element $r \neq 0$ zu einem Produkt von Primelementen assoziiert ist.

Konkreter wählen wir ein Vertretersystem $\mathbb{P}_R$ der Assoziiertenklassen der von Null verschiedenen Primelemente in R. Dann gibt es für jedes $r \in R \smallsetminus \{0\}$ Primelemente $p_1, \ldots, p_s \in \mathbb{P}_R$ und $u \in R^\times$, sodass

$$r = u \cdot p_1 \cdot \ldots \cdot p_s.$$

Ist insbesondere r irreduzibel, so ist r auch prim, denn es ist zu einem dieser Faktoren assoziiert.

Die Produktzerlegung eines Elementes in R in Primfaktoren ist wieder (nach Wahl von $\mathbb{P}_R$) bis auf die Reihenfolge eindeutig, was es wiederum ermöglicht, zu zwei Elementen den größten gemeinsamen Teiler zu bestimmen. Dieser findet sich nämlich wie in 1.2.6 als das Produkt der gemeinsamen Primteiler mit den richtigen Vielfachheiten.

Mit diesem größten gemeinsamen Teiler definieren wir den Inhalt eines Polynoms in $K[X]$, wobei K der Quotientenkörper von R ist, und können das Lemma von Gauß zeigen, also die Multiplikativität des Inhalts. Auch die Folgerung 5.4.6 bleibt für faktorielle Ringe anstelle von Hauptidealringen inklusive des Beweises wortgleich gültig.

Wir verwenden dabei nur Produkte von Elementen in $\mathbb{P}_R$ als Inhalte und ignorieren Einheiten: konstante Polynome sind nur assoziiert zu ihrem Inhalt.

Hilfssatz 5.4.9 Irreduzibel oder prim?
Sei R ein faktorieller Ring und $f \in R[X]$ irreduzibel.
Dann ist f auch prim.

Beweis Sei f ein Teiler von gh, $g, h \in R[X]$.
Es lohnt sich, zwei Fälle zu unterscheiden:
Fall 1: f ist konstant, also $f \in R$: Hier teilt f alle Koeffizienten von gh, also teilt f den Inhalt von gh, der das Produkt der Inhalte von g und von h ist. Da f in $R[X]$ irreduzibel ist, ist es erst recht auch in R irreduzibel, also prim, und damit teilt f den Inhalt von g oder den Inhalt von h. Dann teilt aber f alle Koeffizienten eines dieser Polynome, und damit g oder h.
Fall 2: f ist nicht konstant. Sei K der Quotientenkörper von R.
Da f irreduzibel ist, ist der Inhalt von f 1, da er ein Teiler von f von kleinerem Grad ist. Da f ein Teiler von gh ist, wissen wir, dass f einen der beiden Faktoren in $K[X]$ teilt, denn f ist dort ja ebenfalls irreduzibel, also prim. Folglich gibt es ein Polynom $k \in K[X]$, sodass (ohne Einschränkung teile f den Faktor g)

$$fk = g.$$

Mit dem Lemma von Gauß folgt wieder $\text{Inh}(f)\text{Inh}(k) = \text{Inh}(g)$, und da $\text{Inh}(f) = 1$ gilt, folgt $\text{Inh}(k) = \text{Inh}(g) \in R$.
Insgesamt gilt also $k \in R[X]$, und f teilt g auch in $R[X]$. ○

5.4 Irreduzible Polynome

Folgerung 5.4.10 Polynomringe über faktoriellen Ringen
Für jeden faktoriellen Ring R ist auch $R[X]$ faktoriell.

Beweis Sei $f \in R[X]$ nicht 0.
Wenn f konstant ist, verwenden wir seine Zerlegung in R.
Sei also f nicht konstant.
Wir schreiben f als

$$f(X) = \mathrm{Inh}(f) \cdot \tilde{f}(X), \quad \tilde{f}(X) = \frac{f(x)}{\mathrm{Inh}(f)}.$$

Weiter sei K der Quotientenkörper von R. In $K[X]$ lässt sich $\tilde{f}$ als Produkt irreduzibler Polynome zerlegen:

$$\tilde{f}(X) = p_1(X) \cdot \ldots \cdot p_k(X), \quad p_i(X) \in K[X] \text{ irreduzibel.}$$

Nun ist aber der Inhalt von $\tilde{f}(X)$ gleich 1, also ist auch das Produkt der Inhalte der $p_i(X)$ gleich 1. Die Polynome $\tilde{p}_i(X) := p_i(X)/\mathrm{Inh}(p_i(X))$ sind in $R[X]$ und dort natürlich ebenfalls irreduzibel, nach dem letzten Hilfssatz also auch prim. Wenn wir den Inhalt von f nun in R noch zerlegen als

$$\mathrm{Inh}(f(X)) = u \cdot q_1 \cdot \ldots \cdot q_l, \ u \in R^\times, \ q_j \in \mathbb{P}_R, \ 1 \leq j \leq l,$$

dann ist

$$f(X) = u \cdot q_1 \cdot \ldots \cdot q_l \cdot \tilde{p}_1(X) \cdot \ldots \cdot \tilde{p}_k(X)$$

eine Zerlegung von $f(X)$ in Faktoren in $R[X]$, die außer der Einheit u alle prim sind. ○

Beispiel 5.4.11 Ganzzahlige Polynome; Polynome in zwei Variablen
Da $\mathbb{Z}$, $\mathbb{Z}[i]$ und der Polynomring $K[X]$ über einem Körper euklidisch und daher faktoriell sind, sind auch die Polynomringe $\mathbb{Z}[X]$, $\mathbb{Z}[i][X]$ und $K[X, Y]$ faktoriell.
Die Primfaktorzerlegung von $85X^3 + 51X^2 + 85X + 51$ in $\mathbb{Z}[X]$ ist

$$17 \cdot (X^2 + 1) \cdot (5X + 3),$$

in $\mathbb{Z}[i][X]$ ist sie

$$(4 + i) \cdot (4 - i) \cdot (X - i) \cdot (X + i) \cdot (5X + 3).$$

Die Primfaktorzerlegung von $X^4 + X^3Y + X^2Y^2 + XY^3 + Y^4$ in $\mathbb{R}[X, Y]$ ist

$$\left(X^2 + \frac{1+\sqrt{5}}{2}XY + Y^2\right) \cdot \left(X^2 + \frac{1-\sqrt{5}}{2}XY + Y^2\right).$$

In $\mathbb{C}[X, Y]$ bekommen wir hier lineare Faktoren

$$\left(X - \exp(\frac{2\pi i}{5})Y\right) \cdot \left(X - \exp(\frac{4\pi i}{5})Y\right) \cdot \left(X - \exp(\frac{6\pi i}{5})Y\right) \cdot \left(X - \exp(\frac{8\pi i}{5})Y\right).$$

Die Nullstellenmenge eines nicht konstanten Polynoms $f(X, Y) \in \mathbb{C}[X, Y]$ in der Ebene $\mathbb{C}^2$ wird eine ebene algebraische Kurve genannt. Die Zerlegung von f in Primfaktoren ermöglicht es, diese Kurve als Vereinigung der Nullstellenmengen der Faktoren zu schreiben, die dann „irreduzible Komponenten" der Kurve sind – hier beginnt die Elementare Algebraische Geometrie.

Bemerkung 5.4.12 Ganz abgeschlossen
Es sei R ein faktorieller Ring und K sein Quotientenkörper. Wenn $f(X) \in R[X]$ ein normiertes Polynom ist (also Leitkoeffizient 1 hat) und $q \in K$ eine Nullstelle von f, dann liegt q bereits in R.

Denn: Schreibe

$$f(X) = X^d + c_{d-1}X^{d-1} + \ldots + c_1 X + c_0, \ c_i \in R,$$

und $q = z/n$ mit $z, n \in R$. Da R faktoriell ist, können wir z und n durch Streichen eventueller gemeinsamer Primfaktoren als teilerfremd voraussetzen.

Dann ist aber

$$0 = f(q) = n^d \cdot f(q) = z^d + c_{d-1}nz^{d-1} + \ldots + c_1 n^{d-1}z + c_d n^d,$$

und der gemeinsame Teiler n der letzten d Summanden teilt auch den ersten Summanden z^d. Daher teilt jeder Primfaktor von n auch z, und wegen deren Teilerfremdheit besitzt n gar keinen Primfaktor, ist also eine Einheit und damit $q \in R$.

Wir sagen dann auch, dass R ganz abgeschlossen ist – ein Begriff, der in der algebraischen Zahlentheorie und der algebraischen Geometrie eine wichtige Rolle spielt.

5.5 Formale Ableitung

Wir werden später daran interessiert sein, wann für einen Körper K ein irreduzibles Polynom in $K[X]$ über dem algebraischen Abschluss von K nur einfache Nullstellen besitzt, wann es dort also in paarweise verschiedene Linearfaktoren zerfällt. Diese Frage spielt in der Galoistheorie – siehe Definition 7.3.9 – eine wichtige Rolle.

Definition/Bemerkung 5.5.1 Die Ableitung
Es sei K ein Körper. Die Abbildung

$$D : K[X] \to K[X], \ D\left(\sum_{i=0}^{d} c_i X^i\right) := \sum_{i=1}^{d} i c_i X^{i-1},$$

5.5 Formale Ableitung

heißt die *(formale) Ableitung*.

D ist derjenige Endomorphismus des K-Vektorraums $K[X]$, der auf der Basis $\{X^i \mid i \in \mathbb{N}_0\}$ durch $X^i \mapsto iX^{i-1}$ festgelegt wird.

Für die Multiplikation gilt die Leibnizregel[9]:

$$D(fg) = D(f)g + fD(g).$$

Denn: Beide Seiten der Gleichung sind K-bilinear in (f, g), und ausgewertet auf Paaren von Basisvektoren X^i, X^j gilt

$$D(X^{i+j}) = (i+j)X^{i+j-1} = iX^{i-1}X^j + X^i jX^{j-1} = D(X^i)X^j + X^i D(X^j),$$

also stimmen linke und rechte Seite obiger Gleichung für alle Paare von Basisvektoren überein, und das impliziert die Gleichheit der beiden bilinearen Abbildungen.

Die Ableitung ist eine K-lineare Abbildung, die die Leibnizregel erfüllt und X auf 1 abbildet. Durch diese Wünsche ist sie eindeutig festgelegt.

Die Ableitung lässt sich zu einem Endomorphismus des K-Vektorraums $K(X)$ aller rationalen Funktionen fortsetzen durch

$$D\left(\frac{f}{g}\right) = \frac{D(f)g - D(g)f}{g^2}.$$

Diese Formel ist so gemacht, dass auf $K(X)$ weiterhin die Leibnizregel gilt, und wird von diesem Wunsch erzwungen.

Wir schreiben ab jetzt oft f' statt $D(f)$, wobei die zweite Notation besser ist, wenn zum Beispiel Produkte abgeleitet werden.

Hilfssatz 5.5.2 mehrfache Nullstellen
Es seien $f \in K[X]$ ein Polynom und $\alpha \in K$ eine Nullstelle davon. Dann ist f genau dann ein Vielfaches von $(X - \alpha)^2$, wenn $f'(\alpha) = 0$ gilt.

Beweis Wenn $(X - \alpha)^2$ ein Teiler von f ist, dann gilt mit $f = (X - \alpha)^2 h$:

$$\begin{aligned} f' &= D((X-\alpha)^2 \cdot h) \\ &= D((X-\alpha)^2)h + (X-\alpha)^2 D(h) \\ &= 2(X-\alpha)h + (X-\alpha)^2 D(h) \\ &= (X-\alpha) \cdot [2h + (X-\alpha)D(h)], \end{aligned}$$

also ist α eine Nullstelle von $f' = D(f)$.

Ist umgekehrt α eine Nullstelle von f' und von f, so folgt mit $f = (X - \alpha)h$

$$f' = (X - \alpha)h' + h,$$

---

[9] Gottfried Wilhelm Leibniz, 1646–1716.

also
$$h = f' - (X - \alpha)h' \in (X - \alpha)K[X].$$
Demnach ist $X - \alpha$ ein Teiler von h und damit $(X - \alpha)^2$ ein Teiler von f. ◯

Folgerung 5.5.3 irreduzible Polynome ohne mehrfache Nullstellen
Es seien $f \in K[X]$ irreduzibel und α eine Nullstelle von f in einem Erweiterungskörper L von K.
Dann ist α genau dann eine einfache Nullstelle von f, wenn $f' \neq 0$.

Beweis Wenn f' nicht konstant 0 ist, dann sind f und f' teilerfremd im Polynomring $K[X]$, da f irreduzibel ist und $f' \neq 0$ kleineren Grad hat. Also gibt es Polynome $g, h \in K[X]$ mit
$$1 = f(X) \cdot g(X) + f'(X) \cdot h(X),$$
und $f'(\alpha)$ ist nicht 0, da $1 \neq 0$. ◯

Definition/Bemerkung 5.5.4 Perfekte Körper
Ein Körper K heißt *perfekt*, wenn kein irreduzibles Polynom aus $K[X]$ in einem Erweiterungskörper mehrfache Nullstellen hat.

Das ist also äquivalent dazu, dass für kein irreduzibles Polynom $f \in K[X]$ die Ableitung f' das Nullpolynom ist.

Zum Beispiel stimmt das für Körper der Charakteristik 0, denn hier ist der Grad der Ableitung immer um 1 kleiner als der des hineingesteckten Polynoms.

Auch ein endlicher Körper F ist stets perfekt, denn eine Nullstelle α eines irreduziblen Polynoms $f \in F[X]$ liegt in einem etwas größeren endlichen Körper. Dieser habe q Elemente. Dann ist jedes davon eine Nullstelle von $X^q - X = X \cdot (X^{q-1} - 1)$, denn 0 ist offensichtlich eine Nullstelle und die multiplikative Ordnung einer Einheit in einem Körper mit q Elementen teilt nach dem Satz von Lagrange die Ordnung $q - 1$ der Einheitengruppe. Damit zerfällt $X^q - X$ in paarweise verschiedene Faktoren. Da f irreduzibel ist und im Ideal $\{g \in F[X] \mid g(\alpha) = 0\}$ liegt, erzeugt es dieses Ideal und teilt daher auch $X^q - X$.

Als Teiler von $X^q - X$ hat dann auch f keine mehrfache Nullstelle.

Beispiel 5.5.5 Nicht perfekte Körper gibt es auch
Wenn k ein Körper von Charakteristik $p \neq 0$ ist, dann ist der Körper $k(T)$ der rationalen Funktionen in einer Variablen T über k nicht perfekt, denn das Polynom
$$X^p - T \in k(T)[X]$$
ist nach Eisenstein für das Primelement $T \in K[T]$ und Gauß irreduzibel, aber seine Ableitung bezüglich X ist 0.

5.5 Formale Ableitung

Allgemein ist über einem Körper K der Charakteristik p die Ableitung eines Polynoms genau dann 0, wenn an ihm nur Potenzen von X^p beteiligt sind.

K ist genau dann perfekt, wenn jedes Element $c \in K$ sich als $c = w^p$ für ein $w \in K$ schreiben lässt.

Denn: Wenn jedes $c \in K$ eine p-te Potenz ist, dann betrachte das Polynom

$$f(X) = \sum_{i=0}^{d} c_i X^{pi}.$$

Für jedes c_i existiert ein w_i mit $w_i^p = c_i$. Dann gilt

$$f(X) = \sum_{i=0}^{d} w_i^p (X^i)^p = \left(\sum_{i=0}^{d} w_i X^i\right)^p,$$

denn $\binom{p}{j} = 0 \in K$, $1 \leq j \leq p-1$, und f ist nicht irreduzibel.

Ist umgekehrt $c \in K$ keine p-te Potenz, so ist $X^p - c$ irreduzibel. Denn wenn wir $X^p - c = g \cdot h$ mit $g, h \in K[X]$ und irreduziblem g schreiben, dann folgt mit

$$0 = D(X^p - c) = g'h + gh',$$

dass g ein Teiler von g' oder h ist. Im ersten Fall ist aus Gradgründen $g' = 0$ und dann auch $h' = 0$, also hat g Grad p und h ist konstant: $g = X^p - c$. Im zweiten Fall ist g^2 ein Teiler von $X^p - c$, und induktiv sehen wir, dass $X^p - c$ eine Potenz von g ist und der Grad von g also daher p teilt. Es ist also $X^p - c$ irreduzibel oder Potenz eines linearen Polynoms, was jedoch mangels Nullstelle in K nicht geht.

Bemerkung 5.5.6 Derivationen

Sei R ein kommutativer Ring und A eine kommutative R-Algebra. Weiter sei M ein A-Modul. Dann heißt eine Abbildung

$$D : A \to M$$

eine (R-)*Derivation* auf A, wenn D erstens R-linear ist und zweitens die Leibnizregel erfüllt:

$$\forall a, b \in A : D(ab) = aD(b) + bD(a).$$

Dabei ist rechter Hand natürlich die skalare Multiplikation auf dem A-Modul M gefragt.

Derivationen verallgemeinern also den Begriff der Ableitung. Sie sind in der Geometrie nützlich, um Tangentialräume an geometrischen Objekten zu beschreiben.

Für $r \in R$ gilt stets $D(r) = 0$, denn $D(r) = r \cdot D(1)$ und $D(1) = D(1 \cdot 1) = 1 \cdot D(1) + 1 \cdot D(1)$, also $D(1) = 0$.

Wenn zum Beispiel $A = R[X_1, \ldots, X_n]$ ein Polynomring in n Variablen ist, dann ist jede Derivation $D : A \to M$ gegeben durch

$$D(f) = \sum_{i=1}^{n} \frac{\partial f}{\partial X_i} \cdot D(X_i),$$

wobei $\frac{\partial f}{\partial X_i}$ die übliche partielle Ableitung des Polynoms f ist und die Werte $D(X_i)$ beliebig im A-Modul M vorgegeben werden können.

6 Mehr über Gruppen und Ringe

6.1 Einfache Gruppen

Bemerkung 6.1.1 Erinnerung
Wir erinnern uns zunächst an 2.4.7: eine Gruppe heißt einfach, wenn sie nichttrivial ist und außer der trivialen Gruppe und sich selbst keine weiteren Normalteiler besitzt. Die abelschen einfachen Gruppen sind genau die von Primzahlordnung.

Hilfssatz 6.1.2 A_n ist fast immer einfach
Es sei $n \geq 5$ eine natürliche Zahl.
Dann ist die alternierende Gruppe A_n (siehe 2.6.9) einfach.

Beweis Wir machen vollständige Induktion nach n. Für $n = 5$ haben wir die Aussage in 2.7.7 als Konsequenz der Sylowsätze gesehen.

Sei nun $n \geq 6$ und A_{n-1} einfach. Weiter sei $N \triangleleft A_n$ ein Normalteiler, der nicht nur die Identität enthält. Wir identifizieren A_{n-1} mit $\{\sigma \in A_n \mid \sigma(n) = n\}$.

Wir wählen ein $\sigma \in N$, das nicht die Identität ist, und ein $a \in \{1, \ldots, n\}$, mit $b := \sigma(a) \neq a$. Weiter seien $c, d \in \{1, \ldots, n\}$ von a und b verschieden. Dann liegt der Dreizykel $\zeta = (b\ c\ d)$ in A_n, und

$$(\zeta \sigma \zeta^{-1})(a) = c.$$

Da N ein Normalteiler ist und $c \neq a, b$ beliebig war, operiert N also transitiv auf $\{1, \ldots, n\}$ – schließlich liegen auch a und $b = \sigma(a)$ in der N-Bahn von a.

Nun sei $\tau \in N$ ein Element mit $\tau(n) = 1$. Da τ zu A_n gehört, ist es keine Transposition, es gibt also ein a mit $1 < a < n$ und $b = \tau(a) \neq a$. Wir wählen $1 < c, d < n$ von a und b verschieden und setzen $\zeta = (a\ c\ d) \in A_n$. Dann gilt

$$(\zeta^{-1} \tau \zeta)(n) = 1 \quad \text{und} \quad (\zeta^{-1} \tau \zeta)(d) = b.$$

Daher ist
$$\tau^{-1}\zeta^{-1}\tau\zeta \in A_{n-1} \cap N =: H,$$
und es ist nicht trivial, da d auf a abgebildet wird. Wegen der Induktionsvoraussetzung ist H als nichttrivialer Normalteiler von A_{n-1} die ganze Gruppe A_{n-1}, und da N transitiv auf $\{1, \ldots, n\}$ operiert, gibt es für jedes $\pi \in A_n$ ein $\nu \in N$ mit $\pi\nu^{-1}(n) = n$, also
$$\pi\nu^{-1} \in A_{n-1} \subseteq N, \text{ also } \pi \in A_{n-1}\nu \subseteq N.$$
Es folgt $A_n \subseteq N$ wie gewünscht. $\bigcirc$

Definition/Bemerkung 6.1.3 zweifach transitiv
Es sei G eine Gruppe, die auf einer Menge M operiert.

Dann heißt die Operation *zweifach transitiv*, wenn G auf $\{(x, y) \in M^2 \mid x \neq y\}$ transitiv wirkt. Das heißt, dass die Operation transitiv ist und der Stabilisator von x immer noch auf $M \smallsetminus \{x\}$ transitiv wirkt.

Dies ist zum Beispiel der Fall, wenn $G = S_n$ mit der üblichen Wirkung auf $M = \{1, \ldots, n\}$.

Sei nun die Operation von G auf M zweifach transitiv und H ein Normalteiler in G. Wenn Hm ein H-Orbit ist und $g \in G$, so folgt aus $gH = Hg$, dass auch $gHm = Hgm$ ein H-Orbit ist. Wenn in Hm zwei Elemente $x \neq y$ liegen und $z \in M$ von y verschieden ist, dann existiert ein $g \in G$ mit $\{gx, gy\} = \{y, z\}$, und daher liegen y und z in einem H-Orbit. Daher operiert H transitiv.

Wir haben gezeigt: Wenn G zweifach transitiv auf M operiert und $H \triangleleft G$ nichttrivial auf M wirkt, dann ist die Wirkung von H transitiv – eigentlich ist es diese Eigenschaft, die wir im nächsten Beweis ausnutzen.

Dies gilt im Fall $n \geq 4$ für die natürlichen Operationen von A_n oder S_n auf $\{1, \ldots, n\}$ oder von $SL_2(F)$ auf der Menge $\mathbb{P}^1(F)$ der Ursprungsgeraden in F^2, wenn F ein Körper ist.

Für eine Gruppe G sei $[G, G] := \langle \{ghg^{-1}h^{-1} \mid g, h \in G\}\rangle$ die sogenannte *Kommutatorgruppe*. Dies ist der kleinste Normalteiler in G, für den die Faktorgruppe kommutativ ist. Die Kommutatorgruppe von S_n zum Beispiel ist A_n, denn S_n/A_n ist kommutativ und jeder Dreizykel ist ein Kommutator von zwei Transpositionen: $(1, 2)(2, 3)(1, 2)(2, 3) = (1, 3, 2)$. Die Dreizykel erzeugen aber A_n, siehe 2.6.10.

Satz 6.1.4 Spezialfall von Iwasawas[1] Kriterium
Es sei G eine nichttriviale Gruppe, die auf der Menge M operiert. Weiter sei K der Kern dieser Operation, also der Durchschnitt aller Stabilisatoren, und es gelten die folgenden Bedingungen:

---
[1] Kenkichi Iwasawa, 1917–1998

6.1 Einfache Gruppen

- $G = [G, G]$, *das heißt G stimmt mit seiner Kommutatorgruppe überein.*
- *G operiert zweifach transitiv auf M.*
- *Für ein $m \in M$ gibt es einen abelschen Normalteiler $A \triangleleft \mathrm{Stab}_G(m)$, sodass G von den zu A konjugierten Untergruppen gAg^{-1}, $g \in G$, erzeugt wird.*

Dann ist G/K einfach.

Beweis K ist nicht G, da sonst die Operation trivial und A normal in G wäre, mithin wäre $G = A$, da es von den zu A konjugierten Untergruppen erzeugt wird. Damit wäre G kommutativ und es folgte der Widerspruch

$$\{e_G\} \neq G = [G, G] = \{e_G\}.$$

Daher ist G/K eine nichttriviale Gruppe.

Nun sei $\tilde{H} \triangleleft G/K$ ein nichttrivialer Normalteiler und $H \triangleleft G$ sein Urbild unter der kanonischen Projektion. K ist echt in H enthalten, H operiert also nicht trivial, und damit, wie wir in 6.1.3 gesehen haben, operiert H transitiv auf M. Daher gilt für unser gewähltes $m : G = H \cdot \mathrm{Stab}_G(m)$.

Denn: Für jedes $g \in G$ gibt es ein $h \in H$ mit $gm = hm$, also $h^{-1}g \in \mathrm{Stab}_G(m)$.

Da H normal ist, ist HA eine Untergruppe von G. Da weiter A normal in $\mathrm{Stab}_G(m)$ ist, enthält HA alle zu A konjugierten Untergruppen und ist daher selbst G. Die Isomorphiesätze erzwingen dann $G/H \cong A/(H \cap A)$, was abelsch ist. Also liegen alle Kommutatoren in H und es folgt $H = G$.

Daher hat G/K nur die unvermeidlichen Normalteiler und ist insgesamt einfach. $\bigcirc$

Beispiel 6.1.5 PSL_2

Es sei F ein Körper, der mindestens vier Elemente enthält. Dann wird die spezielle lineare Gruppe $G = \mathrm{SL}_2(F)$ von den Konjugierten der Matrizen $\begin{pmatrix} 1 & x \\ 0 & 1 \end{pmatrix}$, $x \in F$, erzeugt und stimmt mit ihrer Kommutatorgruppe überein (hier brauchen wir die mindestens vier Elemente in F, um jeden der genannten Erzeuger als Kommutator zu realisieren).

G operiert auf der Menge M der eindimensionalen Untervektorräume von F^2 zweifach transitiv. Der Kern der Operation ist $K := \{\pm \begin{pmatrix} 1 & 0 \\ 0 & 1 \end{pmatrix}\}$, die Faktorgruppe G/K heißt $\mathrm{PSL}_2(F)$.

Der Stabilisator der Geraden $F \cdot \begin{pmatrix} 1 \\ 0 \end{pmatrix}$ ist

$$\left\{ \begin{pmatrix} a & b \\ 0 & c \end{pmatrix} \mid ac = 1 \right\} \subset G,$$

und hierin ist

$$A := \left\{ \begin{pmatrix} 1 & x \\ 0 & 1 \end{pmatrix} \mid x \in F \right\} \cong (F, +)$$

ein abelscher Normalteiler. Die zu A konjugierten Untergruppen erzeugen G, und daher sind in unserer Situation alle Voraussetzungen von Iwasawas Satz erfüllt. Daher ist $G/K = \mathrm{PSL}_2(F)$ einfach.

Wenn etwa F endlich ist und q Elemente enthält, q ungerade, dann hat $\mathrm{PSL}_2(F)$ genau $(q^2 - 1) \cdot (q^2 - q)/[2 \cdot (q - 1)] = (q^3 - q)/2$ Elemente. Für $q = 5$ hat diese Gruppe also 60 Elemente und ist tatsächlich zu A_5 isomorph. Für $q = 7$ hat die Gruppe 168 Elemente und ist zu keiner alternierenden Gruppe isomorph. Wir haben eine neue einfache Gruppe konstruiert.

Für eine Zweierpotenz q ist die Kardinalität von $\mathrm{PSL}_2(\mathbb{F}_q)$ genau $q^3 - q$, denn hier ist $1 = -1$ in $\mathbb{F}_q$. Interessanter Weise gilt auch $\mathrm{PSL}_2(\mathbb{F}_4) \cong A_5$.

Definition 6.1.6 Kompositionsreihe
Es sei G eine Gruppe.
Eine *Normalreihe der Länge* k (mit $k \in \mathbb{N}_0$) für G ist eine Folge von Untergruppen

$$\{e_G\} =: G_0 \lhd G_1 \lhd G_2 \cdots \lhd G_{k-1} \lhd G_k := G,$$

sodass jedes G_{i-1} im darauffolgenden G_i normal ist.

Vorsicht: Wir fordern **nicht,** dass G_1 zum Beispiel in G normal sein müsste!

In der Literatur ist dies nicht vollkommen einheitlich. Häufig heißt unsere Normalreihe da auch Subnormalreihe, und der Begriff Normalreihe ist für den Fall reserviert, dass alle G_i in G normal sind.

Eine Normalreihe wie eben heißt eine *Kompositionsreihe,* wenn die Faktorgruppen

$$G_i/G_{i-1}, \ 1 \leq i \leq k,$$

alle einfach sind. Definitionsgemäß hat eine Kompositionsreihe also immer endliche Länge.

Beispiel 6.1.7 und Nichtbeispiel
Wenn G abelsch ist, dann ist jede aufsteigende Folge von Untergruppen, die bei $\{e_G\}$ anfängt und bei G aufhört, eine Normalreihe.

Eine Gruppe mit pq Elementen ($p < q$ Primzahlen) hat – siehe 2.7.5 – immer eine q-Sylowgruppe Q als Normalteiler. Diese ist einfach und die Faktorgruppe (mit p Elementen) ist auch einfach, also erhalten wir die Kompositionsreihe

$$\{e_G\} \lhd Q \lhd G$$

der Länge 2.

$\mathbb{Z}$ besitzt keine Kompositionsreihe, denn das G_1 darin müsste einfach sein, und es gibt keine einfache Untergruppe von $\mathbb{Z}$.

Aber jede endliche Gruppe hat eine Kompositionsreihe. Für Gruppen der Ordnung 1 ist das klar (Länge 0). Wenn G größere Ordnung hat, dann ist G entweder einfach (und wir erhalten eine Kompositionsreihe der Länge 1) oder G hat nichttriviale Normalteiler. Von diesen gibt es dann aber auch einen maximalen, und die entsprechende Faktorgruppe ist dann einfach. Damit greift ein Induktionsargument.

6.1 Einfache Gruppen

Eine Kompositionsreihe für die symmetrische Gruppe S_4 zum Beispiel sieht so aus:

$$\{e\} \triangleleft \{\text{id}, (12)(34)\} \triangleleft V_4 \triangleleft A_4 \triangleleft S_4$$

Dabei ist $V_4 = \{e, (12)(34), (13)(24), (14)(23)\}$ wie in 2.7.7 die Kleinsche Vierergruppe. Die Faktorgruppen sind jeweils zyklische Gruppen der Ordnungen 2,2,3, und 2.

Bemerkung 6.1.8 Kleine Längen und weitere Normalteiler
Es sei G eine Gruppe mit einer Kompositionsreihe der Länge k.

a) Genau dann ist $k = 0$, wenn $G = \{e_G\}$. Genau dann ist $k = 1$, wenn G einfach ist.

b) Nun sei $k = 2$, $\{e_G\} \triangleleft G_1 \triangleleft G$ eine Kompositionsreihe und H ein von $\{e_G\}$, G_1 und G verschiedener Normalteiler in G. Dann ist H nicht in G_1 enthalten, weil G_1 einfach ist, und H enthält G_1 nicht, da G_1 eine maximale normale Untergruppe ist. Daher ist $H \cap G_1 = \{e_G\}$, da dies ein von G_1 verschiedener Normalteiler von G_1 ist, und $HG_1 = G$, da dies ein größerer Normalteiler als G_1 ist.
Es folgt

$$G/H = G_1H/H \cong G_1/(G_1 \cap H) = G_1 \text{ und } G/G_1 \cong H/(H \cap G_1) = H.$$

Daher ist auch H ein maximaler Normalteiler, jede Kompositionsreihe von G hat Länge 2 und die einfachen Faktorgruppen dieser Normalreihe sind zu G_1 bzw. G/G_1 isomorph, eventuell nach Vertauschung der Reihenfolge.

c) Es sei N ein Normalteiler von G. Wir vergleichen die Folgen

$$\{e_G\} \triangleleft G_1 \cap N \triangleleft G_2 \cap N \triangleleft \cdots \triangleleft G_k \cap N = N$$

und

$$N \triangleleft G_1 N \triangleleft G_2 N \triangleleft \cdots \triangleleft G_k N \triangleleft G.$$

Für die erste gilt bei $i < k$ wegen der Einfachheit von G_{i+1}/G_i :

$$(G_{i+1} \cap N)/(G_i \cap N) \cong (G_{i+1} \cap N)G_i/G_i = \begin{cases} \{e\}, & \text{falls } G_{i+1} \cap N \subseteq G_i, \\ G_{i+1}/G_i, & \text{sonst.} \end{cases}$$

Analog gilt bei der zweiten

$$NG_{i+1}/NG_i \cong G_{i+1}/(G_{i+1} \cap NG_i) = \begin{cases} G_{i+1}/G_i, & \text{falls } G_{i+1} \cap NG_i = G_i, \\ \{e\}, & \text{sonst.} \end{cases}$$

Außerdem gilt

$$NG_i \cap G_{i+1} = G_i \Leftrightarrow N \cap G_{i+1} \subseteq G_i.$$

Das zeigt, dass die obere Folge genau dann einen echten Schritt macht, wenn unten eine Doppelung auftritt, und dass die nichttrivialen Quotienten, die dabei

auftreten, genau die aus der ursprünglichen Normalreihe sind.
Nach Streichen aller Doppelungen ist die obere Reihe eine Kompositionsreihe von N. Teilt man in der unteren Folge N heraus und streicht eventuelle Doppelungen, so bleibt eine Kompositionsreihe von G/N übrig.
Diese beiden Kompositionsreihen haben zusammen dieselben einfachen Faktorgruppen wie die Kompositionsreihe von G.

Das legt nun den folgenden interessanten Satz über Kompositionsreihen nahe.

Satz 6.1.9 von Jordan[2] -Hölder[3]
Es sei G eine Gruppe mit zwei Kompositionsreihen:

$$\{e_G\} =: G_0 \triangleleft G_1 \triangleleft G_2 \cdots \triangleleft G_{k-1} \triangleleft G_k := G,$$

$$\{e_G\} =: H_0 \triangleleft H_1 \triangleleft H_2 \cdots \triangleleft H_{l-1} \triangleleft H_l := G,$$

Dann gilt $k = l$, und bis auf die Reihenfolge und Isomorphie stimmen die einfachen Faktorgruppen G_i/G_{i-1} und H_j/H_{j-1} überein.

Beweis Der Beweis ist wegen 6.1.8 a) und b) klar, wenn $k = 0$, 1 oder 2 gilt.

Wir machen jetzt vollständige Induktion nach k und setzen dazu für $k > 2$ voraus, dass für alle Kompositionsreihen kleinerer Länge die Behauptung stimmt. Insbesondere ist dann aus Symmetriegründen auch $l \geq k$.

Sei nun $N := G_{k-1} \cap H_{l-1}$. Als Durchschnitt zweier Normalteiler ist das eine normale Untergruppe. Hierfür treten in grober Näherung zwei Möglichkeiten auf:

Fall 1: $N = \{e_G\}$.
In diesem Fall ist $G_{k-1} \neq H_{l-1}$, da sonst beide trivial wären, obwohl $k \geq 3$.
Es folgt wie in 6.1.8 b) $G_{k-1} H_{l-1} = G$ und mit dem Homomorphiesatz $G/H_{l-1} \cong G_{k-1}$.
Demnach ist G_{k-1} einfach und daher $k = 2$, was nicht stimmt. Damit lege ich den Fall ad acta.

Fall 2: $N \neq \{e_G\}$.
Die beiden Kompositionsreihen von N und G/N, die wir aus den G_i nach 6.1.8c) erhalten, sind kürzer als die ursprüngliche, da N nichttrivial ist und in G_{k-1} liegt. Mithilfe der Induktionsvoraussetzung liefern die H_i also Kompositionsreihen von N und G/N mit denselben Kompositionsfaktoren, die aber – wieder wegen 6.1.8c) – insgesamt mit denen der Kompositionsreihe aus den H_i übereinstimmen, also haben die beiden Kompositionsreihen von G dieselbe Länge und dieselben irreduziblen Faktorgruppen und der Induktionsschritt hat funktioniert. ○

---

[2] Camille Marie Ennemond Jordan, 1838–1922
[3] Ludwig Otto Hölder, 1859–1937

Folgerung 6.1.10 Fundamentalsatz der Arithmetik
Es sei $n \in \mathbb{N}$ gegeben. Die Gruppe $G = \mathbb{Z}/n\mathbb{Z}$ hat eine Kompositionsreihe. Die auftretenden Faktorgruppen sind abelsch und daher als einfache abelsche Gruppen von Primzahlordnung. Das impliziert, dass n ein Produkt von Primzahlen ist, und dass die hier auftretenden Primfaktoren nebst der Häufigkeit ihres Erscheinens eindeutig sind.

Wir haben hier also einen ganz anders gelagerten Beweis des Fundamentalsatzes der Arithmetik, wenn wir uns vergewissern, dass wir nicht für irgendein Argument, das in den Beweis des Satzes einfließt, schon den Fundamentalsatz der Arithmetik benützen.

Bemerkung 6.1.11 Der große Satz
Die Suche nach einem Überblick über die Gesamtheit aller endlichen einfachen Gruppen kulminierte in den 70er Jahren des vergangenen Jahrhunderts in einer (sehr sicher) endgültigen Liste, in der es einige „Serien" solcher Gruppen gibt und darüber hinaus noch endlich viele sogenannte sporadische Gruppen. Die alternierenden Gruppen A_n, $n \geq 5$ bilden so eine Serie wie auch die Gruppen $\mathrm{PSL}_2(\mathbb{F}_q)$ für Primzahlpotenzen $q \geq 4$.

Aber Vorsicht: Einfache Gruppen sind nicht banal! Es war eine der größten mathematischen Leistungen des 20. Jahrhunderts, die Vollständigkeit der Liste aller endlichen einfachen Gruppen nachzuweisen. Mehr dazu findet sich in [Gor+00].

6.2 Auflösbarkeit

Letztlich für die Anwendungen der Galoistheorie in Abschn. 7.4 brauchen wir einen weiteren Begriff, der in der Gruppentheorie auch unabhängig davon bedeutsam ist.

Definition 6.2.1 Auflösbar
Es sei G eine Gruppe.
Dann heißt G *auflösbar*, wenn eine Normalreihe

$$\{e_G\} =: G_0 \triangleleft G_1 \triangleleft G_2 \cdots \triangleleft G_{k-1} \triangleleft G_k := G,$$

existiert, für die alle Quotienten G_i/G_{i-1} abelsch sind.

Diese Klasse von Gruppen verallgemeinert also die Klasse der abelschen Gruppen.

Wieder bemerken wir, dass die G_i nicht als Untergruppen von G normal sein müssen. Wenn sogar dies möglich ist und zusätzlich stets G_i/G_{i-1} im Zentrum von G/G_{i-1} liegt, dann heißt G *nilpotent*.

Die Klasse der nilpotenten Gruppen umfasst immer noch die abelschen Gruppen, ist aber viel kleiner als die der auflösbaren Gruppen.

Beispiel 6.2.2 Matrizengruppen
Es sei K ein Körper mit mehr als 2 Elementen, $n \geq 2$ eine natürliche Zahl und $G = \mathrm{GL}_n(K)$ die Gruppe der invertierbaren $n \times n$-Matrizen mit Einträgen aus K.

Dann ist die Gruppe der invertierbaren oberen Dreiecksmatrizen auflösbar, aber nicht nilpotent. Die Gruppe der unipotenten oberen Dreiecksmatrizen (das heißt: nur Einsen auf der Diagonale) ist nilpotent.

Hilfssatz 6.2.3 Divide et impera
Es sei G eine Gruppe. Dann sind äquivalent:

i) G ist auflösbar.
ii) Jede Untergruppe und jede Faktorgruppe von G ist auflösbar.
iii) G besitzt einen Normalteiler N, sodass N und G/N auflösbar sind.

Beweis $i) \Rightarrow ii)$: Das Schneiden einer Normalreihe von G mit einer Untergruppe liefert eine Normalreihe in dieser, und wenn vorher die Quotienten abelsch waren, sind auch die Quotienten der Schnitte abelsch.

Analog liefert die Projektion einer Normalreihe in eine Faktorgruppe eine Normalreihe dort, und die Kommutativität der Quotienten vererbt sich.

$ii) \Rightarrow iii)$: Hier nehmen wir einfach $N = G$.

$iii) \Rightarrow i)$: Nehmen wir eine Normalreihe von N und setzen sie durch die Urbilder einer Normalreihe von G/N fort, so erhalten wir eine Normalreihe von G, die abelsche Quotienten hat, wenn dies für die gegebenen Normalreihen galt. ○

Bemerkung 6.2.4 p**-Gruppen**
Es sei p eine Primzahl und P eine p-Gruppe, also eine Gruppe, deren Kardinalität eine Potenz von p ist.

Wir verwenden wieder einmal die Operation von P auf sich selbst durch Konjugation:

$$\bullet : P \times P \to P, (g, x) \mapsto gxg^{-1}.$$

Ähnlich wie in 2.6.7 c) sehen wir: Die Bahnen dieser Operation haben als Länge eine Potenz von p, und die Bahn des neutralen Elements hat Länge 1. Da insgesamt die Summe der Bahnlängen die Ordnung von P ist, muss im Fall $P \neq \{e_P\}$ die Anzahl der Fixpunkte der Operation durch p teilbar sein. Diese Fixpunkte bilden aber gerade das Zentrum von P, und das zeigt:

$$P \neq \{e_P\} \Rightarrow Z(P) \neq \{e_P\}.$$

Insbesondere hat eine nichttiviale p-Gruppe P immer einen nichttrivialen abelschen Normalteiler, und damit sind einfache p-Gruppen immer zyklisch von Ordnung p.

Folglich ist jede p-Gruppe P auflösbar, und es gibt eine normale Untergruppe von Index p, wenn $P \neq \{e_P\}$.

Diese Aussagen werden wir für $p = 2$ später bei den Anwendungen der Galoistheorie (7.4.2: Fundamentalsatz der Algebra sowie 7.4.5: Konstruierbarkeit regelmäßiger n-Ecke mit Zirkel und Lineal) verwenden.

6.3 Einfache Moduln – maximale Ideale

Bemerkung 6.2.5 Symmetrische Gruppe
Dass die symmetrische Gruppe S_4 auflösbar ist, haben wir in 6.1.7 gesehen.

Da die alternierende Gruppe A_5 einfach und nicht kommutativ ist und in jeder S_n, $n \geq 5$ als Untergruppe liegt, ist S_n für $n \geq 5$ nicht auflösbar: Die Kompositionsfaktoren sind A_n und $S_n/A_n \cong \mathbb{Z}/2\mathbb{Z}$.

Dies sorgt dafür, dass es für Polynomgleichungen von Grad 5 und höher meistens keine Lösungsformel gibt. In den Abschn. 7.2 und 7.4 wird das ausführlich thematisiert.

6.3 Einfache Moduln – maximale Ideale

Definition/Bemerkung 6.3.1 Einfacher Modul
Es seien R ein Ring und M ein R-Modul.

Dann heißt M *einfach,* wenn $M \neq \{0\}$ gilt und jeder Untermodul $U \subset M$ entweder $\{0\}$ ist oder M.

Eine aufsteigende Folge von Untermoduln, die bei $\{0\}$ anfängt und bis M läuft, heißt Kompositionsreihe von M, wenn alle Faktormoduln einfach sind; wieder gilt der Satz von Jordan-Hölder über die Eindeutigkeit der in Kompositionsreihen eines festen Moduls M auftretenden *Kompositionsfaktoren.* Der Beweis ist sogar etwas einfacher als vorhin, weil wir wegen der Kommutativität der Addition nicht darauf aufpassen müssen, was worin normal ist. Für jeden Untermodul gibt es den Faktormodul.

Beispiel 6.3.2 Vektorräume

a) Der $\mathbb{Z}$-Modul $\mathbb{Q}$ ist nicht einfach und enthält auch nicht einmal einen einfachen Untermodul. Auch kein Quotient von $\mathbb{Q}$ ist einfach. Denn einfache $\mathbb{Z}$-Moduln sind genau die einfachen abelschen Gruppen, also die Gruppen von Primzahlordnung.
b) Ist $R = K$ ein Körper, so ist ein einfacher K-Modul ein K-Vektorraum V, der außer $\{0\}$ und V keine Untervektorräume besitzt, selbst aber nichttrivial ist. Das sind also genau die eindimensionalen Vektorräume. Insbesondere sind je zwei einfache K-Moduln hier isomorph.

Bemerkung 6.3.3 einfach $\Rightarrow$ einfach erzeugt
Es sei M ein einfacher R-Modul. Dann gibt es ein Element $m \in M$, das nicht 0 ist. Die Abbildung

$$\lambda : R \to M, \ \lambda(r) := r \cdot m,$$

ist ein Modulhomomorphismus, und daher ist $R \cdot m = \text{Bild}(\lambda)$ ein R-Untermodul von M. Da er $m = \lambda(1)$ enthält, ist er nicht 0, und wegen der Einfachheit von M folgt $R \cdot m = M$.

M ist also von einem einzigen Element als Modul erzeugt, wir sagen dann auch: M ist *einfach erzeugt.*

Die Umkehrung ist offensichtlich nicht der Fall, es gibt einfach erzeugte Moduln, die nicht einfach sind, etwa $\mathbb{Z}$ als $\mathbb{Z}$-Modul.

Aber wenn M von einem Element m erzeugt wird, können wir M wegen des Homomorphiesatzes schreiben als

$$M \cong R/\text{Kern}(\lambda),$$

wobei $\text{Kern}(\lambda) = \{r \in R \mid rm = 0\}$ der *Annullator* von m in R ist. Den definieren wir für jedes $m \in M$ so. Der Annulator ist stets ein Linksideal von R.

Ist nun $\text{Kern}(\lambda) \subset I \subset R$ für ein weiteres Linksideal I, so folgt $I/\text{Kern}(\lambda) \cong \lambda(I) \subset M$. Wenn M wieder einfach ist, folgt $I = \text{Kern}(\lambda)$ oder $I = R$.

Im Fall, dass R kommutativ ist, heißt das gerade, dass $\text{Kern}(\lambda)$ ein maximales Ideal ist.

Im Allgemeinen erhalten wir eben ein maximales Linksideal (im naheliegenden Sinn).

Die Frage, ob es in jedem kommutativen Ring ein maximales Ideal gibt, haben wir noch nicht diskutiert. Tatsächlich gilt:

Hilfssatz 6.3.4 maximale Ideale existieren (fast immer)
Es seien R ein kommutativer Ring und $a \in R$ keine Einheit.
Dann gibt es ein maximales Ideal $I \subset R$, das a enthält.

Beweis Wir betrachten die Menge $\mathcal{S}$ aller Ideale $\neq R$, die a enthalten.

$\mathcal{S}$ ist nicht leer, denn das von a erzeugte Hauptideal liegt darin. Hierbei benutzen wir, dass a keine Einheit ist und R kommutativ.

Wir ordnen $\mathcal{S}$ durch mengentheoretische Inklusion.

Nun sei $(I_k)_{k \in K}$ eine *Kette* in $\mathcal{S}$, das heißt, dass für je zwei Elemente $k, l \in K$ $I_k \subseteq I_l$ oder $I_l \subseteq I_k$.

Die Vereinigung

$$J := \bigcup_{k \in K} I_k$$

ist dann auch ein Ideal, denn für $x, y \in J$ gibt es ein k mit $x, y \in I_k$, und dann liegen auch $x - y$ und rx in $I_k \subseteq J$ (für jedes $r \in R$).

Aber J ist nicht der ganze Ring R, denn sonst läge 1 in J, und das müsste dann auch schon in einem I_k liegen, das damit ganz R wäre…ein Widerspruch!

Also gehört J zu $\mathcal{S}$, und wir sehen, dass jede Kette in $\mathcal{S}$ eine obere Schranke in $\mathcal{S}$ besitzt. Das erlaubt uns, das Lemma von Zorn zu verwenden, das aus dieser Eigenschaft folgert: Es gibt ein maximales Element M in $\mathcal{S}$.

Wir müssen noch zeigen, dass M in R ein maximales Ideal ist, nicht nur maximales Element von $\mathcal{S}$. Das ist aber klar, denn jedes M umfassende Ideal enthält a, ist also entweder ein Element von $\mathcal{S}$ oder ist schon ganz R. ◯

6.3 Einfache Moduln – maximale Ideale

Der Satz zeigt insbesondere, dass in jedem kommutativen Ring $R \neq \{0\}$ maximale Ideale existieren, denn wir können $a = 0$ verwenden.

Das Argument zeigt naheliegend abgewandelt auch, dass jedes echte Ideal in einem maximalen Ideal enthalten ist.

Ein kommutativer Ring R, der genau ein maximales Ideal enthält, heißt ein *lokaler Ring*. Das ist genau dann der Fall, wenn $R \setminus R^\times$ ein Ideal in R ist.

Beispiel: Für eine Primzahl p ist

$$\mathbb{Z}_{(p)} := \left\{ \frac{z}{n} \mid z \in \mathbb{Z},\ n \in \mathbb{N} \setminus p\mathbb{N} \right\}$$

ein lokaler Ring, denn genau die Elemente sind Einheiten, in denen (nach Kürzen) weder Zähler noch Nenner durch p teilbar sind. Das Komplement sind die Vielfachen von p, der Restklassenkörper ist $\mathbb{F}_p$.

Analog ist für einen Körper K die Menge $K[X]_{(X)}$ der gebrochen rationalen Funktionen $f \in K(X)$, die im Nullpunkt definiert sind, ein lokaler Ring. Das motiviert letztlich auch den Namen: Es sind die rationalen Funktionen, die in (irgend-)einer Umgebung von 0 definiert sind, und die daher für Aussagen nahe bei 0 herangezogen werden können. Jede rationale Funktion, die einen von 0 verschiedenen Wert bei 0 hat, ist in diesem Ring invertierbar, das maximale Ideal ist genau die Menge der Funktionen in $K[X]_{(X)}$, die im Nullpunkt verschwinden, sein Restklassenkörper ist K.

Allgemein lassen sich durch „Nenneraufnahme" wie in 4.1.2 c) lokale Ringe gezielt konstruieren, aber nicht jede Wahl erlaubter Nenner führt zu einem lokalen Ring.

7 Körpererweiterungen

7.1 Algebraizität

Definition 7.1.1 Algebraisch und transzendent
Es sei K ein Körper und L ein Körper, der K umfasst. Wir nennen dann $K \subseteq L$ eine *Körpererweiterung*.

a) Ein Element $\alpha \in L$ heißt *algebraisch über* K, falls es ein von Null verschiedenes Polynom $f \in K[X]$ mit $f(\alpha) = 0$ gibt.
b) Ein Element $\alpha \in L$, das nicht über K algebraisch ist, heißt *transzendent über* K.
c) L heißt algebraisch über K, wenn jedes Element von L über K algebraisch ist.
d) Wenn $\alpha \in L$ über K algebraisch ist, dann ist das *Verschwindungsideal*

$$I(\alpha) := \{f \in K[X] \mid f(\alpha) = 0\}$$

nicht das Nullideal im Polynomring. Der normierte Erzeuger von $I(\alpha)$ heißt das *Minimalpolynom* von α über K. Wir notieren es als $\mathrm{MP}_{K,\alpha}$ oder oft auch MP_α, wenn der Grundkörper K aus dem Kontext klar ist.

Bemerkung 7.1.2 Adjunktion eines Elements
Sei $K \subseteq L$ eine Körpererweiterung.

Den kleinsten Teilkörper von L, der K und ein gegebenes Element α von L enthält, bezeichnen wir mit $K(\alpha)$ (gesprochen: „K alpha" oder auch „K adjungiert alpha"). Wir sagen: $K(\alpha)$ entsteht durch *Adjunktion* von α zu K.

Allgemeiner gibt es für jede Teilmenge A von L den kleinsten Teilkörper, der K und A umfasst. Er wird analog mit $K(A)$ notiert.

Zur Konkretisierung, wie $K(\alpha)$ aussieht, unterscheiden wir zwei Fälle:
Fall 1: α algebraisch
Wir verwenden das Minimalpolynom $\mathrm{MP}_{K,\alpha}$. Es habe Grad $d \in \mathbb{N}$. Wenn ein Polynom f bei Division durch $\mathrm{MP}_{K,\alpha}$ Rest r lässt, dann gilt $f(\alpha) = r(\alpha)$. Es ist

daher

$$K[\alpha] = \left\{ \sum_{i=0}^{d-1} c_i \alpha^i \mid c_i \in K \right\} \cong K[X]/(\mathrm{MP}_{K,\alpha})$$

die kleinste Unteralgebra von L, die α enthält. Nun ist aber $\mathrm{MP}_{K,\alpha}$ irreduzibel, da es das Polynom kleinsten Grades ist, das α als Nullstelle besitzt, und da L nullteilerfrei ist: Aus $\mathrm{MP}_{K,\alpha} = fg$ für Polynome $f, g \in K[X]$ folgt

$$0 = \mathrm{MP}_{K,\alpha}(\alpha) = f(\alpha) \cdot g(\alpha) \in L,$$

also ist einer der beiden Faktoren 0 und f oder g ein Vielfaches von $\mathrm{MP}_{K,\alpha}$. Wir sind also in der Situation von 5.2.8 und sehen, dass $K[\alpha]$ bereits ein Körper ist: $K[\alpha] = K(\alpha)$.

Fall 2: α transzendent

Wenn α transzendent ist, dann ist $K[\alpha]$ isomorph zum Polynomring $K[X]$ und daher $K(\alpha)$ isomorph zum Körper der rationalen Funktionen in einer Variablen:

$$K(\alpha) = \left\{ \frac{f(\alpha)}{g(\alpha)} \mid f, g \in K[X], g \neq 0 \right\} \cong K(X).$$

Beispiel 7.1.3 Beides kommt im wahren Leben vor
$\mathbb{C}$ ist ein Erweiterungskörper von $\mathbb{Q}$. Die Zahlen $\sqrt{2}$ und $\sqrt[3]{5} + 7\mathrm{i}$ sind algebraisch über $\mathbb{Q}$. Da es nur abzählbar viele von 0 verschiedene Polynome in $\mathbb{Q}[X]$ gibt und jedes davon nur endlich viele Nullstellen in $\mathbb{C}$ hat, gibt es in $\mathbb{C}$ auch nur abzählbar viele algebraische Elemente. Da andererseits $\mathbb{C}$ überabzählbar ist, muss es dort auch transzendente Elemente geben, im Sinne des Lebesgue[1]-Maßes sind diese sogar weit in der Überzahl, denn abzählbare Mengen sind Nullmengen.

Beispiele für transzendente Zahlen sind e, die Eulersche Zahl[2], oder die Kreiszahl π, wie ein Satz von Lindemann[3] vom Ende des 19. Jahrhunderts sagt, der dann die Unmöglichkeit der Quadratur des Kreises nach sich zieht, siehe 7.2.3.

Es ist zumeist sehr schwer, von einer gegebenen Zahl zu entscheiden, ob sie algebraisch oder transzendent ist. Die Transzendenztheorie ist eine Teildisziplin der Zahlentheorie, die genau hierfür Werkzeuge entwickelt.

Bemerkung 7.1.4 Zur Notation
Es hat sich eingebürgert, für einen Erweiterungskörper L von K zu sagen, L *über* K sei eine Körpererweiterung. Oft findet sich hier (ähnlich wie in 3.3.8 erwähnt) auch die Notation L/K, die leicht mit dem Bilden der Faktorgruppe verwechselt werden kann. Ich bevorzuge hier die weniger missverständliche Notation $K \subseteq L$, wenngleich die andere heute aus der Literatur in diesem und vielen ähnlich gelagerten Kontexten nicht wegzudenken ist.

---

[1] Henri Lebesgue, 1875–1941.
[2] gezeigt von Charles Hermite, 1822–1901.
[3] Carl Louis Ferdinand von Lindemann, 1852–1939.

Bemerkung 7.1.5 Automorphismen

Ein Erweiterungskörper $K \subseteq L$ ist insbesondere eine K-Algebra. Wie in 3.3.8 bezeichnen wir mit $\mathrm{Aut}(L|K)$ die Gruppe aller K-linearen Automorphismen des Körpers L. Ist $\sigma \in \mathrm{Aut}(L|K)$ und $\alpha \in L$ algebraisch über K, so ist $\sigma(\alpha)$ ebenfalls eine Nullstelle des Minimalpolynoms MP_α. Um das einzusehen, schreiben wir $\mathrm{MP}_\alpha = \sum_{i=0}^d c_i X^i$, $c_i \in K$. Dann gilt

$$0 = \sigma(0) = \sigma(\mathrm{MP}_\alpha(\alpha)) = \sum_{i=0}^d \sigma(c_i)\sigma(\alpha^i) = \sum_{i=0}^d c_i \sigma(\alpha)^i = \mathrm{MP}_\alpha(\sigma(\alpha)).$$

Schließlich ist ja $c_i \in K$ und daher $\sigma(c_i) = c_i$ für alle i.

Genauso gilt das für jedes Polynom in $K[X]$, das α als Nullstelle hat, anstelle von MP_α.

Dieser Sachverhalt schränkt die Möglichkeiten von Automorphismen drastisch ein. Wir haben das in 3.3.11 schon früher in einer allgemeineren Situation gesehen.

Tatsächlich gilt hier noch ein bisschen mehr als damals: Wenn $L = K(\alpha)$ gilt, mit algebraischem α, und wenn $\beta \in L$ eine Nullstelle des Minimalpolynoms von α ist, dann ist der Endomorphismus der K-Algebra L, der α auf β abbildet (und den es wegen 3.3.11 gibt) injektiv, da β dasselbe Minimalpolynom hat wie α, und daher auch surjektiv (wegen der endlichen Dimension). Es ist also jeder Endomorphismus von L sogar ein Automorphismus!

Hilfssatz 7.1.6 Algebraische Erweiterung

Es sei $K \subseteq L$ eine Körpererweiterung. Dann gelten:

a) *Ein $\alpha \in L$ ist genau dann über K algebraisch, wenn die Dimension von $K(\alpha)$ als K-Vektorraum endlich ist.*
b) *Die Menge aller über K algebraischen $\alpha \in L$ ist ein Teilkörper von L.*
c) *Sind $K \subseteq L$ und $L \subseteq M$ algebraische Körpererweiterungen, so ist auch die Erweiterung $K \subseteq M$ algebraisch.*

Beweis

a) Wenn α über K algebraisch ist, dann ist nach 7.1.1 $K(\alpha) \cong K[X]/(\mathrm{MP}_\alpha)$, und dieser K-Vektorraum hat Dimension $\deg(\mathrm{MP}_\alpha)$.
Ist umgekehrt die K-Dimension von $K(\alpha)$ endlich, so kann die Auswertungsabbildung $K[X] \ni f \mapsto f(\alpha) \in L$ nicht injektiv sein, und ihr Kern enthält ein nichttriviales Element, was gerade die Definition der Algebraizität von α ist. Alternativ sind $1, \alpha, \alpha^2, \ldots, \alpha^d$ mit $d = \dim_K(K(\alpha))$ nicht linear unabhängig, es gibt also eine nichttriviale lineare Relation zwischen ihnen. Diese liefert ein von Null verschiedenes Polynom mit Nullstelle α.
b) Wir müssen zeigen, dass mit zwei algebraischen Elementen $\alpha, \beta \in L$ auch $-\alpha$, $\alpha + \beta$, $\alpha \cdot \beta$ und im Fall $\alpha \neq 0$ auch α^{-1} über K algebraisch sind. Dazu sei $K(\alpha, \beta)$ der kleinste Teilkörper von L, der K und α und β enthält.

Da β über K algebraisch ist, ist es auch über $K(\alpha)$ algebraisch. Für geeignete Zahlen d und e sind dann $\{1, \alpha, \alpha^2, \ldots, \alpha^{d-1}\}$ eine K-Basis von $K(\alpha)$ und $\{1, \beta, \ldots, \beta^{e-1}\}$ eine $K(\alpha)$-Basis von $K(\alpha, \beta)$. Dann ist offensichtlich

$$\{\alpha^i \beta^j \mid 0 \le i \le d-1, 0 \le j \le e-1\}$$

eine K-Basis von $K(\alpha, \beta)$, und damit sind alle Elemente dieses Körpers in einem über K endlichdimensionalen Körper enthalten. Daher sind sie algebraisch. Zu diesen Elementen gehören auch $\alpha\beta$ und $\alpha + \beta$, $-\alpha$ und – falls $\alpha \ne 0$ – auch α^{-1}.

c) Es sei $\alpha \in M$. Wir müssen begründen, dass α über K algebraisch ist.
Dazu betrachten wir das Minimalpolynom von α über L

$$\mathrm{MP}_{L,\alpha} = \sum_{i=0}^{n} c_i X^i, \quad c_i \in L.$$

Da die Koeffizienten alle über K algebraisch sind, ist induktiv wegen a) und b) (siehe auch 7.1.7)

$$Z := K(c_0, \ldots, c_n)$$

eine endlichdimensionale K-Algebra. Da auch $Z(\alpha)$ endliche Dimension über Z hat, hat insgesamt $Z(\alpha)$ endliche Dimension über K. Da $K(\alpha) \subseteq Z(\alpha)$ gilt, kann es über K nicht unendliche Dimension haben, und damit ist α auch über K algebraisch. ◯

Definition 7.1.7 Grad einer Körpererweiterung
Es sei $K \subseteq L$ eine Körpererweiterung. Die Dimension von L als K-Vektorraum heißt der *Grad von L über K*. Er wird mit $[L : K] := \dim_K(L)$ notiert
Es ist also α genau dann algebraisch, wenn $[K(\alpha) : K] < \infty$.
Wir sagen auch, L sei eine endliche Erweiterung von K, wenn der Grad endlich ist. Sind $K \subseteq L \subseteq M$ endliche Körpererweiterungen, so gilt

$$[M : K] = [M : L] \cdot [L : K].$$

Wenn nämlich B eine K-Basis von L ist und C eine L-Basis von M, dann ist $\{bc \mid b \in B, c \in C\}$ eine K-Basis von M.
Der Grad von $K(\alpha)$ über K ist gleich dem Grad des Minimalpolynoms von α über K, wenn α algebraisch ist.

Beispiel 7.1.8 Ein paar Quadratwurzeln
Es sei $K = \mathbb{Q}$, $L = \mathbb{Q}(\sqrt{2})$ und $M = L(\sqrt{3})$. Offensichtlich ist $[L : K] = 2$. In L liegt $\sqrt{3}$ noch nicht, denn sonst gäbe es rationale Zahlen x, y mit $(x + y\sqrt{2})^2 = 3$, was $x^2 + 2y^2 = 3$ und $2\sqrt{2}xy = 0$ zur Folge hätte. Im Fall $x = 0$ folgt $y^2 = 3/2$, im Fall $y = 0$ jedoch $x^2 = 3$, und beide Gleichungen sind wegen 1.2.7 in $\mathbb{Q}$ nicht

7.1 Algebraizität

lösbar. Daher ist auch $L \subset M$ eine echte Erweiterung, die dann natürlich auch Grad 2 hat. Insgesamt folgt

$$[\mathbb{Q}(\sqrt{2}, \sqrt{3}) : \mathbb{Q}] = [M : K] = 4.$$

Was sind die Automorphismen von M über $\mathbb{Q}$?

Aus 7.1.5 folgt, dass ein Endomorphismus von M über K, die Quadratwurzeln $\sqrt{2}$ bzw. $\sqrt{3}$ auf Nullstellen ihrer Minimalpolynome über $\mathbb{Q}$ abbilden muss, also auf $\pm\sqrt{2}$ bzw. $\pm\sqrt{3}$. Durch die entsprechende Wahl wird dann festgelegt, was mit $\sqrt{2} \cdot \sqrt{3}$ passiert, da Automorphismen ja multiplikativ sind.

Wir haben also folgende Möglichkeiten für die Wirkung der Automorphismen auf der Basis $\{1, \sqrt{2}, \sqrt{3}, \sqrt{2} \cdot \sqrt{3}\}$ von M über K:

	1	$\sqrt{2}$	$\sqrt{3}$	$\sqrt{2} \cdot \sqrt{3}$
id	1	$\sqrt{2}$	$\sqrt{3}$	$\sqrt{2} \cdot \sqrt{3}$
τ	1	$\sqrt{2}$	$-\sqrt{3}$	$-\sqrt{2} \cdot \sqrt{3}$
$\tilde{\tau}$	1	$-\sqrt{2}$	$\sqrt{3}$	$-\sqrt{2} \cdot \sqrt{3}$
$\tau \circ \tilde{\tau}$	1	$-\sqrt{2}$	$-\sqrt{3}$	$\sqrt{2} \cdot \sqrt{3}$

Dabei ist τ der nichttriviale Automorphismus der Erweiterung $L \subseteq M$ und $\tilde{\tau}$ der nichttriviale Automorphismus der Erweiterung $\mathbb{Q}(\sqrt{3}) \subseteq M$, die Identität erklärt sich von selbst und die letzte Möglichkeit ist die Komposition $\tau \circ \tilde{\tau}$. Es gibt genau 4 Automorphismen.

Mit dieser Information fällt es uns jetzt leicht, zum Beispiel das Minimalpolynom f von $\sqrt{2} + \sqrt{3}$ zu ermitteln, denn jeder Automorphismus von M wird $\sqrt{2} + \sqrt{3}$ auf eine Nullstelle von f abbilden, weswegen sicher die Zahlen

$$\sqrt{2} + \sqrt{3}, \sqrt{2} - \sqrt{3}, -\sqrt{2} + \sqrt{3}, -\sqrt{2} - \sqrt{3}$$

Nullstellen sind. Das Minimalpolynom hat also Grad ≥ 4. Da der Grad nicht größer sein kann als $[M : \mathbb{Q}] = 4$ hat f tatsächlich genau diesen Grad und ist (da normiert)

$$\begin{aligned} f &= (X - \sqrt{2} - \sqrt{3})(X - \sqrt{2} + \sqrt{3})(X + \sqrt{2} - \sqrt{3})(X + \sqrt{2} + \sqrt{3}) \\ &= ((X - \sqrt{2})^2 - 3)((X + \sqrt{2})^2 - 3) \\ &= (X^2 - 1 - 2\sqrt{2}X)(X^2 - 1 + 2\sqrt{2}X) \\ &= X^4 - 10X^2 + 1. \end{aligned}$$

Insbesondere sehen wir, dass $\mathbb{Q}(\sqrt{2} + \sqrt{3})$ über $\mathbb{Q}$ Grad 4 hat, also gleich M sein muss, da es ein Untervektorraum von M von gleicher endlicher Dimension ist.

Wir können die Automorphismen auch sehr elegant benutzen, um zu sehen, dass $\sqrt{5}$ nicht in M liegt, was rein rechnerisch sehr aufwendig wäre. Denn: läge $\sqrt{5}$ in M, so wäre es – wie $1, \sqrt{2}, \sqrt{3}, \sqrt{6}$ – eine simultaner Eigenvektor unserer vier Automorphismen, die ja Nullstellen von $X^2 - 5$ auf ebensolche abgebildet werden. Die eindimensionalen simultanen Eigenräume werden aber eben von $1, \sqrt{2}, \sqrt{3}, \sqrt{6}$

erzeugt, und daher wäre $\sqrt{5}$ ein rationales Vielfaches von einer dieser Zahlen. Quadrieren dieser Relation zeigt dann, dass eine der Zahlen 5, 10, 15, 30 ein Quadrat in $\mathbb{Q}$ wäre, was wir in 1.2.7 als unwahr erkannt haben. Wer nicht so weit zurückblättern will, darf auch benutzen, dass $\mathbb{Z}$ faktoriell und daher ganz abgeschlossen ist, siehe 5.4.12: $X^2 - 5$, $X^2 - 10$, $X^2 - 15$, $X^2 - 30$ besitzen offensichtlich keine ganzzahlige Nullstelle (verifiziert durch Probieren aller ganzen Zahlen mit Betrag kleiner als 6), also auch keine rationale.

Es sind solche Argumente, die Automorphismen wertvoll machen.

Hilfssatz 7.1.9 Fundamentalkonstruktion
Es seien K ein Körper und $f \in K[X]$ ein normiertes Polynom.

Dann gibt es einen Erweiterungskörper L von K, über dem f in Linearfaktoren zerfällt.

Beweis Wir führen den Beweis induktiv nach dem Grad von f, und zwar für alle Körper gleichzeitig.

Für $\deg(f) = 0$ oder 1 ist nichts zu zeigen.

Nun sei der Grad von f mindestens 2 und für alle normierten Polynome kleineren Grades die Behauptung wahr.

Wenn f über K nicht irreduzibel ist, dann ist es Produkt von zwei normierten Faktoren f_1, f_2 kleineren Grades. Es gibt nach Induktionsvoraussetzung einen Körper L_1, über dem f_1 in Linearfaktoren zerfällt, und wieder nach Induktionsvoraussetzung existiert ein Erweiterungskörper L_2 von L_1, über dem auch f_2 in Linearfaktoren zerfällt. Über L_2 zerfallen also beide Faktoren und damit auch f wie gewünscht.

Wenn f hingegen irreduzibel ist, dann ist $L_1 := K[X]/fK[X]$ ein Körper – siehe 5.2.8 –, in dem die Restklasse α von X eine Nullstelle von f ist. (Diese Konstruktion heißt oft die Konstruktion von Kronecker[4].)

Also können wir hier f zerlegen als

$$f = (X - \alpha) \cdot f_2,$$

wobei der Grad von f_2 kleiner ist als der von f. Nach Induktionsvoraussetzung gibt es einen Erweiterungskörper L_2 von L_1, in dem f_2 in Linearfaktoren zerfällt, und dieser tut, was wir wollten. ○

Definition/Bemerkung 7.1.10 Zerfällungskörper
Es sei K ein Körper und $f \in K[X]$ ein Polynom. Weiter sei L ein Erweiterungskörper von K, in dem f in Linearfaktoren zerfällt.

Dann heißt der kleinste Teilkörper von L, der alle Nullstellen von f enthält, ein *Zerfällungskörper* von f über K.

---

[4] Leopold Kronecker, 1823-1891.

7.1 Algebraizität

Ein Körper K heißt *algebraisch abgeschlossen,* wenn er keine echten algebraischen Erweiterungskörper besitzt. Das ist äquivalent dazu, dass jedes normierte Polynom in $K[X]$ schon da in Linearfaktoren zerfällt, und auch dazu, dass jedes nichtkonstante Polynom in $K[X]$ mindestens eine Nullstelle in K hat, und auch dazu, dass K der Zerfällungskörper aller Polynome in $K[X]$ ist.

Ein algebraischer Erweiterungskörper von K, der algebraisch abgeschlossen ist, heißt ein *algebraischer Abschluss von K.* Wir werden gleich die Existenz eines algebraischen Abschlusses nachweisen und im Rahmen der Galoistheorie in 7.3.2 sehen, dass solch ein algebraischer Abschluss bis auf einen K-linearen Ringisomorphismus eindeutig bestimmt ist.

Zum Beispiel ist $\mathbb{C}$ algebraisch abgeschlossen und die Menge aller über $\mathbb{Q}$ algebraischen Zahlen ist darin ein Teilkörper, der auch wieder algebraisch abgeschlossen ist. Er ist der algebraische Abschluss $\overline{\mathbb{Q}}$ von $\mathbb{Q}$. Dieser Körper ist abzählbar, also viel kleiner als $\mathbb{C}$.

Ein algebraisch abgeschlossener Körper ist immer unendlich. Denn wenn K ein Körper mit endlich vielen Elementen ist, dann hat das Polynom

$$\left[\prod_{a \in K}(X - a)\right] + 1$$

keine Nullstelle in K.

Satz 7.1.11 Existenz des algebraischen Abschlusses
Es sei K ein Körper. Dann existiert ein algebraischer Abschluss von K.

Beweis Wir konstruieren[5] zunächst in Abhängigkeit von K einen algebraischen Erweiterungskörper $N(K)$, in dem jedes nichtkonstante Polynom aus $K[X]$ mindestens eine Nullstelle hat. Das iterieren wir und betrachten

$$K \subseteq N(K) =: K_1 \subseteq N(K_1) =: K_2 \subseteq N(K_2) =: K_3 \ldots$$

Dann ist die Vereinigung $\overline{K} := \bigcup_{i \in \mathbb{N}} K_i$ ein algebraischer Erweiterungskörper von K, der algebraisch abgeschlossen ist, also genau das, was wir suchen.

Um $N(K)$ zu konstruieren, betrachten wir den Polynomring R über K in den Variablen X_p, wobei der Index p die Menge $\mathbb{P}_{K[X]}$ der irreduziblen normierten Polynome in $K[X]$ durchläuft – siehe 3.3.18a). In R gibt es das Ideal I, das von den Elementen $p(X_p)$, $p \in \mathbb{P}_{K[X]}$, erzeugt wird. Wir ersetzen hier also in jedem $p \in \mathbb{P}_{K[X]}$ die Variable X durch X_p.

Zwischenbehauptung: Es gilt $I \neq R$.

Denn: Sonst läge die 1 in I, ließe sich also schreiben als

$$1 = \sum_{i=1}^{n} g_i \cdot p_i(X_{p_i}), \quad g_i \in R \text{ geeignet.}$$

---

[5] Das Wort „konstruieren" ist hierbei etwas geschmeichelt. Wir weisen die Existenz nach.

Hierbei sei n minimal gewählt, insbesondere sind also $p_1, \ldots, p_n \in \mathbb{P}_{K[X]}$ paarweise verschieden.

Nach 7.1.9 wissen wir, dass es einen Erweiterungskörper L von K gibt, über dem $p_1 \cdot \ldots \cdot p_n$ in Linearfaktoren zerfällt. Für jedes i zwischen 1 und n sei $a_i \in L$ eine Nullstelle von p_i. Dann gibt es einen K-Algebrenhomomorphismus Φ von R nach L, der X_{p_i} auf a_i abbildet ($1 \leq i \leq n$) und alle anderen X_p auf 0. Hierbei nutzen wir die Arithmetik (universelle Abbildungseigenschaft, 3.3.18) im Polynomring aus.

Es gilt dann

$$1 = \Phi(1) = \Phi\left(\sum_{i=1}^{n} g_i \cdot p_i(X_{p_i})\right) = \sum_{i=1}^{n} \Phi(g_i) \cdot \Phi(p_i(X_{p_i})) = \sum_{i=1}^{n} \Phi(g_i) \cdot 0 = 0,$$

was ein Widerspruch ist. Daher gehört 1 nicht zu I.

Mit dem Argument aus 6.3.4 folgt, dass in R ein maximales Ideal M existiert, das I enthält.

Wegen 5.2.10 ist $N(K) := R/M$ ein Körper, der auf natürliche Weise (sprich: über den Strukturmorphismus dieser K-Algebra) auch K enthält, und in dem die Restklasse von X_p modulo M eine Nullstelle des Polynoms p ist. Daher hat jedes irreduzible Polynom $p \in \mathbb{P}_{K[X]}$ eine Nullstelle in $N(K)$, und da nach 5.2.4 jedes nichtkonstante Polynom $f \in K[X]$ zu einem Produkt von Elementen aus $\mathbb{P}_{K[X]}$ assoziiert ist, hat auch f in $N(K)$ mindestens eine Nullstelle. Außerdem wird K_1 als Erweiterung von K von den Restklassen der X_p erzeugt, die aber alle algebraisch sind. Daher ist $K \subseteq N(K)$ algebraisch. $\bigcirc$

Beispiel 7.1.12 Endliche Körper

Wie sieht für eine Primzahl p der algebraische Abschluss von $\mathbb{F}_p$ aus? Jedes Element α darin ist in einem endlichen Körper enthalten, da es über $\mathbb{F}_p$ algebraisch ist und damit $\mathbb{F}_p(\alpha)$ endliche Dimension über $\mathbb{F}_p$ hat.

Wenn q die Kardinalität von $L := \mathbb{F}_p(\alpha)$ ist, dann ist jede Einheit von L wegen des Satzes von Lagrange eine Nullstelle von $X^{q-1} - 1$, also ist jedes Element von L Nullstelle von $X^q - X$. Dieses Polynom hat in L also q Nullstellen und ist damit von der Gestalt

$$X^q - X = \prod_{t \in L}(X - t).$$

Das zeigt schon, dass es höchstens einen Körper mit q Elementen gibt, denn dieses Polynom hat ja nur q Nullstellen im algebraischen Abschluss. Umgekehrt sehen wir noch in 7.3.4, dass für jede Potenz $q = p^e$ die Nullstellen von $X^q - X$ im algebraischen Abschluss von $\mathbb{F}_p$ einen Teilkörper ausmachen, der genau q Elemente besitzt.

Den algebraischen Abschluss dürfen wir uns also als Vereinigung all dieser endlichen Körper mit Charakteristik p vorstellen.

7.2 Zwei klassische Probleme

Bemerkung 7.2.1 Konstruktionen mit Zirkel und Lineal – allgemeines
Wie in 3.1.13 erläutert heißt eine komplexe Zahl t über $S \subset \mathbb{C}$ konstruierbar, wenn sie ausgehend von S mittels sukzessiver Konstruktion neuer Punkte, die sich als Schnittpunkte konstruierbarer Geraden und Kreise ergeben, erreicht werden kann. Dabei soll die Menge S mindestens die Zahlen 0 und 1 enthalten.

Im Fall $\{0, 1\} \subseteq S$ ist die Menge $\mathcal{K}(S)$ aller über S konstruierbaren Zahlen ein Körper. Von speziellem Interesse ist hier $\mathcal{K} := \mathcal{K}(\mathbb{Q}) = \mathcal{K}(\{0, 1\})$.

Wenn $L \subset \mathcal{K}(S)$ ein Teilkörper ist und zur Diskussion steht, welche Elemente im nächsten Konstruktionsschritt dazukommen können, gilt es, sich über Schnittpunkte von Geraden und Kreisen Gedanken zu machen, die durch Punkte in L verlaufen. Falls L die Zahl i enthält und die Bedingung erfüllt, dass für jedes $z \in L$ auch der Realteil von z zu L gehört, dann ist das Ergebnis einer jeden solchen Konstruktion entweder in L oder in einer Erweiterung von L vom Grad 2, da (implizit) eine lineare oder quadratische Gleichung gelöst wird. Außerdem erfüllt der so erreichte quadratische Erweiterungskörper wieder die eben verlangte Zusatzbedingung hinsichtlich der Realteile.

Wir sehen also, dass $t \in \mathbb{C}$ genau dann über $\mathbb{Q}(i)$ und damit über $\mathbb{Q}$ konstruierbar ist, wenn es Körper

$$\mathbb{Q} = K_0 \subset K_1 = \mathbb{Q}(i) \subset K_2 \subset \cdots \subset K_l \subset \mathbb{C}$$

gibt, sodass $t \in K_l$ gilt und $[K_i : K_{i-1}]$ für $1 \leq i \leq l$ immer Grad 2 hat. Da insbesondere $K(t) \subseteq K_l$ gilt, muss $K(t)$ über $\mathbb{Q}$ als Grad eine Zweierpotenz haben.

Das zeigt, dass eine Zahl höchstens dann über $\mathbb{Q}$ konstruierbar ist, wenn sie algebraisch ist und ihr Minimalpolynom eine Zweierpotenz als Grad besitzt.

Dass dies kein „genau dann" sein kann, wird beispielsweise von den Nullstellen von $f(X) = X^4 - 2X - 2$ illustriert. Dieses Polynom ist über $\mathbb{Q}$ irreduzibel. Modulo 3 zerfällt es als

$$X^4 - 2X - 2 = (X - 1)(X^3 + X^2 + X - 1),$$

und der kubische Faktor ist irreduzibel über $\mathbb{F}_3$. Das zeigt, dass für eine Nullstelle t von f in $\mathbb{C}$ das Polynom

$$f(X)/(X - t) = X^3 + tX^2 + t^2 X + t^3 - 2$$

über $\mathbb{Q}(t)$ irreduzibel bleibt, denn $\mathbb{Z}[t]$ ist ganz abgeschlossen, das heißt, eine Nullstelle des normierten Polynoms in $\mathbb{Q}(t)$ läge bereits in $\mathbb{Z}[t]$ und lieferte daher auch eine Nullstelle von $X^3 + X^2 + X - 1$ in $\mathbb{Z}[t]/(3, t - 1) = \mathbb{F}_3$.[6]

Wenn wir nun die nächste Nullstelle s von f zu $\mathbb{Q}(t)$ dazunehmen, so ist dies also eine Erweiterung vom Grad 3, und daher hat der Zerfällungskörper von f als

---

[6] Dass $\mathbb{Z}[t]$ ganz abgeschlossen ist, verwenden wir hier ohne Beweis.

Grad ein Vielfaches von 3 (der Grad ist tatsächlich 24), und die Nullstellen von f sind daher nicht über $\mathbb{Q}$ konstruierbar.

Bemerkung 7.2.2 Klassische Konstruktionsprobleme

a) Ein altes Problem ist, für welche natürlichen $N \geq 3$ sich ein regelmäßiges N-Eck mit Zirkel und Lineal konstruieren lässt. Das hängt natürlich von N und der vorgegebenen Menge S ab.
Stets bedeutet dies, dass sich über S eine primitive N-te Einheitswurzel konstruieren lässt, also eine Zahl t, deren N-te Potenz 1 ist, jede niedrigere Potenz aber nicht. Denn: Wenn ich ein regelmäßiges N-Eck habe, kann ich das verschieben und mit einem Faktor aus $\mathcal{K}(S)$ so skalieren, dass 0 der Mittelpunkt und 1 eine Ecke ist. Dann sind die Potenzen von t gerade die Ecken, die ich suche.
Wenn wir dies für $S = \{0, 1\}$ durchführen wollen, müssen wir also das Minimalpolynom von t über $\mathbb{Q}$ finden und zumindest seinen Grad bestimmen – so haben wir das in 7.2.1 festgehalten.
Dazu sei $\zeta = \cos\left(\frac{2\pi}{N}\right) + i \sin\left(\frac{2\pi}{N}\right)$. Dies ist eine primitive N-te Einheitswurzel. Es sei

$$\Phi_N(X) = \prod_{k \in (\mathbb{Z}/N\mathbb{Z})^\times} (X - \zeta^k).$$

Die Nullstellen dieses Polynoms sind genau die primitiven N-ten Einheitswurzeln in $\mathbb{C}$. Es gilt

$$\prod_{d \mid N} \Phi_d(X) = X^N - 1,$$

und wir können daher auch rekursiv das Φ_N definieren durch

$$\Phi_1(X) = X - 1, \quad \Phi_N(X) = (X^N - 1) / \prod_{d \mid N,\ d \neq N} \Phi_d(X).$$

Rekursiv ergibt sich daraus, dass $\Phi_N(X)$ ganzzahlige Koeffizienten hat. Wir finden

$$\begin{aligned}
\Phi_1(X) &= X - 1, & \Phi_2(X) &= X + 1, \\
\Phi_3(X) &= X^2 + X + 1, & \Phi_4(X) &= X^2 + 1, \\
\Phi_5(X) &= X^4 + X^3 + X^2 + X + 1, & \Phi_6(X) &= X^2 - X + 1
\end{aligned}$$

Es ist etwas subtiler zu sehen, dass es wirklich auch irreduzibel ist – hier helfen zum Beispiel Überlegungen mit endlichen Körpern, die wir noch nicht anstellen können, siehe aber 7.4.6. Φ_N heißt das *N-te Kreisteilungspolynom*.
Wenn $N = p^n$ eine Primzahlpotenz ist, können wir uns mit einem Trick ähnlich zu 5.4.2 auf Eisensteinpolynome zurückhangeln und sehen in diesem Spezialfall, dass $\Phi_{p^n}(X) = \frac{X^{p^n}-1}{X^{p^{n-1}}-1} = 1 + X^{p^{n-1}} + X^{2p^{n-1}} + \ldots + X^{(p-1)p^{n-1}}$ irreduzibel vom Grad $(p-1)p^{n-1} = \varphi(p^n)$ ist. Daher ist ein p^n-Eck höchstens dann

7.2 Zwei klassische Probleme

konstruierbar, wenn $(p - 1) \cdot p^{n-1}$ eine Zweierpotenz ist, was im Falle ungerader Primzahlen erzwingt, dass $n = 1$ gilt und p von der Gestalt $2^f + 1$ ist. Solche Primzahlen heißen Fermatprimzahlen. Es ist bis heute ungeklärt, ob es unendlich viele davon gibt. Genau fünf davon sind bekannt:

$$3,\ 5,\ 17,\ 257,\ 65537.$$

Wenn nun allgemeiner ein regelmäßiges N-Eck konstruierbar ist, dann auch ein regelmäßiges M-Eck für jeden Teiler M von N – wir können ja geeignete Ecken des N-Ecks ignorieren.

Höchstens für solche Zahlen N ist daher ein regelmäßiges N-Eck über $\mathbb{Q}$ konstruierbar, die Produkt einer Zweierpotenz mit paarweise verschiedenen Fermatprimzahlen sind. Dass dies dann auch immer geht ist wiederum ein Resultat der Galoistheorie, die es ermöglicht, zwischen $\mathbb{Q}$ und $\mathbb{Q}(t)$ eine Folge von Zwischenkörpern zu finden, die sukzessive Erweiterungen vom Grad 2 sind. Siehe dazu 7.4.5.

Der erste, der ein regelmäßiges 17-Eck konstruiert hat, war kein geringerer als Gauß.

b) Eine andere alte Frage war es, ob jeder gegebene Winkel immer mit Zirkel und Lineal in drei gleich große Winkel zerlegt werden kann. Hier ist die Antwort: meistens nicht! Sonst könnten wir ja zum Beispiel aus dem regelmäßigen Dreieck durch Dreiteilung der Mittelpunktswinkel ein regelmäßiges Neuneck konstruieren, was wir gerade erst ausgeschlossen haben.

Grundsätzlich müssen wir für die Dreiteilung eines Winkels aus einer geeigneten komplexen Zahl eine dritte Wurzel ziehen. Wenn aber zum Beispiel $a \in \mathbb{C}$ transzendent ist, dann ist $X^3 - a \in \mathbb{Q}(a)[X]$ irreduzibel, da es wegen Eisenstein über dem „Polynomring" $\mathbb{Q}[a]$ irreduzibel ist (a erzeugt ein Primideal in $\mathbb{Q}[a]$!) und das Lemma von Gauß uns dann auch Irreduzibilität über $\mathbb{Q}(a)$ liefert. Wir haben also eine Körpererweiterung vom Grad 3, und das geht nicht mit Zirkel und Lineal.

Beispiel 7.2.3 Die Quadratur des Kreises – oder eben nicht
Es ist nicht möglich, ausgehend von $\mathbb{Q}$ mit Zirkel und Lineal ein Quadrat zu konstruieren, dessen Flächeninhalt π ist.

Dazu genügt es zu wissen, dass π nicht die Nullstelle eines rationalen Polynoms mit einer Zweierpotenz als Grad ist.

Wir wissen aber aus 7.1.3 sogar, dass π transzendent ist, und das ist offensichtlich noch stärker.

Nach diesem Zwischenspiel verlassen wir die Geometrie wieder.

Bemerkung 7.2.4 Lösungsformeln – was heißt das?
Ein anderes beliebtes Thema der Algebra – streng genommen der historische Ursprung vieler algebraischer Fragestellungen – ist die Frage nach Lösungsformeln für Polynomgleichungen.

Die Präzisierung dieses Wunsches nehmen wir in Charakteristik 0 vor, in Primzahlcharakteristik gibt es eine Variante davon. Sei also K ein Körper der Charakteristik 0.

Eine *Radikalerweiterung* von K ist eine Körpererweiterung $K \subseteq L$, sodass ein $\alpha \in L$ existiert mit $L = K(\alpha)$ und $\alpha^n \in K$, $n \in \mathbb{N}$ geeignet.

Jede Erweiterung der Form $\mathbb{Q} \subseteq \mathbb{Q}(\sqrt[n]{a})$, $a \in \mathbb{Q}$, ist eine Radikalerweiterung.

Eine Körpererweiterung $K \subseteq L$ heißt *durch Radikale auflösbar,* wenn Körper

$$K = K_0 \subseteq K_1 \subseteq \ldots \subseteq K_l = L$$

existieren, sodass jeder Schritt $K_{i-1} \subseteq K_i$ eine Radikalerweiterung ist.

Zum Beispiel ist für ein irreduzibles kubisches Polynom $f \in \mathbb{Q}[X]$ der Körper, der aus $\mathbb{Q}$ durch Adjunktion aller Nullstellen entsteht, durch Radikale auflösbar. Wir diskutieren das in 7.2.5.

Wir sagen, dass für ein Polynom $f \in K[X]$ eine *Lösungsformel über K* existiert, wenn der Körper, der aus K durch Adjunktion aller Nullstellen von f in einem algebraischen Abschluss von K entsteht, durch Radikale auflösbar ist.

Bemerkung 7.2.5 Lösungsformeln für kubische Polynome

Algebra war seit alters die Lehre vom Lösen von Gleichungen. Schon die Babylonier konnten vor gut 4000 Jahren quadratische Gleichungen lösen, und wir haben es von ihnen gelernt. Die Technik ist die der quadratischen Ergänzung, die für Körper von Charakteristik ungleich 2 gilt:

$$X^2 + bX + c = \left(X + \frac{b}{2}\right)^2 + \left(c - \frac{b^2}{4}\right) = 0 \iff X = \frac{-b + \sqrt{b^2 - 4c}}{2},$$

wobei für die Quadratwurzel zwei Vorzeichenwahlen in Betracht zu ziehen sind. Wir sahen das bereits in 3.1.10.

Natürlich wurde das in Babylon nicht so aufgeschrieben. Fallunterscheidungen waren nötig, denn so etwas Abstruses wie negative Zahlen gab es ja noch nicht.

Aber inhaltlich sollte es natürlich auch weitergehen. Wie steht es um kubische Gleichungen?

Hier gibt es noch mehr Vorzeichenverteilungsmöglichkeiten und damit auch noch mehr Fallunterscheidungen, die aber letztendlich doch von Leuten wie Cardano[7] und Tartaglia[8] zusammengefasst wurden. Wenn wir uns für die Gleichung

$$X^3 + aX^2 + bX + c = 0$$

interessieren, so eliminieren wir den quadratischen Term, indem wir X durch $X + \frac{a}{3}$ ersetzen. Zu lösen ist also ohne Einschränkung eine Gleichung der Form

$$X^3 + bX + c = 0,$$

---

[7] Gerolamo Cardano, 1501–1576.
[8] Niccoló Tartaglia, ca. 1499–1557.

und dies ist nur spannend, wenn $bc \neq 0$, was wir hiermit voraussetzen.

Nun ersetzen wir X durch $Y - Z$ und hoffen, dass sich hierbei durch geschickte Wahlen etwas ergibt. Die Gleichung heißt jetzt

$$(Y - Z)^3 + b(Y - Z) + c = Y^3 - Z^3 - (Y - Z)(3YZ - b) + c = 0,$$

und das wird einfacher, wenn wir $3YZ = b$ fordern und demnach zwei Gleichungen in zwei Variablen betrachten:

$$Y^3 - Z^3 + c = 0, \quad 3YZ = b.$$

Das wiederum wird einfacher, wenn wir $U := Y^3$ und $V := Z^3$ setzen:

$$U - V = -c, \quad UV = \left(\frac{b}{3}\right)^3.$$

Setzen wir hier $U = V - c$ in die zweite Gleichung ein, so erhalten wir die Gleichungen

$$U = V - c, \quad V^2 - cV - \left(\frac{b}{3}\right)^3 = 0,$$

wobei wir die zweite Gleichung mit quadratischer Ergänzung lösen können, dann auch U erhalten und damit auch Y und Z durch Ziehen der dritten Wurzel; dies lässt sich konsistent bewerkstelligen, damit $X = Y - Z$ tatsächlich auch die ursprüngliche Gleichung löst, und schon haben wir eine Lösungsformel, die allerdings nicht unbedingt auswendig gelernt werden sollte.

Auch Gleichungen vierten Grades ließen sich schon im 16. Jahrhundert auf solche vom Grad 3 zurückführen, die wir gerade wiederum auf solche vom Grad 2 zurückgeführt haben. Kurz gesagt: es gibt eine Lösungsformel.

Bemerkung 7.2.6 Grad ≥ 5

Wenn der Grad des Polynoms größer ist als vier, dann gibt es im Allgemeinen keine Lösungsformel mehr. Wir werden das später noch einmal thematisieren, es folgte zu Beginn des 19. Jahrhunderts aus den Arbeiten von Abel und Galois[9] und benutzt unsere Einsicht aus 6.2.5, dass S_5 nicht auflösbar ist.

Dieser Ausblick motiviert uns für den nächsten Abschnitt.

7.3 Der Hauptsatz der Galoistheorie

Hilfssatz 7.3.1 Surjektivität

Es sei $K \subseteq L$ eine algebraische Körpererweiterung und $\sigma : L \to L$ ein Endomorphismus von L als Algebra über K.

Dann ist σ sogar ein Automorphismus.

---

[9] Evariste Galois, 1811–1832.

Beweis Da der Kern von σ ein Ideal in L ist, das nicht die 1 enthält, ist er $\{0\}$, und damit σ injektiv. Zu zeigen ist noch die Surjektivität.

Dazu sei $\alpha \in L$ und $\mathrm{MP}_{K,\alpha}$ das Minimalpolynom von α. Der Endomorphismus σ permutiert die Nullstellen von $\mathrm{MP}_{K,\alpha}$ in L, denn das Bild einer Nullstelle ist eine Nullstelle, σ ist injektiv, und es gibt nur endlich viele Nullstellen. Daher liegt in L eine Nullstelle β von $\mathrm{MP}_{K,\alpha}$, die unter σ auf α abgebildet wird. ○

Um nun die algebraischen Erweiterungen von K besser sortieren zu können, ist es hilfreich zu wissen, dass es ein großes Auffangbecken dafür gibt. Dieses kennen wir schon: Ein algebraischer Abschluss von K leistet dies. Das sehen wir gleich und folgern daraus, dass dieser bis auf einen K-Algebrenisomorphismus eindeutig ist.

Hilfssatz 7.3.2 Eindeutigkeit des algebraischen Abschlusses

a) *Es sei F^{alg} ein algebraisch abgeschlossener Körper.*
Wenn $K \subseteq L$ eine algebraische Körpererweiterung ist, und $\varphi_0 : K \to F^{\mathrm{alg}}$ ein Ringhomomorphismus, dann lässt φ_0 sich zu einem Ringhomomorphismus von L nach F^{alg} fortsetzen.
b) *Je zwei algebraische Abschlüsse eines Körpers K sind als Algebren über K zueinander isomorph.*

Beweis

a) Es sei $\mathcal{S}$ die Menge aller Paare (E, φ), wobei E ein Körper zwischen K und L ist und $\varphi : E \to F^{\mathrm{alg}}$ eine Fortsetzung von φ_0 zu einem Ringhomomorphismus. Die Menge $\mathcal{S}$ ist nicht leer, denn das Paar (K, φ_0) gehört dazu.
Auf $\mathcal{S}$ definieren wir eine Ordnungsrelation durch

$$(E, \varphi) \leq (\tilde{E}, \tilde{\varphi}) \iff E \subseteq \tilde{E} \text{ und } \tilde{\varphi}|_E = \varphi.$$

Bezüglich dieser Ordnungsrelation besitzt $\mathcal{S}$ ein maximales Element.
Ist nämlich

$$((E_i, \varphi_i))_{i \in I},$$

eine Familie von Elementen in $\mathcal{S}$, die mit je zweien auch ein gemeinsames größeres enthält, so ist auch die Vereinigung E_∞ der E_i ein Teilkörper von L, und durch

$$\psi : E_\infty \to F^{\mathrm{alg}}, \psi(x) = \varphi_i(x) \text{ wenn } x \in E_i$$

wird eine wohldefinierte Abbildung auf E_∞ mit Werten in F^{alg} gegeben, die φ_0 fortsetzt. Daher ist (E_∞, ψ) eine obere Schranke unserer Familie. Wir dürfen damit das Lemma von Zorn verwenden, welches uns die Existenz eines maximalen Elements $(E, \varphi) \in \mathcal{S}$ zusichert.
Behauptung: Für dieses maximale E gilt $E = L$.
Denn: Es sei $\alpha \in L$ und $f = \mathrm{MP}_{E,\alpha}$ das Minimalpolynom von α über E. Der

7.3 Der Hauptsatz der Galoistheorie

Körper $E' = E(\alpha)$ ist isomorph zu $E[X]/(f)$.
Wir setzen φ fort zu einem Ringhomomorphismus $\Phi : E[X] \to F^{\mathrm{alg}}[X]$ mit der Eigenschaft $\Phi(X) = X$.
Wenn dann β eine Nullstelle von $\Phi(f)$ in F^{alg} ist, so ist

$$E[X] \ni h \mapsto \Phi(h)(\beta) \in F^{\mathrm{alg}}$$

ein Ringhomomorphismus, in dessen Kern das irreduzible Polynom f liegt. Also ist der Kern das von f erzeugte Hauptideal, und damit ist das Bild zu $E[X]/(f)$ isomorph. Damit lässt sich φ nach $E(\alpha)$ fortsetzen, und wegen der Maximalität von (E, φ) ist $E(\alpha) = E$, also $\alpha \in E$.
Das zeigt $E = L$.

b) Es seien $\overline{K}$ und K^{alg} zwei algebraische Abschlüsse von K. Wegen a) gibt es K-Algebrenhomomorphismen $\varphi : \overline{K} \to K^{\mathrm{alg}}$ und $\psi : K^{\mathrm{alg}} \to \overline{K}$.
$\varphi \circ \psi$ ist also ein Endomorphismus von K^{alg} und damit wegen unseres letzten Hilfssatzes 7.3.1 surjektiv. Damit ist auch φ surjektiv. Da es sowieso injektiv ist, ist es ein Isomorphismus. □

Folgerung 7.3.3 Viele Automorphismen
Es sei $K \subseteq K^{\mathrm{alg}}$ ein algebraischer Abschluss des Körpers K.

a) *Jeder Automorphismus von K lässt sich zu einem von K^{alg} fortsetzen.*
b) *Sind $\alpha \in K^{\mathrm{alg}}$, $f \in K[X]$ sein Minimalpolynom und $\beta \in K^{\mathrm{alg}}$ eine weitere Nullstelle von f, so gibt es einen K-Automorphismus von K^{alg}, der α nach β abbildet.*

Beweis

a) Das folgt für $L = K^{\mathrm{alg}} = F^{\mathrm{alg}}$ leicht aus 7.3.2a).
b) Hier sei $L = K(\alpha)$. Dieser Körper ist vermöge der Auswertung von Polynomen bei α und des Homomorphiesatzes isomorph zu $K[X]/(f)$.
Dasselbe gilt auch für $K(\beta) \cong K[X]/(f)$. Daher gibt es einen K-Isomorphismus φ_0 von $K(\alpha)$ nach $K(\beta) \subseteq K^{\mathrm{alg}}$, der α auf β abbildet. Dieser lässt sich wieder mit 7.3.2a) fortsetzen zu einem Automorphismus von K^{alg}. □

Folgerung 7.3.4 Endliche Körper
Es sei p eine Primzahl. Dann gibt es für jede natürliche Zahl d einen Körper mit $q = p^d$ Elementen. Je zwei dieser Körper sind zueinander isomorph.
Wegen 3.3.6 kann es andere endliche Körper gar nicht geben.

Beweis Es sei L ein algebraischer Abschluss von $\mathbb{F}_p$.
Die Abbildung

$$\varphi : L \to L, \; x \mapsto x^p,$$

ist ein Automorphismus von L. Er wird oft der Frobenius-Automorphismus genannt. Seine d-te Potenz ist

$$\varphi^d : L \to L, \ x \mapsto x^q, \ q = p^d.$$

Die Menge aller Fixpunkte dieser Abbildung ist ein Teilkörper von L.

Diese Fixpunktmenge ist

$$F := \{x \in L \mid x^q - x = 0\}.$$

Sie hat höchstens q Elemente, da das die Nullstellen eines Polynoms vom Grad q sind.

Da die Ableitung von $X^q - X$ gerade $p^d X^{q-1} - 1 = -1$ ist, hat die Ableitung keine Nullstelle mit $X^q - X$ gemeinsam, und damit hat dieses Polynom wegen 5.5.2 tatsächlich in L q paarweise verschiedene Nullstellen. Daher hat F genau q Elemente.

Wenn K irgendein Körper mit q Elementen ist, dann sind alle Elemente von K Nullstellen von $X^q - X$ (wegen 7.1.12), und das Bild der Einbettung von K nach L, die es wegen des eben gezeigten Satzes gibt, ist der eingangs konstruierte Körper mit q Elementen. ○

Bemerkung 7.3.5 mehr dazu

Es sei $q = p^d > 1$ eine Potenz der Primzahl p. Der bis auf Isomorphismus eindeutig bestimmte Körper mit q Elementen heißt dann $\mathbb{F}_q$. Er ist der Faktorring von $\mathbb{F}_p[X]$ nach einem irreduziblen Polynom vom Grad d, das sich sicher unter den Teilern von $X^q - X$ findet. Denn: Wegen 3.3.12 ist die Einheitengruppe von $\mathbb{F}_q$ zyklisch, und daher wird $\mathbb{F}_q$ schon als Ring – und erst recht als Erweiterung von $\mathbb{F}_p$ – von einem Erzeuger seiner Einheitengruppe erzeugt.

Es ist klar, dass $\mathbb{F}_{p^d} \subseteq \mathbb{F}_{p^e}$ genau dann gilt, wenn d ein Teiler von e ist.

Diese Einsichten nutzen wir jetzt, um zu zählen, wie viele normierte irreduzible Polynome vom Grad d über $\mathbb{F}_p$ existieren. Sei a_d deren Anzahl. Jedes Element von $\mathbb{F}_{p^d}$ ist Nullstelle eines irreduziblen Polynoms vom Grad e, wobei e ein Teiler von d ist. Jedes Polynom vom Grad e hat genau e Nullstellen in $\mathbb{F}_{p^d}$. Es folgt

$$p^d = \sum_{e \mid d} e \cdot a_e,$$

und wegen der Möbiusschen Inversionsformel 4.2.2(b) erhalten wir

$$a_d = \frac{1}{d} \sum_{e \mid d} \mu(d/e) p^e.$$

Tatsächlich sehen wir für kleine Werte von d :

$$\begin{aligned}
a_1 &= p, & a_2 &= (p^2 - p)/2, & a_3 &= (p^3 - p)/3, \\
a_4 &= (p^4 - p^2)/4, & a_5 &= (p^5 - p)/5 & a_6 &= (p^6 - p^3 - p^2 + p)/6
\end{aligned}$$

7.3 Der Hauptsatz der Galoistheorie

Hilfssatz 7.3.6 Anzahl der Automorphismen
Es sei $K \subseteq L$ eine endliche Körpererweiterung, $n := [L : K]$.
Dann gilt $\#\mathrm{Aut}(L|K) \leq n$.

Beweis Es sei $L = K(\alpha_1, \ldots, \alpha_d)$. Weiter sei $\sigma \in \mathrm{Aut}(L|K)$. Für $0 \leq i \leq d$ setzen wir
$$K_i := K(\alpha_1, \ldots, \alpha_i) = K_{i-1}(\alpha_i),$$
wobei wir insbesondere $K_0 := K$ definieren.

Für $1 \leq i \leq d$ sei zudem $m_i \in K_{i-1}[X]$ das jeweilige Minimalpolynom von α_i. Wenn dieses Grad γ_i hat, so folgt aus der Multiplikativität der Körpergrade
$$n = \gamma_1 \cdot \gamma_2 \cdot \ldots \cdot \gamma_d.$$

Da $\sigma(\alpha_1)$ eine Nullstelle von $m_1 \in K[X]$ ist, gibt es hierfür höchstens γ_1 Möglichkeiten. Wenn eine davon fixiert ist, dann liegt σ auf K_1 fest. Dann ist $\sigma(\alpha_2)$ eine Nullstelle von $\sigma(m_2)$, was auch Grad γ_2 hat, und damit gibt es für $\sigma(\alpha_2)$ noch höchstens γ_2 Möglichkeiten.

Wir verfahren sukzessive so weiter und finden für $\sigma(\alpha_i)$ höchstens γ_i Möglichkeiten, wenn $\sigma(\alpha_1), \ldots, \sigma(\alpha_{i-1})$ schon festgelegt sind.

Da σ durch die Bilder der Erzeuger festgelegt wird, gibt es für σ insgesamt nicht mehr als
$$\gamma_1 \cdot \gamma_2 \cdot \ldots \cdot \gamma_d = n$$
Möglichkeiten, wie behauptet. ◯

Beispiel 7.3.7 Automorphismen endlicher Körper
Sei p eine Primzahl und $d \in \mathbb{N}$. Weiter sei $\mathbb{F}_q$ der Körper mit $q = p^d$ Elementen. Aus 3.3.6 wissen wir, dass $\mathbb{F}_p \subseteq \mathbb{F}_q$. Wir können uns jetzt fragen, was die Automorphismen von $\mathbb{F}_q$ sind. Jeder Automorphismus fixiert 1 und damit $\mathbb{F}_p$, es gibt also nach 7.3.6 höchstens d Automorphismen. Einer davon ist die Abbildung $\varphi : \mathbb{F}_q \to \mathbb{F}_q, \ x \mapsto x^p$. Wieder gilt $\varphi^i(x) = x^{p^i}$, also ist für $1 \leq i \leq d-1$ die Abbildung φ^i nicht die Identität ist, denn $x^{p^i} - x$ hat höchstens $p^i < q$ Nullstellen. Die Ordnung von φ in $\mathrm{Aut}(\mathbb{F}_q|\mathbb{F}_p)$ ist demnach d, und die Automorphismengruppe ist zyklisch.

Satz 7.3.8 mehr als ein Hilfssatz
Es sei $L := K(\alpha_1, \ldots, \alpha_d)$ ein algebraischer Erweiterungskörper von K vom Grad n.
Weiter sei $f_i = \mathrm{MP}_{K,\alpha_i}$ für $1 \leq i \leq d$ das Minimalpolynom von α_i über K.
Dann sind äquivalent:

 i) $\#\mathrm{Aut}(L|K) = n$
 ii) *Jedes f_i zerfällt über L in paarweise verschiedene normierte Linearfaktoren.*

iii) *Für jedes $\alpha \in L$ zerfällt das Minimalpolynom $f \in K[X]$ von α in $L[X]$ in paarweise verschiedene normierte Linearfaktoren.*

Beweis
Wir zeigen zunächst die Äquivalenz von i) und ii).
i) $\Rightarrow$ ii)
Der Beweis von 7.3.6 zeigt, dass sicher dann die Anzahl der Automorphismen von L über K kleiner als n ist, wenn das Minimalpolynom von α_1 in L weniger als γ_1 Nullstellen hat – egal, ob dies an höherer Vielfachheit liegt oder einfach an mangelnder Existenz.

Wenn also i) erfüllt ist, dann hat f_1 genau γ_1 paarweise verschiedene Nullstellen und zerfällt damit in paarweise verschiedene normierte Linearfaktoren.

Da hier auch die Reihenfolge von $\alpha_1, \ldots, \alpha_d$ vertauscht werden kann, gilt die Behauptung für alle f_i.

ii) $\Rightarrow$ i)
Wie im Beweis des letzten Satzes sei $K_i := K(\alpha_1, \ldots, \alpha_i)$.
Es sei $\sigma : K_i \to L$ eine K-lineare Einbettung, $i < d$. Dann lässt σ sich zu einer Einbettung von K_{i+1} nach L fortsetzen.

Denn: Das Minimalpolynom m_{i+1} von α_{i+1} über K_i teilt f_{i+1} (da selbiges auch in $K_i[X]$ liegt und α_{i+1} als Nullstelle hat). Auch $\sigma(m_{i+1})$ (hierbei wird σ auf die Koeffizienten von m_{i+1} angewandt) teilt f_{i+1}, denn aus $f_{i+1} = m_{i+1} \cdot h_{i+1}$ folgt $f_{i+1} = \sigma(f_{i+1}) = \sigma(m_{i+1}) \cdot \sigma(h_{i+1})$.

Daher hat auch $\sigma(m_{i+1})$ in L γ_{i+1} paarweise verschiedene Nullstellen. Wenn β eine davon ist, dann wird durch

$$\tau : K_i[X] \to L, h \mapsto \sigma(h)(\beta)$$

ein Ringhomomorphismus gegeben, der auf K_i dasselbe macht wie σ, und in dessen Kern m_{i+1} liegt. Daher definiert τ eine Fortsetzung von σ nach $K_{i+1} \cong K_i[X]/(m_{i+1})$.

Da wir hierfür also γ_{i+1} Möglichkeiten haben, folgt die Behauptung i) durch sukzessives Fortsetzen der Inklusion von $K_0 = K$ nach L auf $K_1, K_2, \ldots, K_d$.

Die Äquivalenz von ii) und iii) ist nun klar, denn unter Voraussetzung von iii) sind ja auch die Minimalpolynome $f_1, \ldots, f_n$ mit abgedeckt, und unter Voraussetzung von ii) auch das von irgendeinem α, denn das kann zum Erzeugendensystem dazugenommen werden, ohne den Körpergrad oder die Anzahl der Automorphismen zu verändern. Wir gehen also vom alten ii) zu i) und dann zurück zu ii) für die Erzeuger $\alpha, \alpha_1, \ldots, \alpha_d$. ○

Definition 7.3.9 Galoiserweiterung
Es sei $K \subseteq L$ eine algebraische Körpererweiterung.

a) Wir erinnern an die Definition des Zerfällungskörpers eines Polynoms in 7.1.10 und definieren etwas allgemeiner einen Zerfällungskörper für eine Familie von

7.3 Der Hauptsatz der Galoistheorie

Polynomen in $K[X] \setminus \{0\}$ als den Körper, der über K von den Nullstellen dieser Polynome erzeugt wird (zum Beispiel in einem algebraischen Abschluss von K).
b) Die Erweiterung $K \subseteq L$ heißt *normal,* wenn für jedes $\alpha \in L$ sein Minimalpolynom aus $K[X]$ über L in Linearfaktoren zerfällt.
c) Ein Element $\alpha \in L$ heißt *separabel über K,* wenn sein Minimalpolynom keine mehrfache Nullstelle in L besitzt. Anders gesagt (siehe 5.5.3): Die Ableitung des Minimalpolynoms ist nicht 0.
d) Die Erweiterung $K \subseteq L$ heißt *separabel,* wenn alle $\alpha \in L$ über K separabel sind.
e) Die Erweiterung $K \subseteq L$ heißt *galoissch,* wenn sie separabel und normal ist.
Wenn $K \subseteq L$ galoissch ist, dann heißt die Gruppe $\mathrm{Aut}(L|K)$ auch die *Galoisgruppe* von L über K, und wir schreiben dafür meistens $\mathrm{Gal}(L|K)$.

Bemerkung 7.3.10 Permutationen
Es sei $K \subseteq L$ eine endliche Körpererweiterung vom Grad $[L : K] = n$.
Nach 7.3.8 ist $K \subseteq L$ genau dann galoissch, wenn die Automorphismengruppe genau n Elemente enthält.
Wenn in dieser Situation $f \in K[X]$ ein Polynom mit Zerfällungskörper L ist, dann permutiert $\mathrm{Gal}(L|K)$ die Nullstellen von f. Ist f irreduzibel, so werden die Nullstellen sogar transitiv permutiert, denn wir können eine beliebige davon nehmen und als α_1 im Beweis von 7.3.8 wählen. Im Allgemeinen wird das Bild der Galoisgruppe aber nicht die volle symmetrische Gruppe der Nullstellen sein.
Beispiel: Es sei $f = X^N - 1 \in \mathbb{Q}[X]$, $N \in \mathbb{N}$. Für die Nullstelle

$$\zeta = \cos \frac{2\pi}{N} + \mathrm{i} \sin \frac{2\pi}{N} \in \mathbb{C}$$

gilt: Jede Nullstelle von f ist eine Potenz von ζ. Daher ist $L := \mathbb{Q}(\zeta)$ der Zerfällungskörper von f. Die Erweiterung ist also normal und (wegen Charakteristik 0) auch separabel, somit galoissch.
Das Polynom f ist zwar für $N > 1$ niemals irreduzibel (es gibt die Nullstelle 1), jedoch ist der Grad des Minimalpolynoms Φ_N von ζ über $\mathbb{Q}$ gleich $\varphi(N)$ (Eulersche φ-Funktion) und kann damit beliebig groß werden – das wissen wir seit 7.2.2 schon für Primzahlpotenzen $N = p^a$, allgemeiner werden wir das noch in 7.4.6 sehen.
Andererseits liefert ein Automorphismus von L über $\mathbb{Q}$ einen Gruppenautomorphismus der Gruppe $\langle \zeta \rangle \leq L^\times$, die zyklisch von Ordnung N ist, und das ist eine Permutation, die durch Potenzieren mit einer Einheit in $\mathbb{Z}/N\mathbb{Z}$ kommt. Daher ist die Automorphismengruppe $\mathrm{Gal}(\mathbb{Q}(\zeta)|\mathbb{Q})$ isomorph zu einer Untergruppe von $(\mathbb{Z}/N\mathbb{Z})^\times$, also sicher abelsch, die symmetrische Gruppe auf den primitiven N-ten Einheitswurzeln aber meistens nicht.
Ein Satz von Kronecker und Weber[10] sagt, dass jeder galoissche Erweiterungskörper von $\mathbb{Q}$ mit abelscher Galoisgruppe in einem solchen *Kreisteilungskörper* $\mathbb{Q}(\zeta)$ enthalten ist. Der Beweis benutzt Methoden der algebraischen Zahlentheorie. Die Aussage ist ein Ausgangspunkt für die sogenannte Klassenkörpertheorie.

---

[10] Heinrich Weber, 1842–1913.

Definition 7.3.11 Der Fixkörper
Es sei L ein Körper und $H \leq \mathrm{Aut}(L)$ eine Untergruppe. Dann ist

$$L^H := \{x \in L \mid \forall h \in H : h(x) = x\}$$

ein Teilkörper von L, der der *Fixkörper von H* genannt wird.

Hilfssatz 7.3.12 Der Fixkörper
Es sei $K \subseteq L$ eine endliche Galoiserweiterung und $G = \mathrm{Gal}(L|K)$.
Dann gilt

$$K = L^G := \{x \in L \mid \forall g \in G : g(x) = x\}.$$

Beweis Es ist klar, dass L^G ein Teilkörper ist, der K enthält. Laut Definition von L^G gilt dann aber auch $G \subseteq \mathrm{Aut}(L|L^G)$.
Daher muss der Grad von L über L^G mindestens $\#G$ sein, aber das ist wegen 7.3.8 schon der Grad von L über K, was $[L^G : K] = 1$ und damit $K = L^G$ erzwingt. $\bigcirc$

Hilfssatz 7.3.13 Kriterium für die Normalität
Es sei $K \subseteq L$ eine algebraische Körpererweiterung. Dann sind äquivalent:

i) *L ist normal über K.*
ii) *L ist der Zerfällungskörper einer Familie von Polynomen.*
iii) *Für jede algebraische Erweiterung $L \subseteq M$ und jedes $\sigma \in \mathrm{Aut}(M|K)$ gilt $\sigma(L) \subseteq L$.*

Beweis i)$\Rightarrow$ii)
Wenn L normal ist und von $A \subseteq L$ erzeugt wird, dann ist es der Zerfällungskörper der Familie in $K[X]$, die aus den Minimalpolynomen der Elemente von A besteht.
ii)$\Rightarrow$iii)
Es sei L der Zerfällungskörper von $\mathcal{F} \subseteq K[X]$. Dann ist $L = K(A)$, wobei $A \subseteq L$ die Menge der Nullstellen der Polynome aus $\mathcal{F}$ ist.
Weiter seien $L \subseteq M$ und σ wie in iii). Dann gilt für $\alpha \in A$, dass $\sigma(\alpha)$ eine Nullstelle des Minimalpolynoms von α über K ist. Da dieses aber ein Teiler eines Elements von $\mathcal{F}$ ist, zerfällt es schon über L in Linearfaktoren, und daher gilt auch $\sigma(\alpha) \in A$. Da L von A erzeugt wird, folgt $\sigma(L) \subseteq L$.
iii)$\Rightarrow$i)
Wir benutzen die Voraussetzung aus iii) für den algebraischen Abschluss L^{alg} von L. Weiter seien $\alpha \in L$ und $\beta \in L^{\mathrm{alg}}$ eine Nullstelle des Minimalpolynoms von α über K.
Wegen 7.3.3 gibt es einen K-Automorphismus von L^{alg}, der α auf β abbildet. Nach Voraussetzung liegt also auch β in L, und damit zerfallen alle Minimalpolynome $\mathrm{MP}_{K,\alpha}$, $\alpha \in L$, schon über L in Linearfaktoren. $\bigcirc$

Bemerkung 7.3.14 normale Hülle

a) Es sei $K \subseteq L$ eine algebraische Erweiterung. Im algebraischen Abschluss gibt es dann den Körper, der von allen Nullstellen der Minimalpolynome aller $\alpha \in L$ erzeugt wird. Dieser ist der kleinste über K normale Erweiterungskörper von L und heißt die *normale Hülle* von L über K.
b) Ist $K \subseteq L$ schon normal und $K \subseteq E \subseteq L$ ein Körper zwischen K und L, so ist auch $E \subseteq L$ normal, denn L ist immer noch ein Zerfällungskörper. $K \subseteq E$ muss jedoch nicht normal sein.
Wenn hingegen $L \subseteq M$ eine normale Erweiterung von L ist, muss $K \subseteq M$ nicht normal sein.
Ist zum Beispiel $K = \mathbb{Q}$, $\alpha = \sqrt{2} \in \mathbb{R}$ und $\beta = \sqrt{\alpha} \in \mathbb{R}$, so sind zwar $K \subseteq K(\alpha)$ und $K(\alpha) \subseteq K(\alpha, \beta)$ normal, da es quadratische Erweiterungen sind, aber $K \subseteq K(\alpha, \beta) = K(\beta)$ ist nicht normal, da nur die reellen Nullstellen des Minimalpolynoms $X^4 - 2$ von β in diesem Körper liegen. Die normale Hülle über $\mathbb{Q}$ ist $\mathbb{Q}(\beta, i)$.

Hilfssatz 7.3.15 Kriterium für Separabilität
Es sei $K \subseteq L$ eine algebraische Erweiterung, $L = K(\alpha_1, \ldots, \alpha_n)$.

Dann ist $K \subseteq L$ genau dann separabel, wenn die Minimalpolynome $f_1, \ldots, f_n$ von $\alpha_1, \ldots, \alpha_n$ keine mehrfachen Nullstellen haben.

Beweis Dass die Minimalpolynome bei einer separablen Erweiterung keine mehrfachen Nullstellen haben, ist definitionsgemäß klar. Wir müssen umgekehrt zeigen, dass es genügt, diese Aussage nur für die Minimalpolynome $f_1, \ldots, f_n$ zu testen.

Dazu sei $K \subseteq Z$ ein Zerfällungkörper der Minimalpolynome $f_1, \ldots, f_n$. Dieser hat einen endlichen Grad d über K, und wegen 7.3.8 und laut Voraussetzung hat er genau d Automorphismen über K. Also ist Z über K galoissch, und damit jedes α darin separabel. Damit ist auch $K \subseteq L$ separabel. ◯

Definition 7.3.16 primitives Element
Es sei $K \subseteq L$ eine endliche Körpererweiterung.

Dann heißt $\alpha \in L$ ein *primitives Element* der Erweiterung, wenn $L = K(\alpha)$.

In Beispiel 7.1.8 haben wir schon gesehen, dass $\sqrt{2} + \sqrt{3}$ ein primitives Element der Erweiterung $\mathbb{Q} \subset \mathbb{Q}(\sqrt{2}, \sqrt{3})$ ist.

Wenn solch ein primitives Element existiert, dann ist das sehr angenehm. Wir sehen gleich, dass es gar nicht so selten vorkommt.

Hilfssatz 7.3.17 Satz vom primitiven Element
Es sei $K \subseteq L$ eine endliche Körpererweiterung.

a) *Genau dann gibt es ein primitives Element für $K \subseteq L$, wenn es nur endlich viele Körper E zwischen K und L gibt.*

b) Wenn $K \subseteq L$ galoissch ist, so gibt es ein primitives Element.
   Insbesondere ist $\alpha \in L$ genau dann primitiv, wenn $\text{Stab}_{\text{Gal}(L|K)}(\alpha) = \{\text{id}_L\}$ gilt.
c) Wenn $K \subseteq L$ separabel ist, so gibt es ein primitives Element.

Beweis

a) Wenn $L = K(\alpha)$ gilt, so ist zu zeigen, dass es nur endlich viele Körper zwischen K und L gibt. Dazu sei $f = \text{MP}_{K,\alpha} \in K[X]$ das Minimalpolynom von α und S die Menge aller normierten Teiler von f in $L[X]$.

Die Menge S ist endlich. Für einen Körper E zwischen K und L sei $g_E = \text{MP}_{E,\alpha} \in E[X]$ das Minimalpolynom von α über E. Dies ist natürlich ein Element von S. Wenn $e_0, e_1, \ldots$ die Koeffizienten von g_E sind, so ist $\tilde{E} := K(e_0, e_1, \ldots) \subseteq E$ ein Teilkörper, über dem α dasselbe Minimalpolynom besitzt wie über E. Also hat $L = K(\alpha) = E(\alpha)$ über E und $\tilde{E}$ denselben Grad, und damit stimmen diese überein, da der eine im anderen enthalten ist (Multiplikativität der Körpergrade: $[E : \tilde{E}] = 1$).

Die Zuordnung von E zu g_E ist also injektiv, und damit gibt es nur endlich viele Kandidaten für E.

Für die andere Richtung ist es bequem, K als unendlich vorauszusetzen. Der Fall endlicher Körper, siehe 7.3.4, ist klar: Wenn $K = \mathbb{F}_q$ und $L = \mathbb{F}_{q^d}$, wobei q eine Primzahlpotenz ist und $d = [L : K]$, dann ist die Einheitengruppe von $\mathbb{F}_{q^d}$ wegen 3.3.12 zyklisch, erzeugt von einem Element α, und dann ist $\mathbb{F}_{q^d} = \mathbb{F}_q(\alpha)$.

Ab jetzt ist daher K als unendlich vorausgesetzt.

Wenn nun $E_1, \ldots, E_r$ alle echten Teilkörper von L sind, die K enthalten, dann kann die Vereinigung der E_l nicht ganz L sein[11]. Es gibt also ein

$$\alpha \in L \smallsetminus (E_1 \cup E_2 \cup \cdots \cup E_r),$$

und dieses liegt in keinem echten Teilkörper von L, also ist $L = K(\alpha)$.

b) Wenn E ein Körper zwischen K und L ist, dann ist auch $E \subseteq L$ galoissch, und $H := \text{Gal}(L|E) \leq \text{Gal}(L|K)$ hat genau $[L : E]$ Elemente. Wegen 7.3.12 gilt dann $E = L^H$, also lässt sich E aus H zurückgewinnen, und damit ist die Zuordnung von E zu H injektiv.

Da es nur endlich viele Untergruppen von $\text{Gal}(L|K)$ gibt, gibt es auch nur endlich viele Zwischenkörper, und damit nach a) ein primitives Element.

Für $\alpha \in L$ ist $[K(\alpha) : K]$ gleich dem Grad des Minimalpolynoms von α über K, dessen Nullstellen jedoch genau der Orbit $\text{Gal}(L|K)\alpha$ ist. Die Bahnbilanzformel 2.6.6 sagt uns daher, dass $[K(\alpha) : K] = [L : K] = \#\text{Gal}(L|K)$ genau dann gilt, wenn $\text{Stab}_{\text{Gal}(L|K)}(g) = \{\text{id}_L\}$ gilt.

---

[11] Das ist ein reines Vektorraumargument.

7.3 Der Hauptsatz der Galoistheorie

Wir erinnern uns wieder an das Argument aus 7.1.8, wo wir das in einem Spezialfall schon ohne viel Theorie verwenden konnten.

c) Wenn $K \subseteq L$ separabel ist, dann ist die normale Hülle (7.3.14) von L galoissch über K und besitzt wegen a) und b) nur endlich viele Zwischenkörper. Die Zwischenkörper zwischen K und L sind davon wieder nur eine Teilmenge, also gibt es auch hier nur endlich viele, und damit haben wir wegen a) auch in L ein primitives Element. ○

Wir sind nun in der Lage, den Hauptsatz der Galoistheorie zu beweisen.

Satz 7.3.18 Hauptsatz der Galoistheorie
Es seien K ein Körper, $K \subseteq L$ eine endliche Galoiserweiterung und $G := \mathrm{Gal}(L|K)$. Weiter seien

$$\mathcal{Z} := \{E \mid K \subseteq E \subseteq L, E \text{ ist Körper}\}$$

die Menge der Zwischenkörper der Erweiterung und

$$\mathcal{U} := \{H \mid H \leq G\}$$

die Menge der Untergruppen von G.

a) Die Zuordnungen

$$\mathrm{F} : \mathcal{U} \to \mathcal{Z}, \ \mathrm{F}(H) := L^H,$$

und

$$\mathrm{A} : \mathcal{Z} \to \mathcal{U}, \ \mathrm{A}(E) := \mathrm{Aut}(L|E),$$

sind zueinander invers.
b) $H \subseteq G$ ist genau dann eine normale Untergruppe, wenn $K \subseteq L^H$ eine normale Erweiterung ist.
In diesem Fall gilt $\mathrm{Gal}(L^H|K) \cong G/H$.

Beweis

a) Da für jeden Körper $E \in \mathcal{Z}$ die Erweiterung $E \subseteq L$ galoissch ist, folgt aus 7.3.12 die Beziehung $\mathrm{F} \circ \mathrm{A} = \mathrm{id}_{\mathcal{Z}}$.
  Wir zeigen nun für $H \in \mathcal{U}$ auch noch

$$H = \mathrm{A}(\mathrm{F}(H)) = \mathrm{Aut}(L \mid L^H).$$

  Sei dazu $E = \mathrm{F}(H) = L^H$ der Fixkörper von H. Um $H = \mathrm{Aut}(L|E)$ zu zeigen setzen wir $d := \#H$. Wegen $H \leq \mathrm{Aut}(L|E)$ gilt

$$d \leq \#\mathrm{Aut}(L|E) = [L : E].$$

Nach dem Satz vom primitiven Element gibt es ein $\alpha \in L$, sodass $L = K(\alpha)$. Natürlich ist dann auch $L = E(\alpha)$. Wir betrachten nun das Polynom

$$f := \prod_{h \in H} (X - h(\alpha)) \in L[X].$$

Wir schreiben es als

$$f = \sum_{i=0}^{d} c_i X^i, \quad c_i \in L.$$

Für $g \in H$ gilt dann

$$\sum_{i=0}^{d} g(c_i) X^i = \prod_{h \in H} (X - gh(\alpha)) = f,$$

denn hier stehen dieselben Faktoren wie in f. Daher liegen die Koeffizienten von f in $E = L^H$ und es gilt $f \in E[X]$. Der Grad von f ist d, und da es α als Nullstelle hat, ist der Grad des Minimalpolynoms von α über E höchstens d, was $[L : E] \leq d$ und zusammen mit der bereits eingesehenen Ungleichung auch $[L : E] = d = \#H$ erzwingt. Es folgt wegen 7.3.6 insgesamt

$$H = \mathrm{Aut}(L|E).$$

b) Wenn $E \in \mathcal{Z}$ normal über K ist, dann gilt wegen 7.3.13 für alle $g \in G$ und alle $x \in E : g(x) \in E$.
Daraus folgt für alle $h \in \mathrm{Aut}(L|E)$ und $x \in E$:

$$ghg^{-1}(x) = g(g^{-1}(x)) = x,$$

denn h lässt $g^{-1}(x) \in E$ fest. Das zeigt

$$ghg^{-1} \in \mathrm{Aut}(L|E),$$

also ist dies ein Normalteiler.
Ist andererseits $H \in \mathcal{U}$ normal in G, so ist sein Fixkörper $E = L^H$ normal über K.
Denn: Ist $x \in E$, $g \in G$ und $h \in H$, so folgt wegen $g^{-1}hg \in H$, dass

$$g^{-1}hg(x) = x, \quad \text{also} \quad hg(x) = g(x),$$

und das zeigt $g(x) \in L^H$. Da aber G transitiv auf den Nullstellen des Minimalpolynoms von x über K operiert (siehe 7.3.10), liegen alle Nullstellen dieses Minimalpolynoms in E, und damit ist E der Zerfällungskörper der Minimalpolynome seiner Elemente, also normal.

7.3 Der Hauptsatz der Galoistheorie

Zu guter Letzt sei H normal und $E = L^H$ sein Fixkörper. Dann liefert die Einschränkung nach E einen Homomorphismus

$$\rho : \operatorname{Gal}(L|K) \to \operatorname{Gal}(E|K), \quad \rho(\sigma) = \sigma|_E$$

denn E ist über K normal und daher wegen 7.3.13 unter der Operation von $\operatorname{Gal}(L|K)$ invariant. Der Kern von ρ ist $H = \operatorname{Gal}(L|E)$.
Das Bild von ρ ist daher eine Untergruppe von $\operatorname{Gal}(L|E)$ mit Kardinalität

$$\bigl(\operatorname{Gal}(L|K) : \operatorname{Gal}(L|E)\bigr) = [L:K]/[L:E] = [E:K] = \#\operatorname{Gal}(E|K),$$

wobei wir zwischendurch die Multiplikativität des Körpergrades benutzen, siehe 7.1.7. Fazit: ρ ist auch surjektiv.
Der Homomorphiesatz 2.4.3 vermittelt nun den gewünschten Isomorphismus. ○

Beispiel 7.3.19 Zwischenkörper
Wir schauen noch einmal die Erweiterung $\mathbb{Q} \subseteq \mathbb{Q}(\sqrt{2}, \sqrt{3})$ an, deren Automorphismengruppe wir seit 7.1.8 kennen. Diese Gruppe ist zu $\mathbb{Z}/2 \times \mathbb{Z}/2$ isomorph und hat damit drei echte Untergruppen, nämlich in der dortigen Notation $\langle \tau \rangle$ mit Fixkörper $\mathbb{Q}(\sqrt{2})$, $\langle \tilde{\tau} \rangle$ mit Fixkörper $\mathbb{Q}(\sqrt{3})$ und $\langle \tau \circ \tilde{\tau} \rangle$ mit Fixkörper $\mathbb{Q}(\sqrt{6})$. Dabei haben wir τ und $\tilde{\tau}$ gerade durch Vorgabe ihres Fixkörpers konstruiert.

Dass es keine anderen Zwischenkörper gibt, haben wir damals nicht thematisiert, hätten das aber auch da schon einsehen können, allerdings nur mithilfe der Mitternachtsformel. Jetzt folgt das elegant aus dem Hauptsatz der Galoistheorie.

Satz 7.3.20 Der Satz von Artin
Es seien L ein Körper und $G \leq \operatorname{Aut}(L)$ eine endliche Gruppe von Automorphismen von L. Weiter sei

$$K := L^G = \{\alpha \in L \mid \forall \sigma \in G : \sigma(\alpha) = \alpha\}$$

der Fixkörper von G.
Dann ist $L^G \subseteq L$ galoissch vom Grad $\#G$ und $G = \operatorname{Gal}(L|K)$.

Beweis Es sei $\alpha \in L$ beliebig. Weiter sei

$$H := \{\sigma \in G \mid \sigma(\alpha) = \alpha\}$$

der Stabilisator von α in G. Dieser habe in G Index d, und $g_1 H, \ldots, g_d H$ seien die Nebenklassen.
Dann ist

$$f := \prod_{j=1}^{d}(X - g_j(\alpha)) \in L[X]$$

ein Polynom, das α als Nullstelle hat. Es hat in L die d einfachen Nullstellen $g_j(\alpha)$, $1 \leq j \leq d$. Diese bilden den G-Orbit von α.

Nun zeigen wir, dass $f \in K[X]$ gilt. Dazu schreiben wir uns

$$f = \sum_{i=0}^{d} c_i X^i, \quad c_i \in L$$

hin. Wir müssen $c_i \in K$ nachweisen. Es sei $\sigma \in G$. Dann ist

$$\{g_1(\alpha), \ldots, g_d(\alpha)\} = \{\sigma g_1(\alpha), \ldots, \sigma g_d(\alpha)\},$$

aber $\sigma g_j(\alpha)$ ist Nullstelle von $\sum(\sigma c_i)X^i$, da

$$\sum(\sigma(c_i))(\sigma(g_j(\alpha)))^i = \sigma\left(\sum_{i=0}^{d} c_i(g_j(\alpha))^i\right) = \sigma(f(g_j(\alpha))) = 0.$$

Die beiden normierten Polynome f und $\sum \sigma(c_i)X^i$ vom Grad d haben also dieselben d Nullstellen, und stimmen daher überein.

Da dies für alle $\sigma \in G$ gilt, sind alle Koeffizienten von f im Fixkörper $L^G = K$. Das Minimalpolynom $\mathrm{MP}_{K,\alpha}$ teilt demnach f und zerfällt daher über L in paarweise verschiedene Linearfaktoren. Tatsächlich gilt sogar $f = \mathrm{MP}_{K,\alpha}$.

Da dies für jedes $\alpha \in L$ gilt ist $K \subseteq L$ galoissch.

Zudem zeigt es, dass $K \subseteq L$ eine endliche Erweiterung ist, denn ansonsten gäbe es – wegen der Algebraizität und des Satzes vom primitiven Element – endliche Galoiserweiterungen von K in L, die über K beliebig hohen Grad besitzen. Da diese jeweils von einem primitiven Element erzeugt werden, widerspricht das der Tatsache, dass der Grad dessen Minimalpolynoms nicht größer als $\#G$ sein kann.

Da $G \leq \mathrm{Gal}(L|K)$ eine Gruppe mit Fixkörper $L^G = K$ ist, gilt nach dem Hauptsatz der Galoistheorie $G = \mathrm{Gal}(L|K)$ und $[L : K] = \#G$. ◯

7.4 Beispiele und Anwendungen

Da wir nachher mehrfach auf die folgende Situation stoßen, fangen wir mit einem Hilfssatz an.

Hilfssatz 7.4.1 Ein Körperturm

Es sei $K \subseteq L$ eine Galoiserweiterung vom Grad p^d, wobei p eine Primzahl ist.

Dann gibt es eine Folge von Körpererweiterungen

$$K = K_0 \subset K_1 \subset \ldots \subset K_{d-1} \subset K_d = L,$$

wobei $K_i \subset K_{i+1}$ jeweils Grad p hat.

7.4 Beispiele und Anwendungen

Beweis Die Galoisgruppe G von $K \subseteq L$ ist eine p-Gruppe. Es gibt daher eine Kompositionsreihe, deren Kompositionsfaktoren einfache p-Gruppen sind. Diese sind wegen 6.2.4 zyklische Gruppen der Ordnung p. Sei

$$\{e\} = G_d \leq G_{d-1} \leq \ldots \leq G_1 \leq G_0 = G$$

solch eine Kompositionsreihe. Dann hat G_i genau p^{d-i} Elemente.

Dann ist für jedes $i \in \{0, 1, \ldots, d\}$ der Fixkörper $K_i := L^{G_i}$ ein Teilkörper von L, und für den Körpergrad gilt, da $K_i \subseteq L$ galoissch mit Galoisgruppe G_i ist:

$$[L : K_i] = p^{d-i}, \text{ also } [K_i : K] = p^i.$$

Das zeigt die Behauptung.

Es gilt sogar jeweils, dass $K_i \subseteq K_{i+1}$ normal ist. ○

Satz 7.4.2 Fundamentalsatz der Algebra
Der Körper $\mathbb{C}$ ist algebraisch abgeschlossen.

Beweis Es sei $\mathbb{C} \subseteq K$ eine endliche Körpererweiterung. Wir müssen zeigen, dass $K = \mathbb{C}$ gilt.

Dazu sei L die normale Hülle von K über $\mathbb{R}$ (K hat auch über $\mathbb{R}$ endlichen Grad). Da wir in Charakteristik 0 sind, ist $\mathbb{R} \subseteq L$ separabel und folglich galoissch. Es sei G die Galoisgruppe von L über $\mathbb{R}$. Diese ist endlich. Daher gibt es nach 2.7.2 in G eine 2-Sylowgruppe S.

Der Körpergrad von L über L^S ist die maximale Zweierpotenz in $[L : \mathbb{R}]$, also ist $\mathbb{R} \subseteq L^S$ eine Erweiterung von ungeradem Grad. Das Minimalpolynom eines jeden $\alpha \in L^S$ über $\mathbb{R}$ hat demnach ungeraden Grad. Nach dem Zwischenwertsatz der reellen Analysis hat dieses Polynom also eine reelle Nullstelle, und muss daher, da es irreduzibel ist, Grad 1 haben. Es folgt $\alpha \in \mathbb{R}$ also $L^S = \mathbb{R}$, und damit hat L über $\mathbb{C}$ eine Zweierpotenz als Grad.

Wäre nun $\mathbb{C} \neq L$, so läge nach dem Hilfssatz 7.4.1 eine quadratische Erweiterung von $\mathbb{C}$ in L. Solch eine Erweiterung aber gibt es nicht, denn jede komplexe Zahl besitzt eine komplexe Quadratwurzel und damit hat jedes quadratische Polynom mit komplexen Koeffizienten eine Nullstelle in $\mathbb{C}$.

Das zeigt $L = \mathbb{C}$ und damit auch $K = \mathbb{C}$. ○

Folgerung 7.4.3 Der algebraische Abschluss von $\mathbb{Q}$
Eine mögliche Wahl für den ursprünglich so mühsam konstruierten algebraischen Abschluss von $\mathbb{Q}$ lässt sich nun besser greifbar angeben:

$$\mathbb{Q}^{\text{alg}} = \{\alpha \in \mathbb{C} \mid \alpha \text{ algebraisch über } \mathbb{Q}\}.$$

NB: Der Satz vom primitiven Element sagt uns übrigens, dass wir im Beweis von 7.1.11 schon mit $N(\mathbb{Q})$ den algebraischen Abschluss haben, denn der Zerfällungskörper eines jeden Polynoms aus $\mathbb{Q}[X]$ wird von einem einzigen Element erzeugt.

Bemerkung 7.4.4 Konstruktionen mit Zirkel und Lineal
Wir erinnern an 3.1.13 und 7.2.1, wo wir die Frage nach der Konstruierbarkeit von Punkten in der Ebene mittels Zirkel und Lineal arithmetisiert hatten und bereits eine notwendige Bedingung an die arithmetische Natur der zu konstruierenden Punkte formulieren konnten.

Diese wollen wir nun zu einer auch hinreichenden Bedingung verschärfen.

Für einen Teilkörper $K \subseteq \mathbb{C}$ nennen wir $w \in \mathbb{C}$ über K konstruierbar, wenn es Körper

$$K = K_0 \subseteq K_1 \subseteq \ldots \subseteq K_l \subseteq \mathbb{C}$$

gibt, sodass $w \in K_l$ gilt und für $1 \leq i \leq l$ gilt, dass $[K_i : K_{i-1}] = 2$. Das spiegelt den Prozess der sukzessiven Konstruktionen mit Zirkel und Lineal wider, die auf lineare oder quadratische Gleichungen führen, wenn für alle $z \in K$ auch Real- und Imaginärteil von z zu K gehören.

Hilfssatz 7.4.5 Ein galoistheoretisches Kriterium
Es sei $K \subseteq \mathbb{C}$ ein Teilkörper und $w \in \mathbb{C}$. Dann ist w genau dann über K konstruierbar, wenn es über K algebraisch ist und der Zerfällungskörper seines Minimalpolynoms über K eine Zweierpotenz als Grad hat.

Beweis Zunächst sei vorausgesetzt, dass w über K konstruierbar ist.

Wir zeigen scheinbar allgemeiner: Es sei $K \subseteq L$ eine galoissche Körpererweiterung vom Grad 2^n und $f \in L[X]$ ein irreduzibles quadratisches Polynom. Weiter sei α eine Nullstelle von f und M die normale Hülle von $L(\alpha)$ über K. Dann ist der Grad von M über K eine Zweierpotenz.

Denn: M entsteht aus L durch die Hinzunahme der Nullstellen der Polynome $\sigma(f)$, wobei σ die Galoisgruppe von L über K durchläuft. Da diese jedes Mal eine Erweiterung vom Grad 1 oder 2 ist, ergibt sich insgesamt wegen der Multiplikativität der Körpergrade aus 7.1.7 eine Zweierpotenz als Erweiterungsgrad.

Wenn nun $K = K_0 \subset K_1 \subset \ldots \subset K_n \ni w$ ein Körperturm von quadratischen Erweiterungen ist und $K_i = K_{i-1}(\sqrt{\alpha_i})$, so setzen wir rekursiv $\tilde{K}_0 = K_0$ und

$$\tilde{K}_i = \text{normale Hülle von } \tilde{K}_{i-1}(\sqrt{\alpha_i}) \text{ über } K.$$

Mit obigem Argument hat dann jedes $\tilde{K}_i$ eine Zweierpotenz als Grad über K, und das gilt auch für $\tilde{K}_n$, was damit eine Galoiserweiterung von Zweierpotenzgrad ist, in der sich $K(w)$ befindet.

Dies zeigt, dass die normale Hülle von $K(w)$ über K eine Zweierpotenz als Grad hat.

Umgekehrt sei nun die normale Hülle von $L = K(w)$ über K eine Erweiterung vom Zweierpotenzgrad. Dann liefert 7.4.1 genau den benötigten Körperturm. ○

Beispiel 7.4.6 Kreisteilungspolynome
Wir erinnern an die Kreisteilungspolynome $\Phi_N(X) \in \mathbb{Z}[X]$, die wir in 7.2.2 eingeführt haben.

7.4 Beispiele und Anwendungen

Behauptung: Für jedes $N \in \mathbb{N}$ ist $\Phi_N(X) \in \mathbb{Q}[X]$ irreduzibel.

Dazu sei $\zeta \in \mathbb{C}$ eine Nullstelle von $\Phi_N(X)$. Das Minimalpolynom von ζ sei $f \in \mathbb{Q}[X]$. Dann sagt uns das Gauß-Lemma 5.4.5, dass f in Wirklichkeit schon in $\mathbb{Z}[X]$ liegt. Denn:

$$X^N - 1 = f \cdot h = \frac{f}{\mathrm{Inh}(f)} \cdot (\mathrm{Inh}(f)h)$$

ist eine Zerlegung in zwei ganzzahlige Faktoren, und der Leitkoeffizient von $X^N - 1$ ist das Produkt von deren Leitkoeffizienten. Also sind diese ganzzahligen Faktoren (bis aufs Vorzeichen) normiert und damit $\mathrm{Inh}(f) = 1$.

Weiter sei nun p eine Primzahl, die N nicht teilt. Dann ist auch ζ^p eine primitive N-te Einheitswurzel und damit eine Nullstelle von Φ_N. Es sei $g \in \mathbb{Z}[X]$ das Minimalpolynom von ζ^p.

Wir zeigen nun $f = g$ mittels eines Widerspruchsbeweises, machen also die Annahme: $f \neq g$.

Da beide Polynome verschiedene, irreduzible, ganzzahlige, normierte Teiler von $X^N - 1$ sind, gibt es wegen der Faktorialität von $\mathbb{Z}[X]$ ein normiertes Polynom $h \in \mathbb{Z}[X]$ mit

$$X^N - 1 = fgh.$$

Wir betrachten die Polynome modulo $p\mathbb{Z}[X]$ und erhalten so Polynome $\tilde{f}, \tilde{g}, \tilde{h} \in \mathbb{F}_p[X]$ mit

$$X^N - 1 = \tilde{f}\tilde{g}\tilde{h}.$$

Da $g(\zeta^p) = 0$ gilt, teilt $f(X)$ das Polynom $g(X^p)$. Dies geht wieder ganzzahlig und stimmt daher auch nach Reduktion modulo p:

$$\tilde{f}(X) \mid \tilde{g}(X^p) = (\tilde{g}(X))^p.$$

Die letzte Gleichung gilt, da Potenzieren mit p ein Endomorphismus des Ringes $\mathbb{F}_p[X]$ ist, der $\mathbb{F}_p$ elementweise fixiert.

Das heißt aber dann, dass $\tilde{f}$ und $\tilde{g}$ einen gemeinsamen Primteiler in $\mathbb{F}_p[X]$ haben und daher $X^N - 1$ im algebraischen Abschluss von $\mathbb{F}_p$ eine doppelte Nullstelle besitzt. Die Ableitung davon jedoch ist NX^{N-1} und hat (da $N \notin p\mathbb{Z}$) nur die Nullstelle 0, die keine Nullstelle von $X^N - 1$ ist. Also gibt es wegen 5.5.2 diese doppelte Nullstelle nicht und das bringt unsere Annahme zu Fall.

Folglich gilt $f = g$.

Wenn nun ξ irgendeine Nullstelle von Φ_N ist, so gilt $\xi = \zeta^k$, $k \in \mathbb{N}$ geeignet, denn ζ erzeugt die Gruppe der N-ten Einheitswurzeln in $\mathbb{C}$. Da auch ξ Ordnung N hat, ist k zu N teilerfremd.

Wir schreiben $k = p_1 \cdot p_2 \cdot \ldots \cdot p_r$ mit Primzahlen p_i.

Dann ist aber f das Minimalpolynom von ζ^{p_1}, also auch das von $(\zeta^{p_1})^{p_2} = \zeta^{p_1 p_2}$, also auch das von $\ldots \zeta^k$.

Daher hat f Grad $\#((\mathbb{Z}/N\mathbb{Z})^\times) = \varphi(N) = \deg(\Phi_N)$, und es folgt, dass $\Phi_N = f$ irreduzibel ist.

Das zeigt uns, dass $L := \mathbb{Q}(\zeta)$ eine Erweiterung von $\mathbb{Q}$ vom Grad $\varphi(N)$ ist, und alle Nullstellen von Φ_N liegen schon in L. Das ist also eine normale Erweiterung und damit ($\mathbb{Q}$ ist ja perfekt) auch galoissch. Die Galoisgruppe ist wegen 7.3.10 isomorph zu einer Untergruppe von $(\mathbb{Z}/N\mathbb{Z})^\times$. Da sie dieselbe endliche Kardinalität hat, ist sie zur ganzen Einheitengruppe von $\mathbb{Z}/N\mathbb{Z}$ isomorph.

Insbesondere sagt nun 7.4.5, dass das regelmäßige N-Eck genau dann (über $\mathbb{Q}$) mit Zirkel und Lineal konstruierbar ist, wenn $\varphi(N)$ eine Zweierpotenz ist. Dies ist genau dann der Fall, wenn N von der Gestalt

$$N = 2^e \cdot p_1 \cdot \ldots \cdot p_r,$$

wobei $p_1, \ldots, p_r$ paarweise verschiedene Fermatprimzahlen sind, was wir schon in 7.4.6 als notwendig eingesehen hatten.

Für $N = 17$ ergibt sich der Körperturm wie folgt: Laut 3.3.13 ist 3 ein Erzeuger von $\mathbb{F}_{17}^\times \cong \text{Gal}(\mathbb{Q}(\zeta)|\mathbb{Q})$, wobei ζ eine primitive 17-te Einheitswurzel in $\mathbb{C}$ sei, etwa $\cos(2\pi/17) + i\sin(2\pi/17)$. Sei σ der entsprechende Automorphismus, der durch $\zeta^k \mapsto \zeta^{3k}$ definiert ist. Er erzeugt die Galoisgruppe.

Dann ist $\gamma = \sum_{a=0}^{7} \sigma^{2a}(\zeta)$ unter σ^2 invariant, aber nicht unter σ, es erzeugt also eine quadratische Erweiterung K_1 von $\mathbb{Q}$. Analog erzeugt $\sum_{b=0}^{3} \sigma^{4b}(\zeta)$ eine quadratische Erweiterung K_2 von K_1, denn es ist unter σ^4 invariant, aber nicht unter σ^2. Schließlich erzeugt $\zeta + \zeta^8$ eine quadratische Erweiterung K_3 von K_2, und der gesuchte Körperturm ist dann

$$\mathbb{Q} \subset K_1 \subset K_2 \subset K_3 \subset \mathbb{Q}(\zeta).$$

Konkreter ist $\gamma = \zeta + \zeta^2 + \zeta^4 + \zeta^8 + \zeta^9 + \zeta^{13} + \zeta^{15} + \zeta^{16}$, und unter Ausnutzung von $\Phi_{17}(\zeta) = 0$ als Relation zwischen den Potenzen von ζ ergibt sich nach etwas Rechnerei

$$\gamma + \sigma(\gamma) = -1, \quad \gamma \cdot \sigma(\gamma) = -4.$$

Beide Ausdrücke sind ja unter σ invariant, da γ unter σ^2 invariant ist! Daher kommen rationale Zahlen heraus. Wir finden daher

$$(X - \gamma)(X - \sigma(\gamma)) = X^2 + X - 4,$$

was $\gamma = \frac{-1 \pm \sqrt{17}}{2}$ nach sich zieht – unser erster Konstruktionsschritt geht also mit dem Höhensatz für die Konstruktion von $\sqrt{17}$.

Die weiteren Konstruktionsschritte lassen sich auf ähnliche Art ganz konkret vollziehen, was hier nicht weiter ausgeführt sei.

Nachtrag: Tatsächlich gilt

$$\gamma - \sigma(\gamma) = \sum_{a=1}^{16} \left(\frac{a}{17}\right) \zeta^a = \pm\sqrt{17}.$$

Hier tauchen die Legendre-Symbole auf, und die lange Summe heißt eine Gauß-Summe. Diese spielen verschiedentlich eine Rolle in der analytischen Zahlentheorie.

7.4 Beispiele und Anwendungen

Wir nehmen nun die Frage von 7.2.4 wieder auf, wann eine Körpererweiterung durch Radikalerweiterungen aufgelöst werden kann. Wir bleiben dabei in Charakteristik 0. Für positive Charakteristik p müssten wir noch sogenannte Artin-Schreier-Erweiterungen zulassen, die durch Nullstellen von Polynomen der Gestalt $X^p - X - a$ zustande kommen.

Hilfssatz 7.4.7 Noch ein galoistheoretisches Argument
Es sei $K \subseteq L$ eine endliche Galoiserweiterung vom Grad n, die Charakteristik von K sei 0.

Dann ist $K \subseteq L$ genau dann durch Radikale auflösbar, wenn die Galoisgruppe $G = Gal(L|K)$ auflösbar ist.

Beweis Um gleich einfacher argumentieren zu können, machen wir erst einen Reduktionsschritt.

Da Einheitswurzeln immer durch Radikale erreichbar sind, ist die Frage nach einer Lösungsformel unabhängig davon, ob wir erst zu K noch beliebige Einheitswurzeln hinzunehmen oder nicht.

Auf der anderen Seite sei M der Körper, der aus L durch Adjunktion einer Einheitswurzel ζ entsteht. Dieser ist dann auch über K normal. Es gilt

$$\mathrm{Gal}(L|K) \cong \mathrm{Gal}(M|K)/\mathrm{Gal}(M|L),$$

aber $\mathrm{Gal}(M|L)$ ist abelsch und daher sind die beiden anderen Gruppen wegen 6.2.3 simultan auflösbar oder nicht.

Andererseits sind auch die Erweiterungen $K \subseteq K(\zeta) \subseteq M$ alle galoissch und wieder $\mathrm{Gal}(K(\zeta)|K)$ abelsch, also $\mathrm{Gal}(M|K)$ und $\mathrm{Gal}(M|K(\zeta))$ simultan auflösbar oder nicht.

Zusammen genommen ist $\mathrm{Gal}(L|K)$ genau dann auflösbar, wenn $\mathrm{Gal}(M|K(\zeta))$ dies ist.

Wir dürfen also ohne Einschränkung annehmen, dass K hinreichend viele Einheitswurzeln enthält, wenn uns dies hilft. Weder die Frage nach der Auflösbarkeit durch Radikale noch die Frage nach der Auflösbarkeit der Galoisgruppe wird davon berührt.

Wir nehmen zunächst an, die Galoisgruppe G sei auflösbar. Dann hat eine Kompositionsreihe

$$\{e\} = G_r \subset G_{r-1} \subset \cdots \subset G_1 \subset G_0 = G$$

von G einfache abelsche Gruppen als Kompositionsfaktoren, und diese sind zyklisch von Primzahlordnung. Für die Fixkörper $K_i := L^{G_i}$ gilt demnach, dass $K_i \subset K_{i+1}$ eine Galoiserweiterung von Primzahlgrad p ist. Sei σ ein Erzeuger dieser Galoisgruppe.

Ohne Einschränkung liege in K eine primitive p-te Einheitswurzel. Daher ist σ als Nullstelle von $X^p - 1$ diagonalisierbar (weil das Minimalpolynom in verschiedene Linearfaktoren zerfällt), und alle Eigenräume sind eindimensional, da der Quotient zweier von 0 verschiedener Elemente eines Eigenraumes unter σ invariant ist, aber

$L^{\langle \sigma \rangle} = K$. Es folgt, dass 1 nicht der einzige Eigenwert von σ ist. Sei ζ ein weiterer Eigenwert und $\alpha \in L$ ein Eigenvektor. Dann gilt $\sigma(\alpha^p) = (\sigma(\alpha))^p = \zeta^p \alpha^p = \alpha^p$, und daher $\alpha^p \in K$, aber $\alpha \notin K$. Demnach ist $K_{i+1} = K_i(\alpha)$ eine Radikalerweiterung und $K \subseteq L$ durch Radikale auflösbar.

Ist andererseits die Erweiterung durch Radikale auflösbar, so liegt sie in einem Körper K_r, der am Ende eines Körperturms aus Radikalerweiterungen liegt:

$$K = K_0 \subseteq K_1 \subseteq K_2 \subseteq \cdots \subseteq K_r$$

Hier dürfen wir uns wieder wünschen, dass K_r über K galoissch ist – das ist ein ähnliches Argument wie am Anfang des Beweises von 7.4.5: Wenn $K \subseteq K_i$ normal ist (zum Beispiel für $i = 0$), dann ist auch der Zerfällungskörper von K_{i+1} über K durch endlich viele Radikalerweiterungen erreichbar (die Nullstellen von $X^{d_i} - \sigma(a_i)$, wobei $a_i \in K_i$, $K_{i+1} = K_i(\alpha_i)$ mit $\alpha_i^{d_i} = a_i$ und σ die Galoisgruppe von K_i über K durchläuft, erzeugen den Zerfällungskörper).

Wir setzen jetzt wieder ohne Einschränkung – siehe Anfang des Beweises – voraus, dass d_i-te Einheitswurzeln schon in K liegen. Dann ist K_{i+1} über K_i galoissch, denn das uns bekannte annulierende Polynom für α_i zerfällt in Linearfaktoren. Ein $\sigma \in G_i := \mathrm{Gal}(K_{i+1}|K_i)$ sendet α_i auf

$$\sigma(\alpha_i) = \zeta_\sigma \alpha_i, \quad \zeta_\sigma^{d_i} = 1.$$

Dies liefert einen injektiven Homomorphismus von G_i in die Gruppe μ_{d_i} der d_i-ten Einheitswurzeln und zeigt uns tatsächlich, dass G_i zyklisch ist. Der Hauptsatz der Galoistheorie und ein Induktionsargument mithilfe von 6.2.3 implizieren dann, dass $\mathrm{Gal}(K_r|K)$ auflösbar ist – das gilt dann aber wieder wegen 6.2.3 auch für die Faktorgruppe $\mathrm{Gal}(L|K)$. □

Beispiel 7.4.8 Rationales Beispiel

Jetzt ist es nicht mehr sehr schwer, Polynome anzugeben, deren Zerfällungskörper nicht durch Radikale auflösbar ist. Wir wissen ja, dass die alternierende Gruppe A_n für $n \geq 5$ einfach und nichtkommutativ ist, also ist S_n in diesem Fall nicht auflösbar (siehe 6.2.5). Es genügt also, ein Polynom anzugeben, dessen Zerfällungskörper als Galoisgruppe eine Gruppe isomorph zu S_n, $n \geq 5$, hat.

Über $\mathbb{Q}$ mit $n = 5$ machen wir das so:

Es sei

$$f = X^5 + 5X^4 + 4X + 1 \in \mathbb{Z}[X].$$

Dieses Polynom ist über $\mathbb{F}_5$ irreduzibel. Daher ist es auch über $\mathbb{Z}$ nicht in Faktoren zerlegbar und somit wegen Gauß auch über $\mathbb{Q}$ irreduzibel. Es hat drei reelle Nullstellen, und zwei Nullstellen sind nicht reell. Die komplexe Konjugation operiert auf den Nullstellen also über eine Transposition.

Nun betrachten wir die Galoisgruppe des Zerfällungskörpers von f als Untergruppe in der symmetrischen Gruppe auf den Nullstellen des Polynoms. Da sie transitiv auf den Nullstellen von f operiert, ist ihre Ordnung wegen der Bahnbilanzformel durch 5 teilbar, sie enthält also ein Element der Ordnung 5, also einen Fünfzykel. Eine Transposition liegt auch darin. Wegen der Diskussion in 2.7.6 muss dann aber die Galoisgruppe schon die ganze symmetrische Gruppe sein.

Es ist noch immer nicht von allen endlichen Gruppen bekannt, ob sie Galoisgruppen für eine Galoiserweiterung mit Grundkörper $\mathbb{Q}$ sind. Die Untersuchung dieser und ähnlich gelagerter Fragen heißt „inverse Galoistheorie".

Bemerkung 7.4.9 Nichtauflösbare Gleichungen
Eine andere, mehr geometrische Situation, entsteht bei der Untersuchung des Polynomringes $R = k[T_1, \ldots, T_n]$ (k ist ein Körper der Charakteristik 0) und dessen Quotientenkörper $L = k(T_1, \ldots, T_n)$.

Auf diesem operiert die symmetrische Gruppe S_n durch Vertauschung der Variablen, und damit sitzt S_n in der Automorphismengruppe von L. Mit dem Satz von Artin (7.3.20) ist dann S_n die Galoisgruppe von L über dem Fixkörper $K := L^{S_n}$. Daher ist das Minimalpolynom eines primitiven Elements für diese Erweiterung nicht durch Radikale auflösbar, wenn $n \geq 5$.

Um das etwas substanzieller zu beschreiben rechnen wir noch den Fixkörper aus. Dazu betrachten wir das Minimalpolynom von T_1 über K. Das ist zwar kein primitives Element, aber wir kennen das Minimalpolynom m, denn seine Nullstellen bilden ja die Bahn von T_1 unter der Galoisgruppe, also $T_1, \ldots, T_n$. Das Minimalpolynom ist also

$$m = (X - T_1) \cdot (X - T_2) \cdot \ldots \cdot (X - T_n).$$

Durch Ausmultiplizieren ergibt sich spätestens nach einer Induktion der Satz von Vieta[12]:

$$m = \sum_{i=0}^{n} (-1)^i \sigma_i(T_1, \ldots, T_n) X^{n-i}.$$

Die Koeffizienten hierbei sind die *elementarsymmetrischen Polynome,* die durch

$$\sigma_i(T_1, \ldots, T_n) := \sum_{1 \leq j_1 < j_2 < \cdots < j_i \leq n} T_{j_1} \cdot \ldots \cdot T_{j_i}$$

definiert sind. Speziell sind

$$\begin{aligned}
\sigma_0(T_1, \ldots, T_n) &= 1, \\
\sigma_1(T_1, \ldots, T_n) &= T_1 + \ldots + T_n \\
\sigma_2(T_1, \ldots, T_4) &= T_1 T_2 + T_1 T_3 + T_1 T_4 + T_2 T_3 + T_2 T_4 + T_3 T_4 \\
\sigma_n(T_1, \ldots, T_n) &= T_1 \cdot \ldots \cdot T_n.
\end{aligned}$$

Die elementarsymmetrischen Polynome erzeugen über k einen Teilkörper von L, über dem $T_1, \ldots, T_n$ algebraisch sind und ein gemeinsames Minimalpolynom vom

---

[12] François Viète, 1540–1603.

Grad n haben. Damit ist der Erweiterungsgrad von L über $k(\sigma_1, \ldots, \sigma_n)$ höchstens $n!$, und da die σ_i alle im Fixkörper der S_n-Operation auf L liegen, ist

$$K = k(\sigma_1, \ldots, \sigma_n).$$

Insbesondere sind die elementarsymmetrischen Polynome eine Transzendenzbasis von L über k, der Transzendenzgrad ist n. Damit ist gemeint: Die Erweiterungen

$$k \subset k(\sigma_1) \subset k(\sigma_1, \sigma_2) \subset \ldots \subset k(\sigma_1, \ldots, \sigma_n)$$

sind alle transzendent und die Erweiterung $k(\sigma_1, \ldots, \sigma_n) \subset L$ ist algebraisch.

Wenn G irgendeine endliche Gruppe ist, so ist sie nach Cayley, 2.6.3a), enthalten in einer S_n und operiert damit ebenfalls über Automorphismen auf dem zugehörigen L. Wieder gilt hier mit dem Satz von Artin: $G = \text{Aut}(L|L^G)$. Es ist also jede endliche Gruppe die Galoisgruppe einer geeigneten Erweiterung.

Satz 7.4.10 Abelsche Galoisgruppen
Jede endliche abelsche Gruppe G ist isomorph zur Galoisgruppe einer Galoiserweiterung $\mathbb{Q} \subseteq K$.

Beweis Es sei G eine endliche abelsche Gruppe.

Nach dem Hauptsatz 5.3.12 über endlich erzeugte abelsche Gruppen ist G also ein direktes Produkt von zyklischen Gruppen. Wir schreiben

$$G = \prod_{i=1}^{r} \mathbb{Z}/k_i\mathbb{Z}, \ 2 \leq k_i \in \mathbb{N}.$$

Wegen Dirichlets Primzahlsatz gibt es Primzahlen

$$p_1 < p_2 < \cdots < p_r,$$

sodass jeweils k_i ein Teiler von $p_i - 1$ ist.

(Es gibt ein Argument, das hier das analytische Argument im Beweis von Dirichlets Satz ersetzt: Für großes $N \in \mathbb{N}$ ist $\Phi_{k_i}(N!) > 1$, hat also einen Primteiler p_i, und dieser muss größer als N sein, da er sonst den konstanten Term ± 1 von Φ_{k_i} teilen müsste. Dann hat aber Φ_{k_i} eine Nullstelle in $\mathbb{F}_{p_i}$, und damit gibt es (wieso?) eine primitive k_i-te Einheitswurzel in $\mathbb{F}_{p_i}$, was wegen des Satzes von Lagrange 2.2.12 $k_i \mid (p_i - 1) = \#\mathbb{F}_{p_i}^\times$ nach sich zieht.)

Nun setzen wir

$$n := p_1 \cdot \ldots \cdot p_r, \ \zeta = \cos(2\pi/n) + i\sin(2\pi/n).$$

Dann ist $L := \mathbb{Q}(\zeta)$ eine Galoiserweiterung von $\mathbb{Q}$ mit Galoisgruppe

$$(\mathbb{Z}/n\mathbb{Z})^\times \cong \mathbb{F}_{p_1}^\times \times \ldots \times \mathbb{F}_{p_r}^\times,$$

7.4 Beispiele und Anwendungen

wobei wir 7.4.6 und den Chinesischen Restsatz bemühen. Nun ist $\mathbb{F}_{p_i}^\times$ aber zyklisch von Ordnung $p_i - 1$, also gibt es eine Untergruppe $H_i \subseteq \mathbb{F}_{p_i}^\times$ von Ordnung $(p_i - 1)/k_i$, und es gilt

$$\mathbb{F}_{p_i}^\times / H_i \cong \mathbb{Z}/k_i \mathbb{Z}.$$

Dann ist aber wegen des Hauptsatzes der Galoistheorie

$$(\mathbb{Z}/n\mathbb{Z})^\times / (H_1 \times \ldots \times H_r) \cong G$$

die Galoisgruppe von $K := L^{(H_1 \times \ldots \times H_r)}$ über $\mathbb{Q}$. ○

Bemerkung 7.4.11 Einbettungen

Es sei $K \subseteq L$ separabel vom Grad n. Dann gibt es ein primitives Element α für diese Erweiterung, $L = K(\alpha)$, und das Minimalpolynom von α hat in der normalen Hülle $\tilde{L}$ von L n paarweise verschiedene Nullstellen $\beta_1 = \alpha, \beta_2, \ldots, \beta_n$.

Dann gibt es aber auch genau n K-Algebrenhomomorphismen von L nach $\tilde{L}$, die durch

$$a_0 + a_1 \alpha + \cdots + a_{n-1} \alpha^{n-1} \mapsto a_0 + a_1 \beta_j + \cdots + a_{n-1} \beta_j^{n-1}$$

gegeben sind, $1 \leq j \leq n$.

Diese sind linear unabhängig über $\tilde{L}$. Denn wenn wir $c_1, \ldots, c_n \in \tilde{L}$ haben, sodass für alle $a_0, \ldots, a_{n-1} \in K$ die Gleichung

$$\sum_{i=0}^{n-1} \sum_{j=1}^{n} a_i \beta_j^i c_j = 0$$

gilt, dann gilt dieselbe Identität für alle $a_i \in \tilde{L}$, denn wir haben für diese festen c_j eine Linearform, die auf dem $\tilde{L}$-Erzeugendensystem K^n von $\tilde{L}^n$ verschwindet. Da die Matrix $(\beta_{j+1}^i)_{i,j=0}^{n-1} \in \tilde{L}^{n \times n}$ als Vandermonde-Matrix bekanntermaßen nicht singulär ist, sind alle c_j notwendigerweise 0.

Dies sagt insbesondere, dass im Falle einer Galoiserweiterung $K \subseteq L$ die Elemente der Galoisgruppe als Abbildungen von L nach L sogar über L linear unabhängig sind.

Definition/Bemerkung 7.4.12 Norm und Spur

Sei $K \subseteq L$ eine endliche Körpererweiterung. Die Multiplikation mit einem festen Element $\alpha \in L$ liefert eine K-lineare Abbildung

$$\mu_\alpha : L \to L, \quad x \mapsto \mu_\alpha(x) := \alpha \cdot x.$$

Die Determinante dieser Abbildung heißt die *Norm* von α, und die Spur dieser Abbildung die *Spur* von α.

Wenn $K \subseteq L$ galoissch mit Galoisgruppe G ist, dann ergibt sich unter Ausnutzung der $K(\alpha)$-Vektorraumstruktur von L, dass

$$\text{Norm}_{L|K}(\alpha) = \prod_{g \in G} g(\alpha) \quad \text{und} \quad \text{Spur}_{L|K}(\alpha) = \sum_{g \in G} g(\alpha).$$

Tatsächlich ist das charakteristische Polynom von μ_α gerade

$$\prod_{g \in G}(X - g(\alpha)) = \text{MP}_\alpha(X)^{[L:K(\alpha)]}.$$

Satz 7.4.13 Hilberts[13] Satz 90, multiplikative Variante

Es sei $K \subseteq L$ eine endliche Galoiserweiterung vom Grad n mit zyklischer Galoisgruppe $G = \langle g \rangle$.

Dann hat $\alpha \in L^\times$ genau dann Norm 1, wenn ein $\beta \in L^\times$ existiert mit $\alpha = \beta/g(\beta)$.

Beweis Wenn α von der genannten Gestalt ist, dann ist die Norm 1, das ist klar. Sei nun umgekehrt $N_{L|K}(\alpha) = 1$, also

$$\alpha \cdot g(\alpha) \cdot g^2(\alpha) \cdot \ldots \cdot g^{n-1}(\alpha) = 1.$$

Wegen der linearen Unabhängigkeit der Galoisautomorphismen laut 7.4.11 ist die Abbildung

$$\text{id}_L + \alpha g + \alpha \cdot g(\alpha)g^2 + \ldots + \alpha \cdot g(\alpha) \cdot g^2(\alpha) \cdot \ldots \cdot g^{n-2}(\alpha)g^{n-1}$$

nicht die Nullabbildung, es gibt also ein $x \in L^\times$ mit

$$\beta := x + \alpha \cdot g(x) + \alpha \cdot g(\alpha) \cdot g^2(x) + \ldots + \alpha \cdot g(\alpha) \cdot g^2(\alpha) \cdot \ldots \cdot g^{n-2}(\alpha) \cdot g^{n-1}(x) \neq 0.$$

Dann ist aber wegen $N(\alpha) = 1$

$$g(\beta) = \beta/\alpha,$$

und das wollten wir. $\bigcirc$

---

[13] David Hilbert, 1862–1943.

7.4 Beispiele und Anwendungen

Bemerkung 7.4.14 Galoiskohomologie und pythagoräische Tripel

a) Wenn $K \subseteq L$ eine endliche Galoiserweiterung ist, dann operiert die Galoisgruppe G auf den Gruppen L und $L^\times$ durch Automorphismen, und es gibt die Möglichkeit, für $i \in \mathbb{N}_0$ sogenannte Kohomologiegruppen $H^i(G, L)$ und $H^i(G, L^\times)$ zu definieren. Diese werden hier nicht allgemeiner eingeführt, es sei aber verraten, dass $H^0(G, L) = L^G = K$ und $H^0(G, L^\times) = (L^\times)^G = K^\times$ gilt und (in dieser Galoissituation) $H^1(G, L) = \{0\}$ sowie $H^1(G, L^\times) = \{1\}$ gelten. Hilberts Satz 90 ist ein Spezialfall dieser Aussage.

b) Es ist eine alte und schon lange beantwortete Frage, welche Zahlentripel (a, b, c) $\in \mathbb{Z}^3$ die Gleichung

$$a^2 + b^2 = c^2$$

erfüllen. Wenn nicht alles 0 ist, dann ist $c \neq 0$, und es folgt

$$\left(\frac{a}{c}\right)^2 + \left(\frac{b}{c}\right)^2 = 1.$$

Aber linker Hand steht gerade $N_{\mathbb{Q}(i)|\mathbb{Q}}(\frac{a}{c} + \frac{b}{c}i)$, und wir wissen daher wegen Hilberts Satz 90, dass die Gleichung erzwingt, dass $m, n \in \mathbb{Q}$ existieren mit

$$\frac{a}{c} + \frac{b}{c}i = \frac{m + ni}{m - ni} = \frac{m^2 - n^2 + 2mni}{m^2 + n^2},$$

und ein Vergleich von Real- und Imaginärteil sowie die Erkenntnis, dass wir m und n ganz und teilerfremd wählen können (und auch allgemeines (a, b, c) auf Tripel mit Inhalt 1 zurückführen können), leitet uns zur Erkenntnis, dass (im teilerfremden Fall und bis auf eventuelle Vertauschung von a und b)

$$c = m^2 + n^2, a = m^2 - n^2 \text{ und } b = 2mn.$$

Zugegebenermaßen konnte spätestens Euklid das auch ohne Galoiskohomologie erreichen;-) Wir haben das ja auch in 5.3.16 schon elementarer gesehen.

Die Rechnung vermittelt aber doch einen Eindruck davon, wie die Methoden der Galoistheorie verwendet werden können, um konkrete arithmetische Probleme zu behandeln.

Literatur

[Alt+03] Heinz-Wilhelm Alten u. a., Hrsg. *4000 Jahre Algebra*. Springer, 2003.
[Art57] Emil Artin. *Geometric Algebra*. Interscience Publishers, 1957.
[Bou89] Nicolas Bourbaki. *Algebra I, Chapters 1–3*. Springer, 1989.
[Bun08] Peter Bundschuh. *Einführung in die Zahlentheorie*. 6. Auflage. Springer, 2008.
[Bö16] Janko Böhm. *Grundlagen der Algebra und Zahlentheorie*. Springer, 2016.
[Cas91] J.W.S. Cassels. *Lectures on Elliptic Curves*. Cambridge University Press, 1991.
[Ebb+83] Hans-Dieter Ebbinghaus u. a. *Zahlen*. Springer, 1983.
[Euk80] Euklid. *Die Elemente*. 7. Auflage. übersetzt und herausgegeben von Clemens Thaler. Wissenschaftliche Buchgesellschaft, 1980.
[Gor+00] Daniel Gorenstein u. a. *The Classification of the Finite Simple Groups*. AMS Mathematical Surveys und Monographs 40.1, 2000.
[Got+90] Siegfried Gottwald u. a., Hrsg. *Lexikon bedeutender Mathematiker*. Bibliographisches Institut Leipzig, 1990.
[Kö19] Kai Köhler. *Differentialgeometrie und homogene Räume*. 2. Auflage. Springer, 2019.
[Lem00] Franz Lemmermeyer. *Reciprocity Laws*. Springer, 2000.
[Lö17] Clara Löh. *Geometric Group Theory*. Springer, 2017.
[Mas91] William S. Massey. *A Basic Course in Algebraic Topology*. Springer, 1991.
[McL78] Saunders McLane. *Categories for the working mathematician*. 2. Auflage. Springer, 1978.
[Pla20] Daniel Plaumann. *Einführung in die Algebraische Geometrie*. Springer, 2020.
[Rom17] Steven Roman. *An Introduction to the Language of Category Theory*. Birkhäuser, 2017.
[SP15] Rainer Schulze-Pillot. *Einführung in Algebra und Zahlentheorie*. 3. Auflage. Springer, 2015.
[Ste12] Benjamin Steinberg. *Representation Theory of Finite Groups*. Springer, 2012.
[SW23] Gernoth Stroth und Rebekka Waldecker. *Elementare Algebra und Zahlentheorie*. 3. Auflage. Birkhäuser, 2023.
[Wol11] Jürgen Wolfart. *Einführung in die Zahlentheorie und Algebra*. 2. Auflage. Vieweg + Teubner, 2011.
[Zag81] Don Zagier. *Zetafunktionen und quadratische Zahlkörper*. Springer, 1981.

Stichwortverzeichnis

A
abelsch, 30
Ableitung, 135
Abschluss, algebraischer, 157
Algebra über R, 81
algebraisch, 151
Algorithmus, euklidischer, 6
assoziativ, 21
assoziiert, 103
auflösbar, 145
Automorphismus, 27, 38, 82, 153

B
Bahn, 53
Basis, 118
Bewertung
   p-adische, 10

C
Charakteristik, 73

D
Diedergruppe, 49
Dirichletreihe, 19, 95, 114

E
Einheit, 69
Einheitengruppe, 31
Einsetzabbildung, 84
Eisensteinkriterium, 129
Element
   inverses, 30
   primitives, 121, 171

Elementarteilersatz, 122
endliche Körper, 165
Endomorphismus, 27, 38
Erzeugnis, 33
Euklidischer Ring, 108
Eulersche φ-Funktion, 75

F
Faktorgruppe, 41
Faktorraum, 40
Faktorring, 74
Fixkörper, 170
Fixpunkt, 53
Fundamentalsatz
   der Algebra, 177
   der Arithmetik, 10, 112
Funktion
   arithmetische, 93
     multiplikative, 94
   rationale, 92

G
Galoisgruppe, 169
Gaußsche Zahlen, ganze $\mathbb{Z}[i]$, 109
Gleichung, diophantische, 126
Grad
   einer Erweiterung, 154
   eines Polynoms, 79
Gruppe, 30
   alternierende, 56
   einfache, 43
   freie, 46
   p-Gruppe, 56

symmetrische, 25
triviale, 31
Gruppenhomomorphismus, 36
Gruppenoperation, 51
Gruppenring, 88

H
Halbgruppe, 22
Halbsystem, 98
Hauptideal, 106
Hauptidealring, 106
Hauptsatz der Galoistheorie, 173
Homomorphiesatz, 41, 74
Homomorphismus, 27, 68, 82
trivialer, 36
Hülle, normale, 171

I
Ideal, 73
maximales, 118
Index, 35
Inhalt, 121, 130
Integritätsbereich, 70
invertierbar, 30
irreduzibel, 110
Isomorphismus, 27, 38

K
Körper
endliche, 81
perfekter, 136
Kern, 38
Körper, 71
Körpererweiterung, 151
auflösbare durch Radikale, 162, 181
galoissche, 169
normale, 169
separabele, 169
kommutativ, 22
Kommutatorgruppe, 140
Kompositionsreihe, 142
kongruent, 5, 40
Konjugation, 39
konstruierbar, 159, 178
Konstruierbarkeit, 72
Kreisteilungspolynom, 130, 160
ist irreduzibel, 178

L
Legendre-Symbol, 97
Lemma von Gauß, 130
Linksnebenklassen, 40
Lösungsformel, 162

Lokalisierung, 93

M
Magma, 21
Magmenerzeugnis, 25
Matrix, unimodulare, 120
Minimalpolynom, 151
Modul, 77
einfacher, 147
freier, 118
zyklischer, 125
Möbiussche μ-Funktion, 94
Monoid, 22
freies, 46

N
Nebenklassen, 40
Neutralelement, 22
Norm, 186
Normalreihe, 142
Normalteiler, 39
Nullstelle, 84
Nullteiler, 70
Nullteilerfreiheit, 70

O
Operation, 51
Ordnung, 33

P
Polynom, normiertes, 79
Polynomdivision, 80
Polynomring, 79
Potenzreihe, formale, 87
Primelement, 110
Primideal, 118
Primzahl, 8
Primzahlsatz, 17
Produkt
direktes, 44
semidirektes, 46
Projektion, kanonische, 40

Q
Quotientenkörper, 91

R
Restklassenkörper, 117
Restsatz, chinesischer, 59, 75, 76
Reziprozitätsgesetz, quadratisches, 100
Ring, 67
faktorieller, 131
ganz abgeschlossener, 134

Stichwortverzeichnis

RSA-Kryptographie, 76

S
Satz
  vom primitiven Element, 171
  von Artin, 175
  von Cayley, 52
  von Lagrange, 35
separabel, 169
Signum, 56
Spur, 186
Stabilisator, 53
Struktursatz für endlich erzeugte abelsche
    Gruppen, 125
Sylowgruppe, 57

T
Teiler, 1, 103
  größter gemeinsamer, 2, 104
  teilerfremd, 2

Teilring, 70
transitiv, 53
Transzendenz, 151
Tripel, pythagoräische, 127, 187

U
Untergruppe, 31
Untermagma, 24
Untermodul, 78
Untermonoid, 25

V
Vielfaches, 1, 103
  kleinstes gemeinsames, 2

Z
Zentrum, 81
Zerfällungskörper, 156, 168
Zykelzerlegung, 55
zyklisch, 33

MIX
Papier aus verantwortungsvollen Quellen
Paper from responsible sources
FSC® C105338

If you have any concerns about our products,
you can contact us on
ProductSafety@springernature.com

In case Publisher is established outside the EU,
the EU authorized representative is:
**Springer Nature Customer Service Center GmbH
Europaplatz 3, 69115 Heidelberg, Germany**

Printed by Libri Plureos GmbH
in Hamburg, Germany